W0257345

Fritz Gschnait
Hans Christian Korting
Angelika Stary

Sexuell übertragbare Erkrankungen

Geleitwort von O. Braun-Falco

Springer-Verlag Wien New York

Univ-Prof. Dr. Fritz Gschnait
Vorstand der Dermatologischen Abteilung und
ärztlicher Direktor im Krankenhaus Wien-Lainz, Österreich

Priv.-Doz. Dr. Hans Christian Korting
Dermatologische Klinik und Poliklinik
der Ludwig-Maximilians-Universität München
Bundesrepublik Deutschland

Prim. Dr. Angelika Stary
Ambulatorium für Pilzinfektionen und andere infektiöse
venero-dermatologische Erkrankungen
Wien, Österreich

Mit 53 Abbildungen (davon 52 farbig)

CIP-Titelaufnahme der Deutschen Bibliothek

Sexuell übertragbare Erkrankungen / Fritz Gschnait ; Hans
Christian Korting ; Angelika Stary. Geleitw. von O. Braun-
Falco. – Wien ; New York : Springer 1990
   ISBN-13:978-3-211-82139-8   e-ISBN-13:978-3-7091-9047-0
   DOI: 10.1007/978-3-7091-9047-0
NE: Gschnait, Fritz [Mitverf.]; Korting, Hans Christian [Mitverf.];
  Stary, Angelika [Mitverf.]

ISBN-13:978-3-211-82139-8

Geleitwort

„Sexuell übertragbare Erkrankungen" (Sexually transmissible diseases = STD) begleiten und bedrohen den Menschen schon seit Jahrtausenden. Bereits Moses ging auf möglicherweise gonorrhoische Urethritis in seinem Buch Levitikus ein. Während über Jahrhunderte im wesentlichen höchstens epidemiologische Maßnahmen zu ihrer Bekämpfung eingesetzt werden konnten, brachte die Einführung der antimikrobiellen Chemotherapie in den 30er- und 40er-Jahren dieses Jahrhunderts einen Durchbruch auf dem therapeutischen Sektor. Dies gilt in Sonderheit für die sogenannten klassischen Geschlechtskrankheiten wie Gonorrhoe und Syphilis. Entgegen ursprünglicher Erwartung ließen sich diese Krankheiten aber nicht endgültig ausrotten – im Gegenteil, sie sind in neuer Form wieder zum Problem geworden. Man denke nur an die Entwicklung der Multiresistenz von Gonokokken in vielen Teilen der Erde.

Darüberhinaus sind neue sexuell übertragbare Erkrankungen aufgetreten, wie etwa die HIV-Infektion mit dem Vollbild AIDS, das wiederum eine tödliche Gefahr für den Betroffenen darstellt, so wie es früher einmal – und zwar überindividuell betrachtet in wesentlich geringerem Ausmaß – die Syphilis war. Schließlich sind wohl schon länger vorkommende Erkrankungen in letzter Zeit besser charakterisiert worden, so die genitale Chlamydien-Infektion als heute wohl häufigste sexuell übertragene Erkrankung; Schätzungen zufolge soll 1/10 aller Menschen von ihr betroffen sein, was ebenso wie bei chronischer Gonorrhoe Infertilität zur Folge haben kann.

Das Gebiet der sexuell übertragenen Erkrankungen befindet sich somit wieder einmal an einem Wendepunkt. Es erscheint mir sinnvoll, wenn drei ausgewiesene Fachleute, nämlich Professor Dr. *F. Gschnait*, Privatdozent Dr. *H. C. Korting* und Frau Primaria Dr. *Angelika Stary*, sich der wichtigen Aufgabe unterzogen haben, mit der vorliegenden Publikation Ärzten aller betroffenen Fachrichtungen den gegenwärtigen Stand unseres Wissens transparent zu machen. Da ihnen dieses Anliegen, wie ich meine, in didaktisch hervorragender Weise gelungen ist, möchte ich diesem Buch große Verbreitung unter allen Ärzten, speziell aber Dermatovenerologen, Urologen, Gynäkologen, Pädiatern und Infektiologen wünschen.

Prof. Dr. med. Dr. h.c. mult. *O. Braun-Falco*
Direktor der Dermatologischen Klinik und Poliklinik der Ludwig-Maximilians-Universität, München

München, im September 1989

Vorwort

Die sexuell übertragbaren Erkrankungen sind einem steten
Wandel unterworfen, der sich hier womöglich noch schneller
vollzieht als in anderen Teilgebieten der Medizin. Schon
immer haben ganz bestimmte, einzelne sexuell übertragbare
Erkrankungen in besonderem Maße das Interesse der gesamten wie der medizinischen Öffentlichkeit gefunden. Bis in das
20. Jahrhundert hinein galt dies paradigmatisch für die Syphilis, heute für das Erworbene Immundefizienz-Syndrom
(AIDS). Die Zahl der Patienten, die am Vollbild AIDS bzw.
seinen Vorstufen erkrankt sind, nimmt in den westlichen
Industrieländern wie auch in vielen Entwicklungsländern in
den letzten Jahren rasch zu. Eine eingehende Kenntnis dieser
sexuell übertragbaren Erkrankung ist daher für jeden klinisch
tätigen Arzt von größter Bedeutung. Darüber darf aber die
rasche Entwicklung bei anderen sexuell übertragbaren
Erkrankungen nicht übersehen werden.
   Schienen die klassischen sexuell übertragbaren Erkrankungen lange Zeit kein therapeutisches Problem mehr darzustellen, so sieht man sich heute nach jahrzehntelanger erfolgreicher Anwendung von Chemotherapeutika mit dem Problem der Resistenz, ja Multiresistenz von Keimen wie Neisseria gonorrhoeae und Haemophilus ducreyi als Erreger der
Gonorrhoe bzw. des Ulcus molle konfrontiert. Hier bedarf es
neuer therapeutischer Ansätze, die in den letzten Jahren auch
in der Tat entwickelt wurden.
   Viel zur Entwicklung der Lehre von den sexuell übertragbaren Erkrankungen hat in den letzten Jahren auch die biologische Grundlagenforschung beigetragen, weiß man doch
zunehmend mehr über die Ätiopathogenese vieler sexuell
übertragbarer Erkrankungen. Die Zunahme der nosologi-
schen Kenntnisse im Hinblick auf sexuell übertragbare
Erkrankungen beschränkt sich keineswegs auf vermutlich neu
aufgetretene Erkrankungen wie AIDS. Es ist darüberhinaus

gelungen, früher schlecht verstandene und damit auch schlecht abgegrenzte Erkrankungen besser zu verstehen. Zu denken ist speziell an die bakterielle Vaginose, die in gegenwärtiger Sicht ja keineswegs mehr als Erkrankung durch einen einzelnen definierten Erreger, etwa Gardnerella vaginalis, anzusehen ist, wie dies bei den klassischen sexuell übertragbaren Erkrankungen durchwegs der Fall ist.

Das oben Gesagte kann nur stichwortartig andeuten, was ein aktuelles Werk über sexuell übertragbare Erkrankungen alles an Neuem anzubieten hat, wobei freilich das Alte keineswegs vergessen werden darf, wie die weiterhin notwendige Kenntnis der so mannigfaltigen Erscheinungsformen der immer noch regelmäßig vorkommenden Geschlechtskrankheit Syphilis ausweist. Sexuell übertragbare Erkrankungen betreffen häufig direkt oder indirekt nicht nur Geschlechtsorgane sondern auch das Hautorgan. Auch hier läßt sich eine Parallele von der Syphilis zu AIDS ziehen, was sich ja unter anderem unter dem Bilde des Kaposi-Sarkoms zu erkennen gibt. Hieraus leitet sich die Berechtigung ab, die sexuell übertragbaren Erkrankungen aus dem Blickwinkel des Dermato-Venerologen zu betrachten. Dies wird durch den Atlasteil des vorliegenden Werkes eindrücklich illustriert. Damit soll aber keinesfalls gesagt werden, daß sexuell übertragbare Erkrankungen nur vom Dermato-Venerologen bearbeitet werden sollten. Das Beste zum Wohle der Patienten ist vielmehr zu erwarten, wenn es in Zukunft zunehmend mehr zu einer Kooperation aller das Thema berührenden medizinischen Disziplinen kommt. Das vorliegende Werk richtet sich deshalb expressis verbis an Gynäkologen, Urologen, Internisten, Neurologen, Mikrobiologen und Pharmakologen ebenso wie an Dermato-Venerologen. Daß das Buch für alle diese Ärzte ein besonderer Anstoß sein möge, sich verstärkt mit den sexuell übertragbaren Erkrankungen zu befassen, ist ein besonderes Anliegen der Autoren.

Ein Buch wie das vorliegende kann nur entstehen als Resultat einer Unzahl von Einzelgesprächen mit Experten. Stellvertretend seien hier aber insbesondere die Herren Hofrat Prof. Dr. *A. Luger,* Wien, und Prof. Dr. Dr. h.c. mult. *O. Braun-Falco,* München, gedankt, denen sich die Autoren in besonderer Weise verbunden fühlen.

Herrn Prof. Dr. Dr. h.c. mult. *O. Braun-Falco* sei darüberhinaus für die Überlassung eines wesentlichen Teils des Bildmaterials gedankt sowie für seine Bereitschaft, ein Geleitwort dem Buch voranzustellen.

Gedankt sei weiterhin den unermüdlichen Sekretärinnen, die die Manuskripte erstellt haben, insbesondere Frau *A. Senf,* München, und Frau *A. Eiles,* Wien.

Zu danken gilt es schließlich dem Springer-Verlag Wien, in Sonderheit Herrn *B. Skuhra* und Frau *E. Günther,* für ihr stetes Interesse an dem Fortgang des Werkes sowie den Firmen Bayer AG, Leverkusen, Hoechst AG, Frankfurt, und Parke-Davis, Freiburg, für ihre Unterstützung.

Wien und München, im Sommer 1989

F. Gschnait · H. C. Korting · A. Stary

Inhaltsverzeichnis

1 *Sexuell übertragbare Erkrankungen – heute*

Das Spektrum der sexuell übertragbaren Erkrankungen hat sich in den letzten beiden Jahrzehnten beträchtlich erweitert, von den „klassischen" Geschlechtskrankheiten hin zu Erkrankungen wie der nicht-gonorrhoischen Urethritis, Cervicitis, Vaginitis, Epididymitis, Infertilität, Sterilität, Hepatitis, Herpes-Erkrankungen, Krebserkrankungen der Genitalorgane und schließlich AIDS. Die Zahl der Erreger sexuell übertragbarer Erkrankungen ist von ursprünglich fünf auf über zwanzig angestiegen.

Die Bedeutung der sexuell übertragbaren Erkrankungen hat sich in den letzten Jahrzehnten aber auch durch folgende Tatsachen stark verändert:

1. Die „klassischen" Geschlechtskrankheiten haben gegenüber dem vorigen Jahrhundert stark an Zahl abgenommen, sind aber nicht gänzlich zu eliminieren.
2. Andere, bisher wenig beachtete Keime, wie z. B. Chlamydia trachomatis, verursachen immer mehr Erkrankungsfälle und werden weltweit zu einem bedeutenden epidemiologischen und sozialökonomischen Problem.
3. Die Altersstruktur der Patienten, welche mit Erregern sexuell übertragbarer Erkrankungen infiziert sind, hat sich in Richtung Jugendliche, ja sogar Kinder verschoben.
4. Bisher nicht bekannte Erreger, wie das HI (HTLV III/LAV)-Virus verursachen epidemisch auftretende, tödlich verlaufende Infektionen und damit rücken die sexuell übertragbaren Erkrankungen, aber auch das sexuelle Verhalten des Einzelnen wiederum in den Mittelpunkt auch des öffentlichen Interesses.

Die „klassischen" Geschlechtskrankheiten, wie Syphilis und Gonorrhoe, bereiten heute nur mehr geringe diagnostische und therapeutische Schwierigkeiten. Die serologischen Untersuchungsmethoden der Syphilis können kaum mehr verbessert werden, die Behandlungsmethoden für Syphilis und Gonorrhoe sind einfach und fast stets erfolgreich. Beide Erkrankungen haben für die Bevölkerung ihren Schrecken verloren und dennoch sind die Probleme keineswegs ganz beseitigt: durch den häufigen Gebrauch von Antibiotika in Dosen, welche für eine syphilitische Infektion subkurativ sind, wird der prozentuelle Anteil der klinisch unbekannt bleibenden, latenten Syphilis immer höher und die oft deletären Spätfolgen dieser Erkrankung werden gegenüber ersten „akuten", klinisch manifesten Stadien wichtiger. Mit der Einführung der Einzeitbehandlung der Gonorrhoe mit Penicillin schienen alle Voraussetzungen gegeben zu sein, diese Erkrankung weltweit einzudämmen. In der Zwischenzeit ist durch das Auftreten resistenter Stämme von N. gonorrhoeae eher das Gegenteil eingetreten und in manchen Ländern des Fernen Ostens ist die Gonorrhoe wieder endemisch und epidemisch.

Weltweit sind etwa 500 Millionen Menschen an sexuell übertragbaren Infektionen mit Chlamydia trachomatis erkrankt [3], alleine in den USA werden jährlich über 800.000 neue Fälle von chlamydienbedingter Urethritis beim Mann diagnostiziert. Chlamydien-Infektionen bleiben im Gegensatz zur Gonorrhoe klinisch oft unerkannt, verursachen aber schwere Komplikationen und Spätfolgen, wie Epididymitis und Zeugungsunfähigkeit beim Mann sowie Adnexitis, Perihepatitis und Infertilität bei der Frau. Die Kosten, die heute bereits durch Chlamydien-Infektionen entstehen, sind enorm hoch (siehe Kapitel 3) und die weltweite Zunahme der durch Chlamydien bedingten Morbidität lassen vermuten, daß diese Erkrankungen neben AIDS für die Volksgesundheit künftig von größter Bedeutung sein werden.

Gerade in den letzten Jahren hat eine Verschiebung der Altersstruktur jener Patientengruppe, die mit Erregern sexuell übertragbarer Erkrankungen infiziert ist, Anlaß zur Besorgnis gegeben. Voneinander unabhängige epidemiologische Untersuchungen [2, 5, 7, 8] haben gezeigt, daß sich im letzten Jahrzehnt die sexuelle Aktivität im Alter zwischen 15–19 Jahren nahezu verdoppelt hat. Neuere Daten zeigen, daß die stärkste Zunahme der Häufigkeit von Gonorrhoe und Chlamydien-

Infektionen bei Mädchen im Alter zwischen 10 und 14 Jahren zu verzeichnen ist [1]. Durch Gonorrhoe-Erkrankungen bei Kindern und Jugendlichen entstehen in den USA pro Jahr mehr als 5000 neue Fälle von Adnexitis, 1600 von Infertilität und 950 ektopische Schwangerschaften [1]. Das erste Mal in der Geschichte der Vereinigten Staaten sind die Zahlen der gemeldeten Infektionen an Gonorrhoe bei 5–14jährigen Kindern höher als jene von Masern, Mumps und Röteln. Sexuell übertragbare Erkrankungen gewinnen somit in zunehmendem Maße auch für den Kinderarzt, aber auch für Eltern und Lehrer an Bedeutung.

Das Acquired Immunodeficiency Syndrome – AIDS – ist wohl die bedrohlichste sexuell übertragbare Erkrankung seit Menschengedenken. Allein in den USA dürften derzeit etwa 2 Millionen Menschen infiziert sein, in Österreich schätzt man die Zahl auf 8000. Durch intensive Forschungsarbeit ist es in kürzester Zeit gelungen, den Erreger des AIDS, das Humane Immundefizienz-Virus, zu entdecken, und die rasante wissenschaftliche Entwicklung auf diesem Gebiet läßt hoffen, daß in absehbarer Zeit auch therapeutische und spezifisch-prophylaktische Möglichkeiten zur Eindämmung der AIDS-Epidemie zur Verfügung stehen werden.

Mit der AIDS-Epidemie ist auch das sexuelle Verhalten des Einzelnen wieder wichtig geworden und vor allem homosexuelle Praktiken und deren Einfluß auf die Verbreitung sexuell übertragbarer Erkrankungen genauer untersucht worden. In der westlichen Welt sind 2–10% aller Männer homo- oder bisexuell [4], in großen urbanen Zentren dürfte die Prävalenz noch höher liegen. Nur etwa 10% aller Homosexuellen leben ähnlich Ehepaaren in einer einfachen Zweierbeziehung [4]. Nicht die Homosexualität an sich, sondern viel mehr das homosexuelle Verhalten mit hoher Promiskuität und hoher Verletzungsgefahr ist für das gehäufte Auftreten genitaler Kontaktinfektionen unter Angehörigen dieses Personenkreises verantwortlich. Eine Eindämmung der sexuell übertragbaren Erkrankungen, vor allem aber des AIDS, bei Homosexuellen ist von vorrangiger medizinischer Bedeutung für den einzelnen Betroffenen, die gesamte Population der Homosexuellen aber auch für die Gesamtbevölkerung, weil eine ernsthafte Gefahr besteht, daß durch bisexuelles Verhalten jene Erkrankungen (wie z. B.

AIDS), die bisher hauptsächlich Homosexuelle betreffen, auch auf Frauen übertragen werden und damit auch auf die allgemeine Bevölkerung übergreifen. Zielführende gegenepidemische Maßnahmen werden allerdings nur dann möglich sein, wenn sich der homosexuelle Patient auch als solcher deklariert und somit geeigneten Untersuchungsmethoden, Therapien und ärztlichen Beratungen zugeführt werden kann. In einigen Ländern der westlichen Welt wird daher ernsthaft über die Einrichtung von Untersuchungs- und Behandlungszentren diskutiert, in denen die Anonymität des Patienten gewahrt bleiben kann.

Glücklicherweise ist es in den vergangenen 50 Jahren zu einer wesentlichen Veränderung in der Einstellung der Öffentlichkeit aber auch der Ärzteschaft gegenüber den sexuell übertragbaren Erkrankungen gekommen. Infektionen mit humanen Papillom-Viren oder Trichomonaden gelten kaum mehr als diskriminierend, ja selbst Erkrankungen durch Neisseria gonorrhoeae oder Treponema pallidum werden von der jüngeren Generation nicht mehr als „unmoralisch" oder „schmutzig" im Sinne der klassischen Bedeutung der „Geschlechtskrankheiten" beurteilt, sondern immer mehr als das angesehen, was sie auch sind: Infektionskrankheiten im Genitalbereich. Wenn in vergangenen Jahrhunderten sich Ärzte bisweilen weigerten, sexuell übertragbare Erkrankungen zu behandeln, werden heute auch in der Öffentlichkeit alle Anstrengungen unternommen, sexuell übertragbare Erkrankungen durch effiziente Screening-, Diagnose- und Therapieverfahren unter Kontrolle zu bringen.

Literatur

[1] Bell T A, Hein K (1984) Adolescence and sexually transmitted diseases. In: Holmes K K, Mardh P A, Sparling P F, Wiesner P J (eds) Sexually Transmitted Diseases. McGraw Hill, New York
[2] Kanter J F, Zelnik M (1972) Sexual experience of young unmarried women in the United States. Fam Plann Perspect 4 : 9
[3] Luger A (1982) Genitale Kontaktinfektionen. Thieme, Stuttgart
[4] Ostrow D G (1984) Homosexuality and sexually transmitted diseases. In: Holmes K, Mardh P A, Sparling P F, Wiesner P J Sexually transmitted Diseases. McGraw Hill, New York

[5] Sorensen R E (1973) Adolescent sexuality in Contemporary America: Personal values and Sexual Behavior, ages thirteen to nineteen. World Publishing, New York, p 122

[6] Willcox R R (1981) International trends affecting the control of sexually transmitted diseases. In: Harris J R W (ed) Recent advances in sexually transmitted diseases. Churchill Livingstone, Edinburgh, London

[7] Zelnik M et al (1979) Probabilities of intercourse and conception among U.S. teenage women, 1971 and 1976. Fam Plann Perspect 11: 177

[8] Zelnik M, Kanter J F (1977) Sexual and contraceptive experience of young unmarried women in the U.S., 1976 and 1971. Fam Plann Perspect 9: 55

2 Epidemiologie und ökonomische Aspekte

Epidemiologische Daten sind für das Verständnis des Ausbreitungsmechanismus einer Erkrankung, vor allem für deren wirksame Bekämpfung in einer gegebenen Population von Bedeutung und damit sehr eng mit ökonomischen Aspekten verbunden. In diesem Kapitel wird die Epidemiologie der am meisten verbreiteten sexuell übertragbaren Krankheiten mit Berücksichtigung der westlichen Industriestaaten und damit auch des deutschen Sprachraumes dargestellt.

Die Tabelle 1 gibt einen Überblick über die gemeldeten Fälle sexuell übertragbarer Erkrankungen in Großbritannien zwischen den Jahren 1979 und 1984. Die Zunahme der Erkrankungshäufigkeit ist offensichtlich und beträgt in diesen 6 Jahren fast 50%. Sexuell übertragbare Erkrankungen werden hauptsächlich in den Altersgruppen zwischen 15 und 29 Jahren beobachtet, wobei ein Gipfel der Häufigkeit zwischen dem 20. und 24. Lebensjahr besteht. Bei sexuell aktiven Teenagern ist die Morbidität bei den jüngsten am höchsten [2] und bei Männern meist höher als bei Frauen (die Gründe hiefür liegen in der höheren Promiskuität, aber auch in der leichteren Diagnose der entsprechenden Erkrankungen bei Männern). Die Akuität der Infektionen, vor allem aber deren Folgezustände sind bei Frauen wesentlich stärker ausgeprägt. Sexuell übertragbare Krankheiten sind im städtischen Bereich deutlich häufiger als in ländlichen Gegenden und treten überdurchschnittlich oft bei Nicht-Verheirateten, Geschiedenen oder getrennt vom Ehepartner lebenden Personen auf.

Männliche Homosexuelle leiden deutlich häufiger an sexuell übertragbaren Erkrankungen [28]. Die Gründe hiefür liegen nicht in der Homosexualität an sich, sondern in der Art der sexuellen Kontakte mit erhöhter Verletzungsgefahr, in der hö-

Tabelle 1. *Anzahl der gemeldeten sexuell übertragbaren Erkrankungen, Großbritannien 1979–1984*
(aus: Wkly Epidem Rec 61: 329, 1986)

Diagnose	1979	1980	1981	1982	1983	1984
Syphilis	4 385	4 443	4 211	3 929	3 727	3 307
Gonorrhoe	61 616	60 850	58 301	58 778	54 859	53 802
Ulcus molle	49	65	100	137	81	44
Lymphogranuloma venereum	36	34	41	38	43	32
Granuloma inguinale	40	20	29	20	23	20
Unspezifische Genitalinfektionen	113 138	125 476	132 391	142 072	148 616	155 075
Trichomoniasis	21 222	22 285	21 625	21 517	19 571	17 921
Candidiasis	42 667	48 060	50 954	56 124	62 199	64 173
Skabies	2 391	2 599	2 434	2 304	2 477	2 253
Pediculosis pubis	8 272	8 928	9 749	10 904	10 198	11 461
Herpes simplex	9 576	10 780	12 080	14 842	17 908	19 869
Condylomata acuminata	27 654	31 780	33 480	37 341	42 790	49 884
Molluscum contagiosum	1 030	1 228	1 305	1 467	1 700	2 074
andere Treponema-Erkrankungen	1 103	934	884	843	746	669
andere behandlungsbedürftige Erkrankungen	55 408	65 991	73 817	85 315	98 230	109 242
andere nicht-behandlungsbedürftige Erkrankungen	109 050	117 070	121 918	127 208	132 777	131 070
Summe aller neugemeldeten Fälle	457 637	500 543	523 319	562 839	595 945	620 896

heren Zahl der Sexualpartner und in der oftmaligen Infektion von Schleimhäuten, welche bei heterosexuellem Verkehr kaum betroffen sind.

Mehrere demographische und soziale Faktoren beeinflussen die Epidemiologie sexuell übertragbarer Erkrankungen.

● *Altersverteilung der Bevölkerung:*

zwischen 1925 und 1945 war die Geburtenrate auffallend niedrig und erreichte etwa um 1957 in den Industriestaaten wiederum einen Gipfel („Babyboom"). Daraus ergab sich zwischen 1970 und 1981 ein relatives Ansteigen der Zahl junger Menschen zwischen etwa 13 und 24 Jahren und damit verbunden eine Häufung der Zahl sexuell übertragbarer Erkrankungen.

● *Verhältnis der Geschlechter:*

Als „Sex Ratio" (Geschlechtsverteilung) bezeichnet man den Faktor (Anzahl von Männern/Anzahl von Frauen) × 100. Mit wenigen Ausnahmen ist dieser Faktor in urbanen Populationen niedrig, bei der ländlichen Bevölkerung hoch. Eine unausgeglichene Geschlechtsverteilung ist stets mit einem Anstieg der Promiskuität verbunden [8].

● *Scheidungszahlen:*

Das Vorkommen sexuell übertragbarer Erkrankungen ist üblicherweise bei Verheirateten niedrig und wesentlich höher bei geschiedenen, getrennt lebenden oder allein lebenden Personen. In den vergangenen 15 Jahren ist es zu einem deutlichen Anstieg der Scheidungsziffern und zu einem Absinken der Zahl der Verheiratungen nach Scheidungen beziehungsweise dem Tod des Ehepartners gekommen. Auch dadurch dürfte eine Beeinflussung der Morbiditätsziffern sexuell übertragbarer Erkrankungen eingetreten sein [26].

● *Kontrazeptiva:*

Der Gebrauch von Kontrazeptiva, welche gleichzeitig vor Infektionen mit sexuell übertragbaren Erkrankungen schützen können (Kondome), ist weltweit gegenüber der Benützung von Intrauterinpessaren und hormonellen Kontrazeptiva in den Hintergrund getreten. Dadurch könnte ebenfalls die im letzten Jahrzehnt beobachtete Zunahme der Häufigkeit sexuell übertragbarer Erkrankungen teilweise erklärt werden: so kam es 1975 in den Vereinigten Staaten zu einem plötzlichen Rückgang in den Verkaufsziffern der Antibaby-Pillen und gleichzeitig zu einer deutlichen Verringerung der gemeldeten Fälle von Gonorrhoe.

Syphilis

Im 19. und zu Beginn des 20. Jahrhunderts war Syphilis die vorherrschende Geschlechtskrankheit. Mit der Einführung des Penicillins nahm die Häufigkeit dieser Infektionskrankheit drastisch ab und schien zwischen 1954 und 1958 nahezu verschwunden zu sein [11]. In den USA nahm die Zahl der gemeldeten Syphilis-Fälle zwischen 1941 und 1978 von 368,2 auf 30,0 pro 100.000 Einwohner ab. In den Jahren zwischen 1960 und 1965 kam es erneut zu einem Ansteigen der Syphilishäufigkeit, die nun seit etwa 20 Jahren ungefähr konstant bleibt. Heute ist Syphilis die dritthäufigste der gemeldeten Infektionskrankheiten in den USA [11], dürfte aber demnächst durch die steigende Zahl der AIDS-Fälle auf den vierten Platz verdrängt werden. Die Häufigkeit der Syphilis bei Homosexuellen entspricht nicht dem allgemeinen konstanten oder leicht rückläufigen Trend. Bei dieser Gruppe kam es zu einem deutlichen Ansteigen der Inzidenz primärer und sekundärer Syphilis von 32 auf 56% aller Syphilis-Fälle [4]. In den USA wurde aber auch eine Verschiebung der Prävalenz der Syphilis zur weißen Bevölkerung beobachtet; die Gründe hiefür liegen wahrscheinlich auch im Anstieg der Erkrankungsinzidenz bei Homosexuellen [7, 11, 16].

In den deutschsprachigen Ländern kann man durch die Meldepflicht Angaben über die Häufigkeit syphilitischer Infektionen machen, wobei stets eine Dunkelziffer zu berücksichtigen ist, da die Gesundheitsämter nur etwa 20—25% der tatsächlich aufgetretenen Infektionen erfassen können. In Österreich schwankt die Zahl der gemeldeten Infektionen seit 1970 zwischen 8,1 und 20 pro 100.000 Einwohner [13]. Wie überall auf der Welt sind in Großstädten wie Wien die Zahlen etwa 3–4mal höher.

Durch die gehäufte Anwendung von Antibiotika, die aufgrund anderer Indikationen in einer Dosis gegeben werden, die für die Syphilis subkurativ ist, kam es international zu einer deutlichen Änderung in der Häufigkeit der verschiedenen Stadien der Syphilis. Die klinisch manifeste Erkrankung ist in den Hintergrund getreten, während die stumme Infektion deutlich an Häufigkeit zugenommen hat. Das Ansteigen der latenten Infektionen wurde kürzlich am Krankengut der Dermatologischen Abteilung im Krankenhaus der Stadt Wien-Lainz untersucht [14]. Von allen an dieser Abteilung behandelten Syphilis-Patienten waren in den Jahren 1929 bis 1932 40,8% symptomlos, zwischen 1972 und 1973 60,6% und zwischen 1982 und 1985 83,9%.

Die syphilitische Infektion ist durch die prozentuelle Zunahme latenter Fälle für die Infizierten bedrohlicher geworden, weil die Diagnose latenter Erkrankungen sehr oft dem Zufall einer serologischen Screening-Untersuchung überlassen bleibt. Wird die latente Syphilis aber nicht erkannt, können schwere Komplikationen und Spätfolgen, z. B. cardio-vasculäre Syphilis und Syphilis des Zentralnervensystems eintreten.

Ein weiterer Grund für die große Zahl latenter Infektionen ist die hohe Empfindlichkeit der neuen Suchteste, vor allem des TPHA. Mit Hilfe dieser Methode können auch aktive Infektionen mit niedrigen Antikörper-Titern erfaßt werden.

An den Wiener Städtischen Krankenanstalten werden seit 1980 routinemäßig bei allen stationären Spitalspatienten syphilisserologische Untersuchungen durchgeführt (Tab. 2). Insgesamt werden durch das Screening alleine unter den Wiener Krankenhaus-Patienten 4623–7463 Fälle mit latenter, behandlungsbedürftiger Syphilis entdeckt und einer kurativen Therapie zugeführt [14]. Luger, Gschnait und Niebauer [14] haben kürzlich Berechnungen über die Ökonomie des Syphilis-Screenings angestellt: die Komplikationen und Spätfolgen der nicht erkannten und damit unbehandelt bleibenden Syphilis, vor allem die cardio-vasculäre Syphilis, die Tabes dorsalis und die progressive Paralyse, erfordern wiederholt längerdauernde

Tabelle 2. *Ergebnisse syphilisserologischer Routineuntersuchungen an Wiener Krankenanstalten*

Jahr	Zahl der untersuchten Sera	Zahl der reaktiven Befunde	Prozent reaktiv	Nach Abzug der Doppeleinsendungen		
				Zahl der untersuchten Sera	Zahl der Patienten mit latenter Syphilis	Prozent der Patienten mit latenter Syphilis
1980	217 296	9 950	4,58	214 809	7 463	3,47
1981	204 352	7 698	3,77	202 428	5 774	2,85
1982	186 867	7 005	3,59	185 116	5 254	2,84
1983	186 345	6 634	3,56	184 687	4 976	2,69
1984	176 908	6 164	3,48	175 367	4 623	2,64
Insgesamt	971 768	37 451	3,85	962 407	28 090	2,92

stationäre Behandlungen und führen dennoch in 15—36% zu dauernder Invalidität und Pflegebedürftigkeit. Die Eigenkosten für den serologischen Nachweis einer Syphilis-Infektion betrugen für alle Wiener Krankenanstalten im Jahr 1984 rund 12 Millionen öS. Demgegenüber stehen Einsparungen durch die rechtzeitige Diagnose und Behandlung und damit Vermeidung der Spitalsbedürftigkeit, der dauernden Invalidität und Pflegebedürftigkeit in der Höhe von 447 Millionen öS [14]. Das Routine-Screening in Syphilistesten ist somit aus medizinischer und ökonomischer Sicht gerechtfertigt und soll beibehalten und zur Erfassung aller Gefährdeten weiter ausgebaut werden.

Gonorrhoe

Die Häufigkeit der Gonorrhoe ist in fast allen westlichen Industriestaaten, besonders in Schweden und den USA, nach 1965 dramatisch angestiegen; so verzeichneten die USA 1975 dreimal so viele Infektionen mit N. gonorrhoeae als 1966. Seit etwa 1976 nimmt die Häufigkeit der gemeldeten Gonorrhoe-Erkrankungen weltweit wahrscheinlich als Folge der gegenepidemischen Maßnahmen langsam wieder ab [11]. Dennoch ist auch heute noch die Gonorrhoe in den Vereinigten Staaten die häufigste gemeldete Infektionskrankheit [11].

In Österreich werden derzeit jährlich etwa zwischen 80 und 150 Erkrankungen pro 500.000 Einwohner verzeichnet, wobei die Inzidenz in der Großstadt Wien rund doppelt so hoch ist. Berücksichtigt man die Dunkelziffer nicht-gemeldeter Infektionen, dürften wahrscheinlich 4—5 Österreicher pro 1000 Einwohner (Gesamtösterreich) bzw. 8—10 pro 1000 in der Bundeshauptstadt infiziert sein [12]. Vergleichbare, teilweise noch höhere Zahlen liegen aus der Bundesrepublik Deutschland [17], aus Großbritannien [1] und den USA [2] vor. Über 80% der gemeldeten Gonorrhoe-Erkrankungen betreffen die Altersgruppen zwischen 15 und 29 Jahren mit einer deutlichen Anhäufung zwischen dem 20. und 24. Lebensjahr.

Die Inzidenz der Gonorrhoe bei Homosexuellen ist außerordentlich hoch [16]. Mehr als jeder dritte Homosexuelle dürfte zumindest einmal in seinem Leben an Gonorrhoe erkrankt sein [28]. Seit 1983 ist allerdings die Häufigkeit von Infektionen mit N. gonorrhoeae bei Homosexuellen zurückgegangen, wahrscheinlich infolge einer Änderung der Sexualpraktiken aus Angst vor der Gefahr einer Ansteckung mit dem AIDS-Virus [11].

Die Komplikationen und Spätfolgen von Infektionen mit N. gonorrhoeae, vor allem die Entzündungen im kleinen Bekken der Frau (= pelvic inflammatory disease = PID), belasten das öffentliche Gesundheitswesen in besonderem Maße.Epidemiologische Daten aus den USA [24] zeigen, daß etwa jeder zweite Fall von PID durch N. gonorrhoeae bedingt ist [6] und daß 8% aller Frauen mit Gonorrhoe PID entwickeln. Bereits 1975 lagen die Kosten für die Behandlung eines Falles an PID um 1280 Dollar [18]. Die pro Jahr in den USA diagnostizierten 500.000 Fälle von Gonorrhoe-induzierter PID erfordern somit einen jährlichen finanziellen Aufwand von 640.000.000 US-Dollar [11], der im Rahmen der Hospitalisierung für mehr als 150.000 chirurgische Eingriffe (z. B. 53.000 Hysterektomien; 83.000 Eingriffe an den Tuben) aufgewendet werden muß.

Infektionen durch Chlamydia trachomatis

C. trachomatis gilt heute als der häufigste Erreger sexuell übertragbarer Erkrankungen [9, 21, 22], die in den Industriestaaten mehr und mehr zu einem Problem des öffentlichen Gesundheitswesens werden. Die Inzidenz der u. a. durch Chlamydien hervorgerufenen nicht-gonorrhoischen Urethritis hat seit 1966 in den meisten Industriestaaten enorm zugenommen; in England und Wales wurde ein Anstieg zwischen 1966 und 1979 von 260% beobachtet. In den USA schätzt man die Zahl frischer Chlamydien-Infektionen auf über 3 Millionen pro Jahr und damit dürfte dieses Krankheitsbild zumindest genauso häufig sein wie der Diabetes mellitus [23]. Mehr als 20.000 Teenager werden in den USA jährlich durch C. trachomatis unfruchtbar [15].

C. trachomatis ist einer der häufigsten, wenn nicht der häufigste pathogene Keim, der aus der Cervix isoliert wird. 12–19% der sexuell aktiven Frauen, 20–40% der Patientinnen mit Gonorrhoe [26] und 4–21% Schwangere [5, 23] beherbergen den Erreger im Cervixkanal. Meist sind junge, unverheiratete, sexuell aktive Frauen betroffen, die aus sozial ärmeren Schichten, bevorzugt aus Städten, stammen. Bei Frauen höheren Alters, besonders aus sozial bessergestellten Schichten, spielen Chlamydien-Infektionen keine so große Rolle. Etwa ein Drittel aller akuten Entzündungen der Eileiter werden durch C. trachomatis hervorgerufen, und somit ist die akute Salpingitis bei der Frau die wichtigste Komplikation einer genitalen Chlamydien-Infektion [27]. Es wird geschätzt, daß in den USA pro Jahr eine Million an Chlamydien-induzierter PID vorkommen [13, 20]. 60–70% aller Neugeborenen, die beim Geburtsvorgang Kontakt mit C. trachomatis haben, werden infiziert. Von den infizierten Neugeborenen entwickeln 25–50% eine durch C. trachomatis hervorgerufene Conjunctivitis, 10–40% aller Pneumonie-Fälle in den ersten 6 Lebensmonaten sind durch C. trachomatis bedingt [3, 23].

Die nichtgonorrhoische Urethritis (NGU) stellt die häufigste Manifestation einer genitalen Infektion mit C. trachomatis bei Männern dar [10]. 30–50% aller nichtgonorrhoischen Urethritiden werden heute durch C. trachomatis hervorgerufen. Etwa 60% aller Fälle von Entzündungen des Nebenhodens bei Männern unter 35 Jahren werden durch diesen Erreger verursacht. In den USA weisen zusätzlich ca. 20% aller Männer mit gonorrhoischer Urethritis eine Doppelinfektion mit C. trachomatis auf; in Europa wird die Zahl der Doppelinfektionen noch höher, auf ca. 40% geschätzt. Berücksichtigt man noch zusätzlich die Dunkelziffer jener Patienten, die an einer NGU durch C. trachomatis leiden, jedoch wegen des asymptomatischen Verlaufes den Arzt nicht aufsuchen, so wird ersichtlich, welche große Rolle C. trachomatis heute aus volksgesundheitlicher Sicht spielt.

Homosexuelle weisen eine nur relativ geringe Rate an chlamydienbedingter Urethritis auf. Die Gründe hierfür sind nicht vollständig geklärt. C. trachomatis als Erreger rektaler Infektionen spielt bei Homosexuellen eine wesentliche Rolle. In mehr als 10% homosexueller Männer, die an klinischer Proktitis leiden, kann man C. trachomatis aus dem Rektalabstrich nachweisen [19]. Es dürften auch asymptomatische Infektionen vorkommen, da immerhin bei 6% beschwerdefreier homosexueller Männer C. trachomatis kulturell nachgewiesen werden konnte.

Das Ausmaß der materiellen Schäden durch sexuell übertragbare Erkrankungen ist bisher weitgehend unbekannt. Am Beispiel des PID wurden von den Teilnehmern das 6th International Symposium on Human Chlamydial Infections, 15.–21. Juni 1986 in Sanderstead, Surrey, Great Britain, sowie von J. Schachter, anläßlich des 2. Weltkongresses über sexuell übertragbare Krankheiten vom 25.–28. Juni 1986 in Paris, die Kosten bekanntgegeben, die allein durch diese Gruppe von Krankheiten verursacht werden [13]: von 1 Million Frauen, die jährlich infolge Chlamydien-Infektionen mit Entzündungen des kleinen Beckens den Arzt aufsuchen, wurden 300.000 stationär aufgenommen, 250.000 dieser Patientinnen leiden an

Tabelle 3. *(aus Luger: Ökonomische Aspekte sexuell übertragbarer Krankheiten. Editorial, im Druck)*

Behandlung	direkte Kosten US-$
PID	
ambulant	150.810.000,–
stationär	
konservativ	765.528.000,–
chirurgisch	148.625.000,–
Summe I	1.064.963.000,–
Ektopische Schwangerschaft	
ambulant	3.132.000,–
stationär	107.401.000,–
Summe II	110.533.000,–
Sterilität = Summe III	50.000.000,–
insgesamt direkte Kosten (= Summe I+II+III)	US-$ 1.225.496.000,–

einer oder mehreren Spätfolgen wie rezidivierenden Entzündungen oder chronischen Schmerzen. Das Risiko einer ektopischen Schwangerschaft steigt nach einer Episode von PID auf das 7fache, und mehr als 15% der PID-Patientinnen entwickeln eine Pyosalpinx oder eine eitrige Oophoritis, die wiederum mit Beschwerden verursachenden Verwachsungen im kleinen Bekken ausheilen kann.

Die direkten Kosten zur Behandlung dieser Leiden (Labor-, Ambulanz-, Krankenhausgebühren, Aufwand für Medikamente und Operationen, Arzthonorare) wurden von Luger [13] bekanntgegeben (siehe Tabelle 3). Die indirekten Kosten durch Verdienstentgang, Verlust der Leistung im Haushalt, etc. sind kaum abzuschätzen, dürften aber zumindest ebenso hoch wie die direkten Kosten sein.

Herpes simplex

Die Häufigkeit gemeldeter Fälle von Herpes simplex hat in den letzten Jahren am stärksten von allen sexuell übertragbaren Erkrankungen zugenommen und ist heute die häufigste Ursache genitialer Erosionen und Ulcerationen [2]. In den USA werden über 500.000 Neuerkrankungen sowie 5—14 Millionen rezidivierende Verlaufsformen vom Center for Disease Control (CDC) berichtet. Die Gründe hiefür dürften nicht nur in einer echten numerischen Zunahme der Infektionen liegen, sondern vor allem in einem verstärkten öffentlichen Interesse am Herpes genitalis als sexuell übertragbarer Erkrankung und damit verbunden häufigeren ärztlichen Konsultationen, somit häufigeren Diagnosen und Meldungen. Mit steigendem sozioökonomischen Status nimmt die relative Häufigkeit genitialer Herpesinfektionen zu.

Literatur

[1] Annual Reports of the Chief Medical Officer of the Department of Health and Social Security. Extracts published annually. Br J Vener Dis 1965—1981.

[2] Aral SO, Holmes KK (1984) Epidemiology of sexually transmitted diseases. In: Holmes KK, Mardh PA, Sparling PF, Wiesner PJ (eds) Sexually transmitted diseases. McGraw Hill, New York, p 126

[3] Beem MO, Saxon EM (1982), Chlamydia trachomatis infections in infants. In: Mardh PA, Holmes KK, Oriel JD, Piot P, Schachter J (eds) Chlamydial infections. Elsevier Biomedical Press, Amsterdam, p 199

[4] Fichtner RR, et al (1983): Syphilis in the United States 1967–1979. Sex Transm Dis 10: 77

[5] Gschnait F (1986): Genitiale Chlamydieninfektionen. Hautarzt 37: 312

[6] Hager DW, Wiesner PJ (1977): Selected epidemiological aspects of acute salpingitis. A review. J Reprod Med 19: 47

[7] Handsfield HH (1983): Sexually transmitted diseases in homosexual men. Am J Public Health 71: 989

[8] Hirata CC (1979): Free, indentured enslaved. Chinese prostitutes in nineteenth century America. J of Women in Culture and Society 5: 3

[9] Holmes KK (1981): The Chlamydia epidemic. J.A.M.A. 245: 1718

[10] Holmes KK et al (1975): Etiology of non gonococcal urethritis. New Engl J Med 292: 1109

[11] Lossick JG (1985): Epidemiology of sexually transmitted diseases. In: *Sexually transmitted diseases.* Spagna VA, Prior RB (eds) Marcel Dekker Inc., New York und Basel, p 21

[12] Luger A (1982): Genitale Kontaktinfektionen. Thieme, Stuttgart, New York

[13] Luger A (1989): Ökonomische Aspekte sexuell übertragbarer Erkrankungen. Editorial. Z Hautkr (im Druck)

[14] Luger A, Gschnait F, Niebauer G (1987): Ökonomische Aspekte der serologischen Syphilisteste im Routinebetrieb der Wiener Krankenanstalten. Wien Klin Wochenschr 99: 808–811

[15] Mardh PA, Luger A (1989): Infektionen mit Chlamydia trachomatis. PAM, Kivic, Schweden (im Druck)

[16] Marino HI et al (1979): Screening for gonorrhoea and syphilis in gay bath houses in Denver and Los Angeles. Public Health Rep 94: 376

[17] Petzoldt D (1981): Gonorrhoe. In: Korting GW (Hrsg) Dermatologie in Praxis und Klinik, Bd IV. Thieme Verlag, Stuttgart, S 446

[18] Pulice RT, Lyman D (1979): Gonococcal pelvic inflammatory disease. Economic impact in New York. Medicaid 79: 1728

[19] Quinn TC et al (1984): Chlamydia trachomatis proctitis. New Engl J Med 305: 195

[20] Schachter J, Dawson CR (1981): Chlamydial infections, a worldwide problem: Epidemiology and implications for trachoma therapy. Sex Transm Dis 8: 167

[21] Schachter J, Gschnait F (1985): Chlamydieninfektionen. Z Hautkr 60: 1472

[22] Schachter J et al (1975): Are chlamydial infections the most prevalent venereal disease? J.A.M.A. 231: 1252

[23] Schwarz Th, Gschnait F (1986): Genitale Chlamydieninfektion. Wien Klin Wochenschr 98: 405

[24] St John RK et al (1981): Pelvic inflammatory disease in the United States. Epidemiology and trends among hospitalized women. Sex Transm Dis 8: 62

[25] Thompson SE, Washington AE (1983): Epidemiology of sexually transmitted Chlamydia trachomatis infections. Epidemiol Rev 5: 96

[26] U. S. Bureau of the Census (1978): Number, Timing and Duration of Marriages and Divorces in the U. S. Current population report series 297: 20

[27] Westrom L (1980): Incidence, prevalence and trends of acute pelvic inflammatory disease and its consequences in industrialized countries. Am J Obstet Gynec 138: 880

[28] William DC: Sexually transmitted diseases in gay men: an insider's review. Sex Transm Dis 6: 278

3 Bakterielle Infektionen

3.1 Syphilis
Synonym: Lues

Die mit Beginn der Antibiotika-Ära erfolgte Abnahme der Zahl Syphiliskranker, das fast völlige Verschwinden der schweren Spätfolgen und die leicht durchzuführende und gut wirksame Therapie hat in der Öffentlichkeit, aber auch in der Ärzteschaft die Sorgen um diese einst so gefürchtete Krankheit vermindert – dennoch ist die Situation weiterhin nicht ungefährlich. 1986 wurden in den USA 27.098 neue Fälle gemeldet, dies ist etwas mehr als 1985 (26.868). Syphilis war damit nach der Gonorrhoe die zweithäufigste meldepflichtige Erkrankung, weit häufiger als irgendeine Form der viralen Hepatitis [21]. Abgenommen hat vor allem die Zahl der klinisch manifesten Erscheinungsformen; prozentuell zugenommen hingegen haben die Fälle der Syphilis latens, bei der sich der Patient gesund fühlt, der Arzt keine Symptome feststellen kann und nur Blutuntersuchungen anzeigen, daß sich im Körper des Patienten eine Krankheit abspielt, die durch ihre schweren Spätfolgen mit Recht gefürchtet ist. Daß die amerikanischen Zahlen wahrscheinlich nicht vollständig der Realität entsprechen und mehr latent Erkrankte unbehandelt bleiben, zeigen die Daten des Spitalsscreenings aus Wien, wie sie im Kapitel 2 angeführt sind.

Definition

Syphilis ist eine chronische, contagiöse Erkrankung, hervorgerufen durch Treponema (T.) pallidum, die üblicherweise

durch sexuellen Kontakt erworben wird und durch einen jahre-
und jahrzehntelangen Verlauf mit zahlreichen klinischen Ma-
nifestationsmöglichkeiten gekennzeichnet ist.

Ansteckung

Die Gefahr der Ansteckung bei Intimkontakt mit einem infizierten Patienten wird mit etwa 30% kalkuliert [29] und liegt damit wesentlich höher als bei AIDS. 57 Erreger genügen im
Tierversuch, um 50% der Versuchstiere zu infizieren [17]. Frau-
en übertragen den Erreger diaplazentar auf den Fötus etwa ab
der 9. Schwangerschaftswoche [32], wobei das Risiko dieses
Übertragungsweges mit der Dauer der mütterlichen Infektion
abnimmt.

Erreger

T. pallidum aus der Gruppe der Spirochaetales kann weder
durch morphologische, chemische, immunologische Methoden noch durch DNA-Hybridisierung eindeutig von anderen
Treponemen (z. B. T. pertenue, T. carateum, T. pallidum Bos-
nia = Erreger der Pinta, endemischen Syphilis, Frambösie) unterschieden werden. T. pallidum ist mit einer Länge von 6—15
µm und einer Dicke von nur 0,15 µm lichtmikroskopisch (außer
im Dunkelfeld) nicht sichtbar. Die regelmäßigen, engen Spira-
len des Erregers weisen eine Wellenlänge von 1,1 µm und eine
Amplitude von 0,2—0,3 µm auf. T. pallidum wächst in vitro
praktisch nicht.

Pathogenese

Die Pathogenese der Syphilis ergibt sich aus den immunologischen Reaktionen des menschlichen Organismus in der
Auseinandersetzung mit T. pallidum, die auch heute noch
nicht vollständig bekannt sind.

Primärstadium

Nach dem Eindringen des Erregers in den menschlichen Körper wird eine Fülle von humoralen und zellulären Immunreaktionen ausgelöst. Die humoralen Abwehrmechanismen der Syphilis sind gut bekannt und werden zur Serodiagnose der Erkrankung benützt (siehe dort).

Als erste Elemente der zellulären Abwehr treten *Leukocyten* auf, die den Erreger bereits frühzeitig ohne Opsonisierung [1] phagocytieren, aber nicht abtöten. Möglicherweise ist T. pallidum durch eine schützende Schicht lysosomaler Enzyme nicht zugänglich, oder es überleben nur frei im Cytoplasma lebende Treponemen. Vielleicht schreitet die Erkrankung aber auch infolge einer quantitativ unvollständigen Phagocytose fort.

Sehr bald werden Leukocyten durch Einwanderung von T-Lymphocyten [2, 16] und Anti-Treponemen-Antikörper tragenden B-Lymphocyten [30] ersetzt. Eine sehr frühzeitig erfolgte Treponemen-*Macrophagen*-Interaktion führt zur Antigenpräsentation und damit zur raschen Proliferation eines Clons von T-Zellen. Über Lymphokin-Produktion werden Macrophagen aktiviert, die imstande sind, T. pallidum zu phagocytieren.

Sekundärstadium

Trotz potenter lokaler Immunabwehr (die klinisch zum Abheilen des Primäraffektes führt) kommt es zur hämatogenen Aussaat des Erregers und damit zum Sekundärstadium. Die Erreger siedeln sich hauptsächlich in der Haut ab, wahrscheinlich weil dort für den Keim günstige Temperaturverhältnisse herrschen. Die in der Zwischenzeit angelaufene humorale Immunreaktion prägt die Hautveränderungen des Sekundärstadiums, die sich beträchtlich vom Primäraffekt unterscheiden. Dennoch ist der Organismus zur Spontanheilung nicht befähigt, obwohl eine intradermale Zufuhr des Erregers (challenge) nicht imstande ist, frische Primärläsionen hervorzurufen. Dieses Phänomen des menschlichen Organismus, wohl einer neuerlichen Infektion zu widerstehen, die bereits eingedrungenen Erreger aber nicht eliminieren zu können, wird als *Prämunition* bezeichnet und bei parasitären Erkrankungen häufig beobachtet [24].

Latenzphase – Tertiärphase

Während der Latenzphase ist es dem Organismus offenbar gelungen, durch humorale und/oder zelluläre Immunreaktionen die Erkrankung unter Kontrolle zu bringen, ohne aber die Erreger endgültig zu eliminieren. Die genauen immunologischen Mechanismen werden trotz einer großen Zahl von Studien [24] nicht vollständig verstanden. Zweifellos laufen die immunologischen Mechanismen bei Syphilis anders ab als bei den meisten anderen Infektionskrankheiten: z. B. dürften die Reaktionen peripherer Lymphocyten auf treponemale und nicht-treponemale Antigene und Mitogene inhibiert sein [25, 33]. Das Auftreten gewisser treponemaler Mucopolysaccharide während des Bestehens einer syphilitischen Infektion könnte zu einer Bindung von Mitogenen [4] und damit zu einer Immunsuppression führen, die durch den Erreger selbst ausgelöst wird.

Klinik: [12, 13, 7, 5, 6, 19, 20, 8]

Inkubationszeit: 2–3 Wochen (9–90 Tage)

Primäre Syphilis (Abb. 1–4)

Die klinische Manifestation ist der Primäraffekt (harter Schanker = Ulcus durum), der meist als ein solitärer, rötlicher Fleck beginnt, rasch papulös wird und exulceriert. Das Ulcus selbst ist scharfrandig mit braunrotem Grund, mehrere Millimeter bis Zentimeter groß und meist völlig schmerzlos. Es ist dort lokalisiert, wo die infizierenden Treponemen sich zuerst absiedelten und kommt daher am häufigsten genital vor. Grundsätzlich ist aber jede extragenitale Lokalisation an Haut und Schleimhäuten möglich.

Das Ulcus durum bleibt unbehandelt 3–8 Wochen bestehen und heilt dann unter Hinterlassung einer kleinen Narbe ab. Etwa eine Woche nach Auftreten der Primärläsionen bildet sich die *regionäre Lymphadenitis* und damit der *syphilitische Primärkomplex*. Die tastbaren Lymphknoten sind indolent, hart und gegen das umgebende Gewebe gut verschieblich.

Klinische Varianten zum klassischen Bild sind häufig: Primärläsionen können multipel auftreten, kaum infiltriert sein (*erosiver Schanker*) oder sich lediglich durch ein massives Ödem manifestieren (*Oedema indurativum*). Da die Variationsbreite so groß sein kann, sollte jede genitiale Läsion solange als syphilitisch betrachtet werden, bis das Gegenteil bewiesen ist.

Sekundäre Syphilis

Die Symptome der sekundären Syphilis treten als Zeichen der erfolgten Treponemämie auf und werden oft bereits sichtbar, wenn der harte Schanker noch besteht. Meist allerdings werden sie erst eine Woche bis mehrere Monate nach Abheilen des Primäraffektes beobachtet. Die sekundäre Syphilis beginnt häufig mit *Allgemeinerscheinungen* wie Malaisegefühl, Fieber, Nackensteifigkeit, Arthralgien, Angina (specifica) usw. In fallender Tendenz können die folgenden Organe bzw. Organsysteme betroffen sein: Haut und deren Anhangsgebilde; Lymphknoten; Schleimhäute; Zentralnervensystem; Auge; Eingeweide.

Für die Zwecke der praktisch klinischen Diagnostik sind *4 Symptomkreise* bedeutsam:

1. Exantheme (Abb. 5, 6)
meist maculös, maculo-papulös, papulös, viel seltener anulär-papulös oder ulcerös. Die Ausschläge sind meist rötlich bis rötlich-bräunlich, jucken nicht und verschwinden spontan nach einigen Wochen.

2. *Lokalisierte Papeln* (Abb. 7–9)
sind papulöse, manchmal verkrustete oder schuppende
Hauterscheinungen von meist braunroter Farbe an bestimmten Lokalisationen: Stirn-Haar-Grenze *(Corona veneris)*;
Nasolabialfalten; sämtliche Intertrigostellen; Palmae und
Plantae; genitial-perigenital und perianal = *Condylomata lata*
(breit aufsitzende, feuchte Papeln mit papillomatöser Oberfläche) (Abb. 9).

3. *Generalisierte Lymphknotenschwellung*
tritt in über 80% aller Fälle sekundärer Syphilis auf und ist eines
der wichtigsten klinischen Symptome. Die vergrößerten
Lymphknoten sind schmerzlos, mäßig hart und betreffen
sämtliche hautnahen Lymphknotenstationen. Den palpablen
Knoten im Sulcus bicipitalis medialis der Oberarme kommt
besondere diagnostische Bedeutung zu.

4. *Schleimhautveränderungen* (Abb. 10)
können an allen Schleimhäuten auftreten und sind an der
Mundschleimhaut diagnostisch besonders wichtig. Sie erscheinen als 5-12mm große, leicht erhabene Papeln mit grau-
weißlicher Oberfläche. Der Verlust der Papillen läßt sie an der
Zunge besonders deutlich in Erscheinung treten. Bildungen an
den Mundwinkeln können leicht mit einer gewöhnlichen
„Perlèche" verwechselt werden.

Seltenere Symptome der sekundären Syphilis umfassen eine
umschriebene Alopecie (Abb. 11) (das Haupthaar sieht wie von
Ratten angenagt aus), *Periostitis* (meist an den langen
Röhrenknochen mit schmerzhaften Schwellungen), *akute Glomerulonephritis* (mit massiver Proteinurie) und *Hepatitis*
(Hepatomegalie und transiente aber deutliche Leberfunktions-
störung).

Rezidive

In mehr als 20% unbehandelter syphilitischer Infektionen
kommt es nach dem Abheilen der ersten Erscheinungen des
sekundären Stadiums zu einem oder mehreren Rezidiven,

die sich mit Remissionen etwa ein Jahr hinziehen können, um schließlich ganz auszubleiben. Die Zeit der klinischen Remissionen zwischen zwei Rezidiven wurde auch als *Frühlatenzphase* bezeichnet. Grundsätzlich können alle Erscheinungsformen der sekundären Syphilis mehrmals auftreten, am häufigsten allerdings die cutanen und muco-cutanen Erscheinungen. *Prädilektionsstellen* der Rezidive sind die ano-genitiale Region; die Läsionen haben eine deutliche Tendenz zur Ausbildung annulärer Formen.

Latente Syphilis („Spätlatenz")

Die Manifestationen der primären und sekundären Syphilis klingen innerhalb von einigen Monaten spontan ab, die Patienten sind klinisch erscheinungsfrei und fühlen sich gesund. Die Krankheit ist allerdings latent und kann nun nur serologisch nachgewiesen werden.

Das Stadium der latenten Syphilis ist heute das praktisch wichtigste. Durch die breite Anwendung von Antibiotika wegen anderer Indikationen in Dosen, die für die Syphilis subcurativ sind, werden zahlreiche Fälle syphilitischer Infektionen heute maskiert und befinden sich, ohne die frühen Stadien zu durchlaufen, sozusagen primär in der Latenzphase. Eigene Untersuchungen der vergangenen zehn Jahre haben gezeigt, daß der Prozentsatz latenter Syphilitiker stetig zunimmt.

Tertiäre (und quartäre) Syphilis (Abb. 12)

Diese durch routinemäßiges serologisches Screening und nachfolgende antibiotische Therapie heute selten gewordenen Formen syphilitischer Infektionen treten nur bei etwa einem Drittel aller unbehandelten Syphilitiker auf. Drei Formen sind klinisch relevant:

1. Gummen (Abb. 12)
Gummen bestehen aus einem (spezifischen) Granulationsgewebe und finden sich 2 bis 35 Jahre nach der Infektion in etwa 15% der unbehandelten Fälle. Haut und Knochen sind am

häufigsten betroffen, Gummen können aber letztlich überall vorkommen. Durch Verdrängung gesunden Gewebes, möglicherweise auch durch rasche Einschmelzung im Rahmen einer antibiotischen Therapie sind Gummen in gewissen Lokalisationen (z. B. Zentralnervensystem; Larynx; Herzscheidewand) unter Umständen lebensbedrohlich.

An der Haut äußern sich Gummen als derb-elastische, 2-6 cm große, braunrötliche, zentral häufig nierenförmige exulcerierte Knoten. Die Ulcerationen erscheinen wie ausgestanzt scharf mit gelblich-weißem Grund. Gummen an der Haut finden sich am häufigsten an Stirne, Nacken, Gesäß, Oberschenkel.

Knochengummen kommen meist am Schädeldach und an den langen Röhrenknochen vor und präsentieren sich klinisch als meist schmerzhafte, derbe subcutane Schwellungen, die zu beträchtlichen ossären Zerstörungen führen können.

2. Cardio-vasculäre Syphilis

Etwa 10% der unbehandelten Syphilitiker entwickeln pathologische Veränderungen am cardio-vasculären System 5–15 Jahre nach der Infektion.

Syphilitische Aortitis mit Aneurysmabildung in der Aorta ascendens und sekundärer (manchmal auch primärer) Klappeninsuffienz ist die häufigste Manifestation. Aortenaneurysmaruptur und Herzinsuffizienz sind tödliche Komplikationen. Stenosen der Conorararterien führen zu Angina pectoris.

3. Neurosyphilis

6–7% unbehandelter syphilitischer Patienten entwickeln einen Befall des Zentralnervensystems. Die klinische Diagnose der Neurosyphilis ist außerordentlich schwierig, durch vorerst schwach ausgeprägte oder auch fehlende Symptome unter Umständen kaum möglich. Unerkannt führt die Neurosyphilis zu schwersten Erkrankungen (siehe Tabelle 1) wie der *progressiven Paralyse* und der *Tabes dorsalis*. Irreversible Schäden machen eine ständige Befürsorgung des Betroffenen erforderlich und belasten somit das Gesundheitssystem in hohem Maße.

Tabelle 1: *Übersicht über klinische Formen der Neurosyphilis (nach 7)*

Gruppe	Typ	Charakteristika
I	asymptomatischer Typ	Veränderungen des Liquor cerebrospinalis ohne klinische Symptome
II	meningeal-vasculärer Typ	1. cerebral-meningeal 1.1 diffus: erhöhter intracranieller Druck, Paresen peripherer Nerven 1.2 focal (Gummen): erhöhter intracranieller Druck, focale cerebrale Symptome, schleichender Beginn 2. cerebral-vasculär: focale cerebrale Symptome, akuter Beginn 3. spinal-meningeal und vasculär: Paraesthesien, leichte Ermüdbarkeit, Atrophie und Verlust der Sensibilität an Stamm und Extremitäten
III	parenchymatöser Typ	1. Degeneration von Neuronen und Axonen, progressive Paralyse, progressive geistige Störungen, Convulsionen, Coma, Exitus letalis 2. Tabes dorsalis: Ataxie, Areflexie, Paraesthesien, nervale Störungen der Augen und der Harnblase, Impotenz, Schmerzen

Tabelle 2. *Symptome connataler Syphilis (nach 26)*

„Major-Symptome"	„Minor-Symptome"
Condylomata lata	periorale Fissuren
Osteochondritis od. Periostitis	Mundschleimhautveränderungen
(hämorrhagische) Rhinitis	Hepato- und Splenomegalie
vesicobullöse Eruptionen unklarer Genese	generalisierte Lymphknotenschwellung
Hydrops fetalis	Symptome des Zentralnervensystems
Tonnenzähne (Abb. 13)	Hämolysezeichen
Sattelnase (Abb. 14)	Thrombopenie
	Pseudoparalysen
	Nephrotisches Syndrom oder Glomerulonephritis

Tabelle 3. *Einige Differentialdiagnosen bei connataler Syphilis (nach 26)*

Symptome der Syphilis	Differentialdiagnose
vesicobullöse Hautveränderungen	toxische epidermale Nekrolyse; Pseudomonas-Sepsis virale Infektionen (Herpes, Varicellen, Cytomegalie); hereditäre Störungen (z. B. Epidermolysis bullosa, Urticaria pigmentosa, Porphyrie, etc.)
Hepatosplenomegalie	Erythroblastose; andere congenitale Infektionen (z. B. Sepsis, Röteln, Herpes simplex, Toxoplasmose, Hepatitis), biliäre Atresie; Mucopolysaccharidose Galactosämie
Hydrops fetalis	Erythroblastose; Alpha-Thalassämie; Herzfehler; Neuroblastom; nephrotisches Syndrom
Parrot'sche Pseudoparalyse	Erb'sche Paralyse

Syphilis connata

Die diaplazentar übertragene Infektion des Fötus und die daraus resultierende connatale Syphilis wird in den westlichen Industriestaaten infolge des nahezu lückenlosen serologischen Screenings Schwangerer (praktisch) nicht mehr beobachtet. Auf eine eingehende Beschreibung der mannigfachen Symptome [10, 18, 23, 34] wird daher hier verzichtet. Tabelle 2 gibt eine Übersicht über die klinischen Kriterien zur Diagnose connataler Syphilis, Tabelle 3 führt mögliche Differentialdiagnosen an.

Moderne serologische Verfahren haben die Diagnose des Krankheitsbildes wesentlich vereinfacht. Der Nachweis von Treponemen-spezifischen Antikörpern in den IgM-Testen (19S-IgM-FTA-ABS-Test und 19S-SPHA-Test) aus dem kindlichen Blut spricht für das Vorliegen einer connatalen Syphilis, weil IgM-Antikörper normalerweise nicht diaplacentar übertragen werden. Besonders wenn im mütterlichen Serum kein Treponemen-spezifisches IgM nachzuweisen ist oder in niedrigeren Titern als im kindlichen Serum vorliegt, ist die Serodiagnose der connatalen Syphilis leicht und eindeutig. Weist auch das Serum der Mutter (gleich) hohe IgM-Spiegel auf, sollte das kindliche Serum post partum durch etwa 8–12 Wochen kontrolliert werden, um die, allerdings unwahrscheinliche diaplazentare Überimpfung von mütterlichem IgM auf das Kind im Rahmen einer Störung der Placentaschranke zu erkennen.

Frühsyphilis – Spätsyphilis

In den letzten Jahren hat sich eine simplifizierende Einteilung des Verlaufes der syphilitischen Infektion in *Frühsyphilis* (bis zum 1. Jahr nach der Infektion) und *Spätsyphilis* (ab dem 2. Jahr nach der Infektion) eingebürgert. Die Dauer der Erkrankung wird durch die Anamnese festgelegt.

Die Oslo-Gjestland-Studie [8]

1955 studierte Gjestland [8] 953 Patienten mit Frühsyphilis, die nicht behandelt wurden. Etwa ein Drittel der Fälle entwickelte

Symptome der Spätsyphilis: Gummen — 16,6%; cardiovasculäre Syphilis — 9,7%; symptomatische Neurosyphilis —
6.5%. In 10,6% der Fälle konnte die Syphilis als primäre Todesursache angenommen werden.

Diagnose

1. Erregernachweis [11, 13, 27]
Der Erregernachweis ist die schnellste und sicherste Methode
zur Diagnose der Syphilis, kann aber nur aus jenen Läsionen
geführt werden, die Treponemen in ausreichender Menge enthalten. Dies sind lediglich die Veränderungen der Primärperiode (Primäraffekt) und die Exantheme und lokalisierten Papeln
der Sekundärperiode (aus maculösen Exanthemen ist der Erregernachweis fast stets negativ). Treponemen können auch aus
der *Punktion regionärer Lymphknoten* bei Primärsyphilis nachgewiesen werden.

Die mikroskopische Untersuchung erfolgt im *Dunkelfeld,*
wobei die Treponemen an ihren typischen drei Bewegungen
eindeutig erkannt werden können:
- Rotation um die Längsachse (korkenzieherartig)
- Knickbewegung in ihrer Mitte (wie bei Taschenmesser)
- Verlängerung und Verkürzung (wie eine Spiralfeder).

Die Erreger der Syphilis zeigen keine aktive Locomotion!
Eine Unterscheidung von Treponema pallidum im Dunkelfeld
von apathogenen Keimen der Mundhöhle ist außerordentlich
schwierig und nicht immer eindeutig möglich. *Immunfluoreszenzmethoden* zur Darstellung des Erregers wurden versucht,
sind aber manchmal nicht frei von Fehlerquellen. *Kulturelle
Nachweismethoden* sind bisher nicht gelungen.

2. Serologie [13, 14, 15, 22]
Serologische Untersuchungen sind die einzige Möglichkeit,
asymptomatische oder oligosymptomatische Infektionen zu erfassen, die Krankheit also auch während der erscheinungsfreien Phase zu erkennen und zu behandeln. Die in den letzten
Jahren stetig prozentuell ansteigende Zahl latenter Infektionen
zeigt, wie wichtig es ist, nicht nur in „Verdachtsfällen", sondern

bei jeder sich bietenden Gelegenheit serologische Untersuchungen durchzuführen. Gerade der numerische Rückgang der klassischen, klinisch manifesten Erkrankung hat dazu geführt, daß vielfach die Syphilis aus dem klinisch-differentialdiagnostischen Repertoire verschwunden ist. Dem kann aber relativ leicht durch eine Ausweitung serologischer Routineuntersuchungen auf Syphilis begegnet werden. Heute genügt zur eindeutigen serologischen Diagnose einer syphilitischen Infektion ein einziger Test nicht mehr; die Verwendung mehrerer Verfahren gestattet durch die Interpretation des „Testprofiles" meist eindeutige Aussagen zur Diagnose, zur Aktivität der Erkrankung und zur Behandlungsbedürftigkeit.

Sensitivität, Spezifität, Aussagewerte

Jeder diagnostische Test, besonders alle serologischen Verfahren weisen eine bestimmte Sensitivität, Spezifität und Aussagewert auf. Unter *Sensitivität* versteht man die Zahl positiver Testergebnisse im Vergleich zur Zahl der Erkrankten. *Spezifität* benennt man die Zahl negativer Testergebnisse im Vergleich zur Zahl der Gesunden. Beide Parameter hängen einerseits von der Art der Testverfahren ab, andererseits natürlich von der Genauigkeit und der Erfahrung des Laborpersonals. Gerade in der Syphilisserologie erfordern manche Tests (vor allem die Fluoreszenzverfahren) einen hohen Grad an Erfahrung und Übung.

Der *Aussagewert* eines Testes bezeichnet die Wahrscheinlichkeit mit der eine Person, die ein positives Testergebnis aufweist, auch tatsächlich erkrankt (oder erkranken wird). Dieser Parameter wird in hohem Maße durch die Prävalenz der Erkrankung in einer gegebenen Bevölkerung beeinflußt. Ein Beispiel mag dies erläutern: Wenn 1000 Angehörige einer Bevölkerung mit der Prävalenz einer Erkrankung (z. B. Syphilis) von 1% mit einem Test gescreent wird, der eine 100%ige Sensitivität und 99%ige Spezifität aufweist (z. B. der FTA-ABS-Test), so werden 10 richtig positive Resultate und 10 falsch positive zu erwarten sein. Wäre die Prävalenz aber 50%, so wäre mit 500 richtig positiven und nur 5 falsch positiven Ergebnissen zu rechnen. Im ersten Fall (und dies entspricht in vielen Fällen der Realität) kommt ein Test allein auf kein besseres Ergebnis als „Münzenaufwerfen". Dieses Beispiel zeigt die Bedeutung der Durchführung von mehreren Testen und nachfolgender Beurteilung des „Testprofiles".

Die humorale Immunantwort bei Syphilis involviert fast ausschließlich Antikörper der IgM- und IgG-Klasse. Treponemen-spezifisches IgA dürfte ein begünstigender Faktor in der Pathogenese der Neurosyphilis sein.

IgM-Antikörper werden nach der Infektion relativ rasch gebildet und sind am Ende der 2. Woche nachweisbar. Die Moleküle haben eine Größe von etwa 1 MD und werden entsprechend ihrer Wanderung bei der Ultrazentrifugierung als 19S-IgM-Antikörper bezeichnet. Mit Einsetzen der IgG-Produktion geht die Bildung von 19S zurück und erlischt komplett etwa drei Monate nach adäquater Therapie bei Frühsyphilis und 12 Monate nach Behandlung der Spätsyphilis.

IgG-Antikörper machen die überwiegende Menge der Antikörper aus. Sie sind im Serum in der 4. bis 5. Woche nach der Infektion nachweisbar und ihre Produktion bleibt auch nach erfolgreicher Therapie aufrecht. Je länger die Infektion bestand, umso länger werden auch nach Eliminierung von T. pallidum IgG-Antikörper gebildet.

Testverfahren mit unspezifischem (Cardiolipin) Antigen

Der VDRL- und der RPR-Test weisen IgG und IgM gleichzeitig nach, werden etwa ab der 4. Woche nach der Infektion reaktiv und zeigen nach erfolgreicher Behandlung meist fallende Titer unter Umständen bis unter die Nachweisgrenze. Bei lange bestehender Infektion bleiben auch diese beiden Tests in niedrigen Titern lebenslänglich reaktiv. VDRL und RPR haben eine geringe Spezifität und zeigen nicht nur das Vorliegen von Antikörpern gegen T. pallidum an, sondern können auch bei anderen physiologischen und pathologischen Situationen (z. B. Gravidität; Hepatosen; Lupus erythematodes; etc.) reaktiv sein.

Testverfahren mit spezifischem (T. pallidum) Antigen

Heute werden fast ausschließlich der TPHA-Test bzw. dessen automatisierte Mikrovariante, der AMHA-TP, sowie der FTA-ABS-Test verwendet. Beide Verfahren sind außerordentlich spezifisch und empfindlich (in der Spätphase übertrifft der

TPHA- noch den FTA-ABS-Test), weisen IgG und IgM gleichzeitig nach, werden etwa ab der 3.—4. Woche nach der Infektion
reaktiv und bleiben dies auch nach ausreichender Behandlung
in niedrigen Titern meist bis an das Lebensende.

Die IgM-Teste

In den letzten Jahren wurden Verfahren zum Nachweis von
T. pallidum-spezifischem IgM entwickelt, die imstande sind,
die Aktivität der Erkrankung und die Notwendigkeit einer Behandlung anzuzeigen sowie zwischen Therapieversagen und
Reinfektion zu unterscheiden [13, 14, 15, 22, 28].

Beim *19S-IgM-FTA-ABS-Test* werden 19S-IgM-Moleküle
aus dem Serum durch Hochdruckflüssigkeitschromatographie
(HPLC) abgetrennt und anschließend einem FTA-ABS-Test
unterzogen. Die spezifische Bindung von T. pallidum-
spezifischem IgM an eine Festphase und anschließender Hämagglutinationstest ist das Prinzip des *IgM-SPHA*. Bei gleichzeitiger sachgerechter Durchführung beider Teste sind Fehlerquellen nahezu auszuschließen.

Die serologische Diagnose der Syphilis kann auf Basis der Kriterien der Tabelle 4 (nach 13) vorgenommen werden.

Der Erfolg der Therapie soll am Absinken des VDRL- bzw.
der IgM-Teste kontrolliert werden. Bei der *Frühsyphilis* negati-
viert sich der VDRL meist innerhalb von 6—12 Monaten, der
SPHA innerhalb von 2—3 Monaten. Nach Behandlung der
Spätsyphilis sinken die IgM-Titer innerhalb eines Jahres unter
die Nachweisgrenze, der VDRL bleibt oft in niedrigen Titern
(1:8 und darunter) lebenslänglich erhalten.

*Der Nachweis von Behandlungsversagern gewinnt heute mehr
und mehr an Bedeutung, weil erste Beobachtungen andeuten, daß
die üblichen Syphilis-Therapie-Schemata bei mit AIDS-Infizierten
zur Ausheilung der Syphilis nicht mehr genügen.* Soweit man es
bisher abschätzen kann, ist eine neuerliche Therapie mit eventuell höheren Dosen an Antibiotika jedenfalls dann angezeigt,
wenn die oben angeführten Kriterien zum Nachweis des The-
rapieerfolges nicht erfüllt sind. Eine *Reinfektion* ist stets dann
anzunehmen, wenn die IgM-Teste nach der Therapie bereits
unter die Nachweisgrenze abgesunken sind und ann erneut
ansteigen.

Tabelle 4. *Serologische Diagnose der Syphilis (nach 13)*

Indikation und Aussagewert	Testverfahren mit	
	Lipoid-Antigen	T. pallidum-Antigen
Suchtest	VDRL	AMHA-TP
Bestätigung der Diagnose	—	FTA-ABS
Aktivität der Erkrankung Ansprechen auf Behandlung (Beurteilung durch Kontrolle des Titerverlaufes)	VDRL	IgM-SPHA 19S-IgM-FTA-ABS

Die Diagnose der Neurosyphilis durch Liquoruntersuchung

Die durch Neurosyphilis hervorgerufene Entzündung führt im Zentralnervensystem (ZNS) zu *unspezifischen Entzündungszeichen.* Hiefür spricht eine Zellzahl von mehr als 5/ml und ein Gesamt-Eiweiß höher als 40 mg/dl. *Spezifisch für Neurosyphilis ist ein IgM-SPHA-Titer im Liquor von höher als 1:8 und ein TPHA-Index von über 100. Ein nicht reaktiver TPHA und FTA-ABS aus dem Liquor schließt Neurosyphilis eindeutig aus* [13].

$$\textit{Formel für den Index:} \quad \frac{\text{TPHA-Titer im Liquor}}{\text{Albumin-Quotient}}$$

Die Ermittlung des Albumin-Quotienten ist notwendig, um einen Aufschluß über die Unversehrtheit oder eine eventuelle Störung der Blut-Liquor-Schranke zu erhalten. Er wird nach der Formel

$$\frac{\text{Liquor-Albumin (mg/dl)} \cdot 10^3}{\text{Serum-Albumin (mg/dl)}}$$

bestimmt. Bei normalen Verhältnissen ergibt sich ein Wert zwischen 3 und 8. Eine sehr schwere (seltene) Störung der Schrankenfunktion mit Werten über 20 kann der TPHA-Index im Sinne eines zu niedrigen (falsch negativen) Wertes beeinträchtigen.

Der Erfolg anti-neurosyphilitischer Therapie soll stets durch eine Kontrollpunktion 12 Monate nach Abschluß der Behandlung kontrolliert werden. Der TPHA-Index soll dann unter 100 gesunken sein, ein vorher reaktiver IgM-SPHA negativ geworden sein. Liquor-FTA-ABS und -TPHA bleiben, wie im Serum, jahre- und jahrzehntelang reaktiv.

Differentialdiagnose

Die Syphilis ist der große „Imitator" unter den Krankheiten. Nahezu jede dermatologische Erkrankung und eine Vielzahl interner und neurologischer, ophthalmologischer, orthopädischer, oto-laryngologischer, urologischer, etc. Zustände kommen differentialdiagnostisch in Frage. Eine genaue Abhandlung der Differentialdiagnose ist daher kaum möglich. Die einfache und vergleichsweise kostengünstige serologische Untersuchung ist imstande, die differentialdiagnostischen Überlegungen wesentlich zu erleichtern.

Therapie [12, 27, 35]

Die in der Folge angegebenen Dosierungen entsprechen den Empfehlungen der Expertengremien der Weltgesundheitsorganisation (WHO) und der Union Internationale contre les Maladies Veneriennes (IUVDT).

Mittel der Wahl zur Syphilistherapie ist Penicillin, wobei gleichbleibende Serumspiegel von 0,03 IE/ml für die Dauer von mindestens 2 Wochen empfohlen werden. Es ist heute noch nicht vollständig geklärt, ob im Falle einer gleichzeitigen Infektion mit dem HI-Virus (humanes Immundefizienz-Virus — Erreger des AIDS) und Beeinträchtigung der Immunfunktionen andere Dosierungsrichtlinien zu beachten wären.

Dosierung

Syphilis während des 1. Jahres der Infektion
1. Benzathin-Penicillin einmal 2,4 Mill. IE i. m.
2. Procain-Penicillin täglich
    1,2 Mill. IE i. m.   für die Dauer
3. Clemizol-Penicillin täglich   von 2 Wochen
    1 Mill. IE i. m.

Syphilis ab dem 2. Jahr der Infektion einschließlich Spätsyphilis (Gumma, cardio-vasculäre Manifestationen, usw.)
1. Benzathin-Penicillin dreimal 2,4 Mill. IE i. m.
    im Abstand von je 7 Tagen
2. Procain-Penicillin täglich
    1,2 Mill. IE i. m.   für die Dauer
3. Clemizol-Penicillin täglich   von 3 Wochen
    1 Mill. IE i. m.

Syphilis während der Schwangerschaft und Neurosyphilis

Für diese beiden Indikationen ist Benzathin-Penicillin derzeit nicht zu empfehlen, die Behandlung soll mit Procain-Penicillin, 1,2 Mill. IE, oder Clemizol-Penicillin, 1 Mill. IE, täglich für die Dauer von 3 Wochen durchgeführt werden.

Bei Behandlungsversagern bei *Neurosyphilis* sollen alle 4 Stunden 4 Mill. IE wasserlösliches Penicillin i. v. für die Dauer von 3 Wochen verabreicht werden.

Behandlung der Syphilis congenita während des 1. Lebensjahres

Neugeborene scheiden Penicillin wesentlich langsamer aus als Erwachsene. Für die Behandlung würde daher die Injektion von 50.000 E/kg wasserlöslichem Penicillin G im Abstand von 12 Stunden genügen, die Verabfolgung von Depotpräparaten ist jedoch vorzuziehen.

1. Benzathin-Penicillin 50.000 E/kg einmal i. m.
2. Procain-Penicillin   50.000 E/kg täglich für die
3. Clemizol-Penicillin   Dauer von 2 Wochen

Syphilis congenita ab dem Beginn des 2. Lebensjahres

1. Benzathin-Penicillin 50.000 E/kg (nicht mehr als 2,4 Mill. IE) i. m. dreimal im Abstand von je 7 Tagen
2. Procain-Penicillin 50.000 E/kg (nicht mehr als 1,2 Mill. IE) täglich für die Dauer von 3 Wochen
3. Clemizol-Penicillin 50.000 E/kg (nicht mehr als 1 Mill. IE) täglich 21 Tage hindurch.

Tetracycline (Tabelle 5) dürfen bekanntermaßen während der Gravidität und bei Kindern nicht angewandt werden.

Cephalosporine sind grundsätzlich Treponemen-wirksam, es werden allerdings meist höhere Serumspiegel als bei Penicillin benötigt.

Chloramphenicol wirkt gegen T. pallidum kaum, *Aminoglycoside* überhaupt nicht.

Präventive Therapie

Grundsätzlich sollte vor jeder antisyphilitischen Therapie eine genaue Diagnose stehen. Aus epidemiologischen Gründen (keine Möglichkeit zur exakten Diagnose aber hohe Wahr-

Tabelle 5. *Ausweichpräparate bei Penicillinüberempfindlichkeit (aus 13)*

Präparat	Tagesdosis	Behandlungsdauer (Tage)			
		Syphilis im 1. Jahr d. Infektion	Syphilis ab dem 2. Jahr d. Infektion	Syphilis während Schwangerschaft	Neuro-syphilis
Doxycyclin	2 x 100 mg	15 Tage	30 Tage	–	30 Tage
Chlortetracyclin	4 x 500 mg	15 Tage	30 Tage	–	30 Tage
Oxytetracyclin					
Lymecyclin	3 x 300 mg	15 Tage	30 Tage	–	30 Tage
Erythromycin	4 x 500 mg	15 Tage	30 Tage	30 Tage	–

Tabelle 6. *Kontrollen nach antisyphilitischer Therapie*

Stadium	Kontroll-Frequenz	Dauer der Kontrolle
Frühsyphilis (1. Jahr d. Infektion)	1 x/Monat vierteljährlich	6 Monate Bis VDRL nicht reaktiv. Steht die IgM-Serologie zur Verfügung, genügen 3 nicht reaktive Befunde.
Spätsyphilis	1 x/Monat vierteljährlich	6 Monate Bis VDRL nicht reaktiv oder konstant niedriger Titer. IgM-Serologie: siehe Frühsyphilis
Neurosyphilis (Liquorkontrollen)	2 x/Jahr	bis TPHA $<$ 100 und IgM-Teste negativ

scheinlichkeit der Infektion) ist eine präventive Therapie vertretbar (z. B. bei Matrosen, Reisenden, Asozialen, Uneinsichtigen, Drogenabhängigen, Prostituierten, etc.), die in der Regel mit einer einmaligen Verabfolgung von 2,4 Mill. IE Benzathin-Penicillin durchgeführt wird.

Mögliche Nebenwirkungen antisyphilitischer Therapie

Neben den Nebenwirkungen der verwendeten Antibiotika selbst kommen noch spezifische nur auf die Behandlung der Syphilis zutreffende Komplikationen vor:

Die Jarisch-Herxheimer-Reaktion (JHR)

Die JHR äußert sich bei der Behandlung der Frühsyphilis in Fieber, eventuell Schüttelfrost, Schwellung der Lymphknoten und Malaisegefühl 4–8 Stunden nach der ersten Dosis einer antisyphilitischen Therapie. Die JHR bedeutet für den Patienten auch bei Vorliegen cardio-vasculärer Syphilis kein übermäßig hohes Risiko [3, 19]. Die Mechanismen der JHR sind nicht vollständig geklärt [26]: toxische Produkte durch den Zufall der Spirochaeten wurden bereits frühzeitig diskutiert. Wahrscheinlicher sind Endotoxine, die im Serum von Patienten nachgewiesen werden können, oder gewisse immunologische Phänomene [26]. Die JHR kann weitgehend durch Verabreichung von etwa 50–100 mg Prednisolon gleichzeitig mit der ersten Antibiotika-Gabe verhindert werden.

Nebenwirkungen bei der Behandlung der Spätsyphilis

Antisyphilitisch wirksame Antibiotika sollen in seltenen Fällen durch die rasche Einschmelzung syphilitischen Granulationsgewebes zu schweren Komplikationen führen (z. B. Aneurysma der Aorta, Gummen in der Herzscheidewand, im Larynx, etc.). Bei der Behandlung von mehreren Hundert Patienten mit spätlatenter Syphilis und manifester tertiärer sowie Neurosyphilis konnten wir diese Nebenwirkungen bisher nicht beobachten.

Kontrollen nach der Behandlung

Tabelle 6 gibt einen Überblick über die erforderlichen klinischen und serologischen Nachkontrollen. Es ist von großer klinischer Bedeutung, die Nachbeobachtungen trotz der guten

Wirksamkeit der antisyphilitischen Behandlung genauestens durchzuführen, weil i) nur dadurch eine Antibiotika-Resistenz (obwohl bisher noch nicht beobachtet) erkannt werden kann ii) die Patienten häufig Hochrisikogruppen für sexuell übertragbare Erkrankungen angehören und dadurch syphilitische Reinfekte nicht auszuschließen sind und iii) Immundefizienzen durch das HIV möglicherweise einen noch unbekannten Einfluß auf die antisyphilitische Therapie ausüben.

Literatur

[1] Alderete JF, Basemann JB (1979) Surface associated host proteins on virulent T. pallidum. Infect Immun 26: 1048

[2] Baker-Zander S, Sell S (1980) A histopathologic and immunologic study of the course of syphilis in the experimentally infected rabbit: Demonstration of long-lasting cellular immunity. Am J Pathol 101: 387

[3] Brown ST. (1976) Adverse reactions in syphilis therapy. Sex Transm Dis 3: 172

[4] Baughn RE, Musher DM (1982) Reappraisal of lymphocyte responsiveness to concanavalin A during experimental syphilis. Infect Immun 35: 572

[5] Chapel DA (1978) The variability of syphilitic chancres. Sex Transm Dis 5: 68

[6] Chapel DA (1980) The signs and symptoms of secondary syphilis. Sex Transm Dis 7: 161.

[7] Crissey JT, Deneholz DA (1984) Syphilis. Clinics in Dermatol 2: 1

[8] Gjestland T (1975) The Oslo study of untreated syphilis. Acta Dermatovenereol 35: Suppl 34

[9] Heyman A et al (1982) Pathogenesis of the Jarisch Herxheimer Reaction. A review of experimental and clinical observation. Br J Vener Dis 18: 50

[10] Ingall D, Norins L (1976) Syphilis. In: Remington J, Klein JD (eds) Infectious diseases of the newborn infant, Saunders, Philadelphia

[11] Lomholt G (1979) Syphilis, Yaws and Pinta. In: Rook A et al (eds) Textbook of Dermatology, Vol. I. Blackwell, Oxford, p. 701

[12] Luger A (1981) Syphilis. In: Korting GW (Hrsg) Dermatologie in Klinik und Praxis. Thieme, Stuttgart, S 45

[13] Luger A (1982) Genitale Kontaktinfektionen. Thieme, Stuttgart, S 13

[14] Luger A, Catterall RD (1981) Immunologie der Syphilis. In: Korting GW (Hrsg) Dermatologie in Klinik und Praxis. Thieme, Stuttgart, S 45

[15] Luger A, Schmidt BL, Schönwald E (1982) Die SPHA-Technik (solid phase hemadsorption) in der Syphilisserologie. Hautarzt 33: 138

[16] Lukehart SA et al (1980) Characterization of lymphocyte responsiveness in early syphilis: II. Nature of cellular infiltration and T. pallidum distribution in testicular lesions. J Immunol 124: 461

[17] Magnuson HJ et al (1956) Inoculation syphilis in human volunteers. Medicine 35: 33

[18] McDonald R (1970) Congenital syphilis has many faces. Clin Pediatr (Phila) 9: 110

[19] Merritt HH (1979) Textbook of Neurology, 6th ed. Lea Fiebiger, Philadelphia, p 135

[20] Merritt HH, Adams RD, Solomon HC (1946) Neurosyphilis. University Press, New York, Oxford

[21] MMWR (1987) 35: 798

[22] Müller F (1977) Serodiagnostik der Syphilis aus der Sicht des Immunologen. Hautarzt 28: 167

[23] Murphy FK, Patamasucon P (1984) Congenital syphilis. In: Holmes KK et al (eds) Sexually Transmitted Diseases. McGraw Hill, New York, p 352

[24] Musher DM (1984) Biology of T. pallidum. In: Holmes KK et al (eds) Sexually transmitted diseases. McGraw Hill, New York, p 291

[25] Musher DM et al (1975) Lymphocyte transformation in syphilis: an in vitro correlate of immune suppression in vivo? Infect Immun 11: 1261

[26] Rein MF (1984) General principles of syphilotherapy. In: Holmes KK et al (eds) Sexually transmitted diseases. McGraw Hill, New York

[27] Rhodes AR, Luger A (1987) Syphilis and other treponematoses. In: Fitzpatrick TB et al (eds) Dermatology in general medicine. McGraw Hill, New York, p 2395

[28] Schmidt BL (1979) The 19S-IgM-FTA-ABS test in the serum diagnosis of syphilis. WHO 79.362

[29] Schroeter AL et al (1971) Therapy for incubating syphilis: effectiveness of gonorrhoea treatment. JAMA 218: 711

[30] Soltani K et al (1978) Detection by direct immunofluorescence of antibodies to T. pallidum in the cutaneous infiltrates of rabbit syphilomas. J Infect Dis 138: 222

[31] Sparling PF (1984) Natural history of syphilis. In: Holmes KK et al (eds) Sexually Transmitted Diseases. McGraw Hill, New York, p 298
[32] Turner TB et al (1969) Infectivity tests in syphilis. Br J Vener Dis 45: 183
[33] Ware JL et al (1979) Serum of rabbits infected with T. pallidum (Nichols) inhibits in vitro transformation of normal rabbit lymphocytes. Cell Immunol 42: 363
[34] Whipple DY, Dunham EC (1938) Congenital syphilis. I: Incidence, transmission and diagnosis. J Pediatr 13: 101
[35] WHO 79.359: Present status of therapy and serodiagnosis of syphilis (some selected aspects)

3.2 Gonorrhoe
Synonym: Tripper

Die Gonorrhoe kann als eine der ältesten, ja als die älteste
sexuell übertragbare Erkrankung des Menschen gelten.
Schreibt doch bereits Moses: „Wenn jemand einen Ausfluß aus
seinem Gliede hat, so ist er unrein" (Lev. 15, 2–12). Dies wird
heute allgemein als Hinweis auf die gonorrhoische Urethritis
des Mannes interpretiert [58], welche bis heute die häufigste
Manifestationsform der Gonorrhoe darstellt. Die Gonorrhoe
ist bei weitem die häufigste Geschlechtskrankheit. Unter
Geschlechtskrankheiten versteht man mit dem Gesetz zur
Bekämpfung der Geschlechtskrankheiten in der Bundesrepublik Deutschland aus dem Jahre 1953 die vier klassischen sexuell übertragbaren Erkrankungen Gonorrhoe, Syphilis, Ulcus
molle und Lymphogranuloma inguinale. Solange in Deutschland vor dem Hintergrund dieses Gesetzes einschlägige Medi-
zinalstatistik betrieben wurde, hat die Gonorrhoe immer an
erster Stelle gelegen. Zu manchen Zeiten stellt sie sogar nicht
nur die häufigste meldepflichtige sexuell übertragbare Erkrankung sondern sogar die häufigste meldepflichtige Infektionskrankheit schlechthin dar: 1982 standen beispielsweise in der
Bundesrepublik Deutschland 46.370 Fälle von Enteritis infectiosa (der häufigsten nach dem Bundesseuchengesetz melde-
pflichtigen Erkrankung) 47.160 Fällen von Gonorrhoe gegenüber [64]. Dabei liegt die Bevölkerung der Bundesrepublik in
bezug auf die relative Häufigkeit der Gonorrhoe keineswegs an
der Spitze aller Länder, wurden doch etwa in den USA 1980
mehr als 1 Million Erkrankungsfälle an Gonorrhoe – in Sonderheit wiederum gonorrhoische Urethritis des Mannes –
gemeldet [29]. Im Laufe der achtziger Jahre war in vielen Ländern der Erde ein Rückgang der Inzidenz gonorrhoischer
Infektionen zu verzeichnen, in den Vereinigten Staaten wurde
dies auf die intensivierten Bemühungen um eine Verhütung
von Neuinfektionen durch epidemiologische Maßnahmen
zurückgeführt. Nichtsdestotrotz war 1985 aber hier wieder eine
vermehrte Zahl von Erkrankungen festzustellen [85]. Im Krankengut der Münchner Dermatologischen Klinik ist in den letzten Jahren ein starker Rückgang an Gonorrhoe-Fällen zu ver-

zeichnen; dies dürfte wohl wesentlich mit dem veränderten
Sexualverhalten im Zeitalter der HIV-Infektion zu tun haben.
Daraus sollte aber in keinem Falle voreilig gefolgert werden,
die Erkrankung könne nunmehr als besiegt gelten. Entsprechende Überlegungen auch berühmter Venerologen wie etwa
Earle Moore zu Beginn der Penicillin-Aera [15] haben sich auch
recht rasch als unbegründet erwiesen.

Auch heute darf die mögliche Bedeutung einer Gonorrhoe
für den einzelnen Patienten nicht unterschätzt werden. Kann
sie doch im Falle einer Dissemination des Erregers unter
Umständen sogar tödlich verlaufen [34]. Eine andere wichtige
mögliche Erkrankungsfolge besteht in der Adnexitis, aus der
bei der Frau rezidivierende Unterleibsentzündungen, ektopische Schwangerschaften sowie Unfruchtbarkeit sich ergeben
können [29]. In Ländern mit unzureichender medizinischer
Versorgung kann die Adnexitis der Frau zusammen mit ihrer
Entsprechung beim Mann eine der Hauptursachen der
Unfruchtbarkeit in der Bevölkerung sein [6].

Erreger

Das Wesen der Gonorrhoe als bakterielle Infektionskrankheit
wurde schon vergleichsweise früh — im Jahre 1879 — von dem
Dermato-Venerologen Albert Neisser aufgedeckt. In der bakteriologischen Nomenklatur trägt das infektiöse Agens denn
auch den Namen *Neisseria gonorrhoeae* (Gonorrhoe — Samen-
fluß — spiegelt begrifflich das überholte Konzept wider, das
Substrat des Ausflusses bei der Erkrankung sei Sperma). In
Hervorhebung der schon mikroskopisch erkennbaren Kugel-
natur von Neisseria gonorrhoeae wird insbesondere in der älteren Literatur auch häufig vom Gonococcus gesprochen. Neisser selbst verwendete den Begriff Diplococcus. Er spiegelt die
Tatsache wider, daß in mikroskopischen Präparaten häufig Tei-
lungsformen zu erkennen sind, typischerweise zwei unvollständig voneinander getrennte Kugelbakterien (die Teilungsdauer
beträgt 15 Minuten, die Teilung nimmt einen vergleichsweise
langen Zeitraum der Lebensspanne in Anspruch). In der häufig
verwendeten Gram-Färbung erweist sich der Erreger als negativ,
eine Kapsel wird ihm zugeschrieben [31]. In der Kultur auf

festen Transparentmedien lassen sich mit Kellogg und Mitarbeitern [39] vier Kolonieformen unterscheiden, zwei große und zwei kleine, wobei nur die letzteren beiden mit Virulenz assoziiert sind [39, 40]. Die virulenten Gonokokken sind durch den Besitz von Pili gekennzeichnet [57]. Hierbei handelt es sich um haarartige Bakterienanhänge von 7 bis 9 mm Durchmesser, die sich elektronenmikroskopisch gut in negativ-kontrastierten Erreger-Aufschwemmungen nachweisen lassen.

Nicht zuletzt unter pathogenetischen Gesichtspunkten wichtige Bestandteile der Zellwand stellen Lipopolysaccharide und Außenmembranproteine dar. Auf das Protein I, das auch als Hauptaußenmembran-Protein bezeichnet wird, gründet sich die Möglichkeit der Unterscheidung von *Serovaren* bzw. von Serogruppen [38]. Das Protein II, auch hitzemodifizierbares Protein genannt, besitzt unter anderem Bedeutung im Zusammenhang mit der Resistenz gegenüber gepooltem Humanserum [10]. Neisseria gonorrhoeae besitzt im Menschen seinen einzigen natürlichen Wirt. Die Kultur auf bestimmten Versuchstieren wie etwa der Maus ist zwar prinzipiell möglich, die Krankheitserscheinungen sind denen des Menschen aber nicht wirklich adäquat. Die Kultur auf geeigneten festen und flüssigen leblosen Medien ist ohne Schwierigkeiten möglich. Standardmedien enthalten häufig erhitztes Blut als wesentlichen Bestandteil (sogenannte Kochblutplatten). Von den kommerziell verfügbaren Medien sei GC-Agar-Basis mit dem Zusatz von IsoVitaleX® als Anreicherung genannt (Becton, Dickinson, Cockeysville, Md.). Neben derartigen komplexen Medien wurde auch ein vollständig definiertes Medium beschrieben (NEDA: Neisseria defined agar) [14]. Wesentliche Bestandteile stellen Cystin bzw. Cystein, Glucose und anorganische Salze dar. Cystin bzw. Cystein wird von allen Gonokokken zum Wachstum benötigt, hierin liegt ein wesentlicher Unterschied zu den nahe verwandten Meningokokken. Manche Gonokokkenstämme benötigen bestimmte weitere Substanzen, speziell Aminosäuren. Stämme, die solche zusätzlichen Erfordernisse nicht aufweisen, werden als auxotroph bezeichnet; es wird bei ihnen auch von einem Auxotyp 0 gesprochen. Bedarf ein Stamm zusätzlich zu den Grunderfordernissen ausschließlich des Prolins, so liegt *Auxotyp* 1 vor. Manche Stämme weisen mehrere genetische Defekte gleich-

zeitig auf, so benötigt der sogenannte Auxotyp 17 gleichermaßen Arginin, Hypoxanthin und Uracil. Der Auxotyp 17 gilt als
in besonderem Maße assoziiert mit disseminierten
Gonokokken-Infektionen [44]. Neben geeigneten Nährstoffen
setzt die Anzüchtung von Neisseria gonorrhoeae eine geeignete Atmosphäre und Temperatur voraus, 5% Kohlendioxid-
Atmosphäre und 35 bis 37 °C gelten als opimal.

Von anderen Neisserien unterscheidet sich Neisseria
gonorrhoeae durch seine begrenzte Fähigkeit zur Kohlen-
hydrat-Utilisation. Glucose stellt die bevorzugte Kohlenstoff-
wie Energiequelle dar. Stickstoff kann insbesondere über Aminosäuren aufgenommen werden.

Wie bei allen Bakterien ist auch bei Gonokokken die Erb-
substanz chromosomal gebunden, in einem einzelnen Molekül
von 980 Megadalton. Die etwa 1,5 Millionen Nukleotidpaare
dürften etwa 103 Genen zuzuordnen sein. Die im Vergleich zu
Escherichia coli geringen Fähigkeiten zur Metabolisierung von
Zuckern schlägt sich somit auch in einem wesentlich kleineren
Genom nieder. Einzelne genetische Marker wurden bereits
identifiziert, so kennt man beispielsweise die Loci pen a und
pen b, die Penicillinresistenz unterschiedlichen Ausmaßes
codieren. Entsprechende Loci, die eine geringgradige Resistenz
gegenüber Tetrazyklin bzw. hochgradige gegenüber Spectinomycin codieren, werden als tet bzw. als spc bezeichnet.

Die meisten Gonokokken enthalten auch außerhalb des
Chromosoms genetisches Material; es wird regelmäßig vererbt,
ist für das Überleben des Trägers aber nicht entscheidend: Man
spricht von sogenannten *Plasmiden*. Am häufigsten findet sich
ein 2,6 Megadalton-Plasmid, Ende der siebziger Jahre kam es
in 96% aller untersuchten Gonokokken-Isolate aus unterschiedlichen Teilen der Welt vor [70]. Da diesem Plasmid bislang keine bestimmte Eigenschaft des Gonococcus zugeordnet
werden kann, wird es auch als kryptisches Plasmid bezeichnet.
Hierin liegt, ein wesentlicher Unterschied zum 24,5-Mega-
dalton-Plasmid, von dem man weiß, daß es seine eigene Übertragung wie die von Resistenzplasmiden beeinflußt [76]. Ein
3,2- und ein 4,4-Megadalton-Plasmid stellen die wichtigsten
Resistenzplasmide dar. Sie codieren eine TEM-Beta-
Lactamase, die viele herkömmliche Betalactam-Antibiotika,
insbesondere Penicillin G, zu spalten vermag. Nachdem das

eine Plasmid ursprünglich in Afrika, das andere ursprünglich in Asien gefunden wurde, spricht man auch vom afrikanischen bzw. asiatischen Typ. Im Krankengut der Münchner Dermatologischen Klinik liegt die relative Häufigkeit Beta-Lactamase-bildender Gonokokkenstämme bei etwa 2%. Von 23 entsprechenden Isolaten der Jahre 1981 bis 1986 wiesen 16 ein 4,4-Megadalton-Plasmid auf (13 mal zusammen mit einem 24,4-Megadalton-Transferplasmid), 7 ein 3,2-Megadalton-Plasmid (1 mal zusammen mit einem 24,4-Megadalton-Plasmid) [11]. Während sich bei allen diesen Isolaten ein kryptisches Plasmid nachweisen ließ, fand es sich bei 137 nicht Betalactamase-bildenden Isolaten des Jahres 1986 in 15% nicht [12]. In den letzten Jahren haben sich die ursprünglich nur in Teilen Asiens (speziell Thailand) sowie Afrikas (speziell Nigeria, Kenia) weit verbreiteten Betalactamase-bildenden Gonokokkenstämme auch in anderen Teilen der Erde stark vermehrt, so lag ihr Anteil in Miami, Florida, 1985 bei 35% (auf das gesamte Land bezogen lag der Anteil in diesem Jahr bei 1%). In letzter Zeit finden sich in den USA auch auf Plasmid-Basis Tetrazyklin-resistente Gonokokken, verantwortlich wird hierfür ein 25,2-Megadalton-Plasmid gemacht, das sich aus dem 24,5-Megadalton-Transfer-Plasmid und der tetM-Determinante zusammensetzt (als Ergebnis eines Rekombinationsereignisses) [85].

Klinik

Unkomplizierte Gonorrhoe

Angesichts der Vielfalt gonorrhoischer Infektionen können durchaus unterschiedliche Einteilungen vorgenommen werden. Nicht zuletzt unter therapeutischen Gesichtspunkten empfiehlt es sich, zunächst einmal zwischen *unkomplizierter* und *komplizierter Gonorrhoe* zu unterscheiden [47]. Vermag die heute bevorzugte Einmalbehandlung die unkomplizierte Gonorrhoe — bei Wahl eines geeigneten Antiinfektivums — fast immer, die komplizierte dagegen (fast) nie zu heilen. Unter einer unkomplizierten Gonorrhoe ist eine gonorrhoische Infektion an der *Eintrittspforte* der Erreger zu verstehen. Besteht diese Eintrittspforte in Urethra, Zervix, Rektum, Pharynx oder Konjunktiva, so liegt eine Urethritis, Cervicitis, Proctitis, Pharyngitis bzw. Conjunctivitis gonorrhoica vor. Diese wiederum kann *latent* oder *manifest* sein, je nach dem, ob der Erreger beim Wirt eine Entzündungsreaktion nicht, oder eben doch auslöst. Bei der komplizierten Gonorrhoe liegt eine gonorrhoische Infektion fernab der Eintrittspforte vor, am häufigsten manifestiert sie sich als Adnexitis gonorrhoica, bei der Frau speziell als Salpingitis, beim Mann als Epididymitis. Während bei diesen Manifestationsformen noch eine regional begrenzte Ausbreitung von Neisseria gonorrhoeae zugrunde liegt, stellt sich die Situation bei der disseminierten Gonokokken-Infektion anders dar: Im Rahmen einer Sepsis verteilen sich die Erreger über den gesamten Makroorganismus, Krankheitserscheinungen treten insbesondere an Haut, Gelenken und Sehnenscheiden auf.

Urethritis (Abb. 15)

Die Urethritis stellt die zahlenmäßig beim Manne bei weitem wichtigste Manifestationsform der Gonorrhoe dar. Die Entsprechung bei der Frau ist in der gonorrhoischen Cervicitis zu erblicken, bei der Frau tritt die Bedeutung der gonorrhoischen Urethritis in den Hintergrund, sie findet sich hier vor allem als

Tabelle 1. *Einteilung des Ausflusses bei gonorrhoischer Urethritis nach seiner Stärke (in Anlehnung an Rothenberg und Judson [71])*

Stärke des Ausflusses	Kriterium
Spärlich	Ausfluß nur nach Ausstreichen der Harnröhre ("milking")
Mäßig	spontan etwas Ausfluß an der Harnröhrenmündung zu erkennen
Reichlich ("profus")	Sekret tropft von allein aus der Harnröhrenmündung

Begleiturethritis bei Cervicitis. Bei einmaligem genitogenitalen Verkehr mit einer infizierten Frau muß der Mann einer amerikanischen Studie zufolge in 17% mit der Übertragung von Neisseria gonorrhoeae rechnen [35]. Bei wiederholtem entsprechenden Kontakt steigt das Risiko selbstverständlich weiter. Neben Cervix bzw. Vagina kommen als Ort der Ansteckung in Sonderheit Rektum und Pharynx von Frau wie Mann in Betracht [75]. Durchschnittlich 6,2 Tage nach Akquisition des Erregers nimmt der Patient Krankheitserscheinungen wahr, nach weiteren 3,1 Tagen wird der Arzt aufgesucht. Die entsprechenden Zahlenwerte für die nicht-gonorrhoische Urethritis liegen etwas höher, liegen sie doch bei 7,7 bzw. 4,0 [73]. Die Kardinalsymptome bestehen in Ausfluß und Brennen beim Wasserlassen. Eine Einteilung des Ausflusses nach seiner Stärke gibt Tabelle 1 wieder.

Unterschiede gibt es aber nicht nur in bezug auf die Quantität, sondern auch auf die Qualität. So kann man zwischen klarem, trübem und eitrigem Ausfluß unterscheiden, je nach dem, ob der Ausfluß schleimig, lichtdurchlässig und nicht verfärbt, weißlich-opak bzw. gelb oder grün erscheint. In der Mehrzahl der Fälle von gonorrhoischer Urethritis imponiert der Ausfluß reichlich oder doch zumindest mäßig. 44 bzw. 26% aller Patienten mit mit Ausfluß verbundener gonorrhoischer Urethritis gehörten zu diesen beiden Gruppen, die Vergleichszahlen bei nicht-gonorrhoischer Urethritis lauteten auf 4 bzw. 6% [71]. Trotz dieses wesentlichen Unterschiedes zwischen gonorrhoischer und nicht-gonorrhoischer Urethritis kann im Einzelfall auf die Klinik keine sichere Differentialdiagnose gegründet werden.

Dies resultiert schon allein aus der Möglichkeit einer völlig symptomlosen gonorrhoischen Urethritis. Hierauf haben Handsfield et al. [28] nachdrücklich hingewiesen, die bei 2,5% Gonorrhoe-Kranken unter 1787 vom Wehrdienst in Vietnam in ihr Vaterland heimkehrenden US-Soldaten nur bei etwa einem Drittel die Krankheitserscheinungen Ausfluß und Dysurie feststellen konnten. Die latente gonorrhoische Urethritis stellt im übrigen keineswegs nur die Vorstufe einer manifesten dar, sie kann vielmehr lange Zeit als solche bestehen bleiben [28]. Aus der Existenz der latenten Gonokokken-Infektion ergeben sich wesentliche Folgerungen. Beim einzelnen kann sich der Erreger unter Umständen ohne vorherige genitale Symptome, die auf eine sexuell übertragene Erkrankung hindeuten würden, ausbreiten [23]. Da der Einzelne von seiner Infektion nichts bemerkt und demzufolge auch nicht frühzeitig ärztliche Behandlung nachsucht, wird er länger als bei einer manifesten Erkrankung als Infektionsquelle für die Gesellschaft figurieren: Geht man von nur 5% asymptomatischen Infektionen beim Manne aus, so ist eine Prävalenz asymptomatischer Individuen unter allen Gonokokken-infizierten Männern von 50% anzunehmen [56].

Cervicitis

Die Cervicitis gonorrhoica stellt die zahlenmäßig wichtigste Manifestation der Gonorrhoe bei der Frau dar. Anders als die Urethritis gonorrhoica des Mannes verläuft sie nicht nur in einer Minderheit, sondern in der Mehrzahl der Fälle *symptomlos*. Sie wird denn auch überwiegend im Rahmen von gynäkologischen Routineuntersuchungen sowie bei der Untersuchung der Kontaktpersonen von an sexuell übertragenen Erkrankungen leidenden Patienten gefunden [56]. Speziell bei den Frauen, die als Kontaktpersonen von Gonorrhoe-kranken Männern untersucht werden, lassen sich bei mehr als zwei Dritteln Gonokokken nachweisen, Krankheitserscheinungen sind bei der Mehrzahl aber nicht zu erkennen. Wesentlich häufiger als bei der Urethritis des Mannes muß man bei einer manifesten Cervicitis gonorrhoica von einer begleitenden Infektion des oberen Genitaltraktes ausgehen (Adnexitis) [56]. Anders als bei der Urethritis ist bei der durch Ausfluß gekennzeichneten Cervicitis nicht in erster Linie an Neisseria gonorrhoeae als infektiösem Agens zu denken, vielmehr an Chlamydia trachomatis. In dem unausgewählten Krankengut einer Klinik für sexuell übertragene Erkrankungen fand sich bei keiner Patientin, die ausschließlich Neisseria gonorrhoeae in ihrer Cervix aufwies, mukopurolenter Ausfluß, bei alleinigem Vorliegen einer Chlamydia trachomatis-Infektion zeigte sich dieses Symptom in 65%, bei einer Mischinfektion mit beiden Erregern in 50% [13].

Proktitis (Abb. 16)

Überwiegend im Rahmen einer Schmierinfektion durch erre-
gerhaltigen Ausfluß aus der Scheide kann bei der Frau eine
Entzündung des Analkanals auftreten [43]. Daneben können
Gonokokken auch im Rahmen des Vorspiels vom infizierten
Penis auf den Anus übertragen werden; eigentlichem analem
Verkehr scheint demgegenüber keine größere Bedeutung
zuzukommen [20]. Unter den Beschwerden stehen im Vorder-
grund:

— Juckreiz,
— unklare Mißempfindungen,
— Schmerzempfindungen,
— Schmerzen beim Stuhlabsetzen (Dysschezie),
— Völlegefühl im Enddarmbereich,
— schleimiger Ausfluß,
— Verstopfung.

Die Proctitis gonorrhoica wird aber in der Mehrzahl der Fälle
von den betroffenen Frauen nicht wahrgenommen; bei
eingehender Untersuchung läßt sich freilich in mehr als der
Hälfte der Fälle Eiter erkennen [12].

Während sich bei der Frau in der Mehrzahl der Fälle ein
Zusammenhang zwischen gonorrhoischer Proctitis und gleich-
geschlechtlichen Neigungen nicht erkennen läßt, steht diese
Assoziation beim Mann im Mittelpunkt: Die Proctitis gonorrhoica stellt heute eine der wesentlichen Erscheinungsformen
der Gonorrhoe beim *Homosexuellen* dar. Einer Untersuchung
bei 3430 homosexuellen Gonorrhoe-Patienten zufolge liegt die
rektale Gonorrhoe in dieser Population mit 54,4% zahlenmäßig
vor der urethralen Gonorrhoe mit 45,6% [25].

In etwa einem Drittel der Fälle verläuft die Proctitis gonorrhoica symptomlos, in etwa einem Drittel der Fälle gibt sie sich
durch das Leitsymptom Ausfluß zu erkennen, weitere wesentliche Symptome bestehen in Juckreiz und (leichtem) Wund-
heitsgefühl [25]. Von mancher Seite wird auch ein höherer
Anteil asymptomatischer Verlaufsformen angegeben [60].

Pharyngitis

Bei homosexuellen Männern mit Gonorrhoe läßt sich in 20,9%
Neisseria gonorrhoeae im Rachen nachweisen, die entsprechenden Zahlen für heterosexuelle Männer und für Frauen liegen bei 3,2 respektive 10,3% [83]. Zur Übertragung der Gonokokken in den Rachen kommt es im Rahmen des Einführens
eines (infizierten) männlichen Gliedes, also bei der verbreiteten sexuellen Praktik der Fellatio. Es kann heute als gesichert
gelten, daß Gonokokken im Rachen Krankheitserscheinungen
hervorzurufen vermögen; in der Mehrzahl der Fälle treten
Krankheitserscheinungen   wie   Schluckbeschwerden   und
Rötung freilich nicht auf. In der Allgemeinpraxis steht die Pharyngitis gonorrhoica unter allen Formen der Pharyngitis zahlenmäßig soweit im Hintergrund, daß eine einschlägige Diagnostik unter Kosten-Nutzen-Gesichtspunkten nicht für sinnvoll erachtet wird [45].

Conjunctivitis (Abb. 17)

Vor allem im Rahmen einer Schmierinfektion durch Übertra-
gung erregerhaltigen Materials aus dem Genitalbereich kann es
beim Erwachsenen zu einer gonorrhoischen Infektion der Bindehaut kommen. Meist, aber nicht immer, weisen die Patienten zusätzlich selbst eine gonorrhoische Genitalinfektion auf.
Als Kardinalsymptome dürfen gelten:
— Rötung,
— Schwellung,
— Eiterentleerung.
   Manchmal entwickelt sich eine Begleitkeratitis, die prinzipiell zur Erblindung Anlaß geben kann [53]. Der Anteil der
Gonoblenorrhoea adultorum am Gesamt der Gonorrhoe-Fälle
im Krankengut der Münchner Dermatologischen Klinik der
letzten zehn Jahre liegt bei 0,19%.
   Auch beim Durchtritt durch einen infizierten Geburtskanal
kann die Augenbindehaut infiziert werden. Einige Tage post
partum kommt es dann zu Rötung, Schwellung und Eiterentleerung. Krankheitserscheinungen bei der Mutter lassen sich
häufig nicht nachweisen. Die in der Bundesrepublik Deutsch-

land noch immer vorgeschriebene prophylaktische Gabe von silbernitrathaltigen Augentropfen (Credésche Prophylaxe) vermag das Auftreten einer Augeninfektion nicht immer zu verhüten [78].

Ulcus

Obwohl gonorrhoische Infektionen von vielen Ärzten primär dem Urethritis-Syndrom zugeordnet werden, gibt es doch fraglos auch Gonokokken-bedingte Ulcerationen. Im Fernen Osten liegt ihr Anteil am Gesamt der Fälle von Genitalulcus-Syndrom bei 2,5%. Betroffen sind in Sonderheit die Männer jüngeren bis mittleren Alters. Das Geschwür entsteht in etwa zwei Wochen nach Akquisition des Erregers, im Durchschnitt bereits nach vier Tagen. Solitäre Läsionen treten etwas häufiger auf als multiple. Die Geschwüre imponieren in der Regel weich, der Ulcusgrund erscheint in der Mehrzahl der Fälle eitrig. In der Minderzahl der Fälle besteht gleichzeitig Ausfluß aus der Harnröhre [65]. Gelegentlich findet sich in den Ulcera neben Neisseria gonorrhoeae ein weiterer Erreger, speziell Treponema pallidum. Das Ulcus entwickelt sich typischerweise im Rahmen einer abszedierenden Entzündung des Präputiums. Von mancher Seite wird ein vorausgehendes Trauma als Voraussetzung für eine derartige primäre gonorrhoische Hautinfektion angesehen. Die Erfahrungen im eigenen Krankengut vermögen diese Hypothese aber nicht zu untermauern [59].

Komplizierte Gonorrhoe

Adnexitis der Frau
Die gonorrhoische Adnexitis der Frau stellt die häufigste Manifestationsform der komplizierten Gonorrhoe dar. Ein wesentliches Zielorgan ist im Eileiter zu sehen, weshalb im Deutschen meist von einer *Salpingitis gonorrhoica* gesprochen wird. Im Regelfall beschränkt sich die Erkrankung freilich nicht auf dieses eine Organ, weshalb im anglo-amerikanischen Sprachraum

der Begriff pelvic inflammatory disease (entzündliche Beckenerkrankung) bevorzugt wird. Im Folgenden seien die beiden
Begriffe synonym gebraucht.

Die Salpingitis gonorrhoica ist diejenige gonorrhoische
Infektion, welcher unter individual- wie sozialmedizinischen
Gesichtspunkten die größte Aufmerksamkeit geschenkt wird.
In den USA kommen auf drei gemeldete Fälle von gonorrhoischer Infektion des Mannes zwei Fälle von komplizierten
gonorrhoischen Infektionen der Frau — und hier wiederum in
Form von Salpingitis —, welche eine stationäre Behandlung
bedingen [69]. Die Bedeutung der komplizierten Gonorrhoe
der Frau liegt zum einen in der Notwendigkeit zu vergleichsweise aufwendigen konservativen Behandlungsmaßnahmen
aber auch operativer Eingriffe wie etwa gegebenenfalls Spal-
tung eines tuboovariellen Abszesses begründet, darüberhinaus
zum anderen aber auch in dem vergrößerten Risiko von rezidivierenden Unterleibsentzündungen, ektopischen Schwangerschaften und Infertilität [30]. Die volkswirtschaftliche Bedeutung der entzündlichen Unterleibserkrankung der Frau erhellt
aus einer Schätzung von Curran [18], wonach 850.000 Erkrankungsfälle in den Vereinigten Staaten von Amerika im Jahr
212.000mal eine stationäre Behandlung und 115.000mal gar
eine chirurgische Intervention bedingen. Die damit verbundenen Kosten im Jahre 1979 werden auf mehr als 1,25 Milliarden
US-$ beziffert.

Typischerweise manifestiert sich die Salpingitis gonor-
hoica erst im Zusammenhang mit einer der nächsten auf die
Akquisition des Erregers folgenden Menstruationen. Bei
einem Teil der Patientinnen entwickelt sich dann relativ rasch
ein eindrucksvolles Krankheitsbild, das binnen weniger Tage
Anlaß gibt, den Arzt aufzusuchen, bei anderen entwickelt sich
die Erkrankung protrahiert, der korrespondierende Zeitraum
liegt bei einer Woche oder mehr [66].

Das wichtigste von der Patientin bemerkte Symptom
besteht in Leibschmerzen. Einer amerikanischen Untersuchung zufolge wurden sie bei gonorrhoischer entzündlicher
Beckenerkrankung von 91% der Patientinnen verzeichnet, bei
der entsprechenden nicht-gonorrhoischen Erkrankung lag die
Rate bei 86%. Zum Zeitpunkt der Vorstellung bestanden die
Schmerzen ganz überwiegend (4/5 der Fälle) weniger als 14

Tage, bei nichtgonorrhoischer Infektion lag dieser Anteil bei 3/5. In gut einem Drittel der Fälle verspüren die Patientinnen mit gonorrhoischer entzündlicher Beckenerkrankung Brennen beim Wasserlassen. Die objektivierbaren Erscheinungen bestehen in:

— Empfindlichkeit der Adnexe auf Druck respektive Berührung (81%),
— Empfindlichkeit gegenüber Bewegung der Cervix (73%),
— abdomineller Loslaßschmerz (33%),
— tastbarer Tumor im Adnexbereich (1%).

In der Hälfte der Fälle läßt sich zusätzlich Ausfluß aus der Scheide beobachten [77]. Zwischenblutungen und gastrointestinale Symptome wie Übelkeit können ebenfalls auf eine gonorrhoische Salpingitis hinweisen [17]. Die Temperatur liegt im Durchschnitt bei 37,3°C, die Leukozytenzahl je µl bei 10.320, die Blutkörperchensenkungsgeschwindigkeit bei 24 mm je Stunde [17]. Vaginale Durchbruchblutungen und eine Beschleunigung der Blutkörperchensenkungsgeschwindigkeit sind aber stärker mit einer nicht-gonorrhoischen als mit einer gonorrhoischen Infektion assoziiert.

In der Praxis wird im Regelfall die Diagnose einer Salpingitis gonorrhoica auf die anamnestische Angabe von Unterleibsschmerz, Empfindlichkeit der Cervix auf Bewegung und Berührungsempfindlichkeit der Adnexe sowie den kulturellen Nachweis von Neisseria gonorrhoeae gegründet. Im Grunde sollte die Abklärung einer vermuteten entzündlichen Beckenerkrankung aber die Laparoskopie einbeziehen, lassen sich doch nur etwa zwei Drittel der diagnostizierten Fälle mit diesem modernen Verfahren verifizieren [36].

Eine spezielle Form einer vorwiegend, aber nicht ausschließlich [42] bei der Frau auftretenden Manifestationsform der komplizierten Gonorrhoe stellt die *Perihepatitis gonorrhoica,* auch Fitz-Hugh-Curtis-Syndrom genannt, dar. Nicht selten nach über einige Tage oder gar Wochen beobachteten, aber nicht als besonders wesentlich erachteten Symptomen wie Dysurie oder Ausfluß kommt es plötzlich zu einem dramatischen Beschwerdebild, gekennzeichnet durch atemabhängigen Schmerz am rechten Rippenbogen, Hustenattacken, Übelkeit, unter Umständen auch Fieber, Schüttelfrost und Kopfschmerzen. Bei der körperlichen Untersuchung fällt die Druck-

schmerzhaftigkeit des rechten Oberbauchs auf. Gelegentlich
läßt sich am Rippenbogen ein Reibegeräusch auskultieren. Die
Zahl weißer Blutkörperchen ist ebenso mittelgradig erhöht wie
die Blutkörperchensenkungsgeschwindigkeit. Bei der laparos-
kopischen Inspektion fallen perihepatische Verklebungen auf,
die an Violinsaiten erinnern [67].

Adnexitis des Mannes

Neisseria gonorrhoeae stellt neben Chlamydia trachomatis den
wesentlichen Erreger der *Epididymitis* als wesentlichster Manifestationsform der Adnexitis des Mannes im jüngeren Lebensalter dar [7]. Als effektive Antiinfektiva zur Behandlung der
Gonorrhoe noch nicht zur Verfügung standen, war in etwa 10
bis 30% der Fälle mit gonorrhoischer Urethritis auch mit einer
entsprechenden Epididymitis zu rechnen [61]. Heute darf die
Epididymitis gonorrhoica als überaus seltenes Vorkommnis
gelten, im Gesamt aller Fälle von Epididymitis kommt ihr aber
immer noch wesentliche Bedeutung zu: Bei 16% von jungen
Soldaten mit Epididymitis fand sich eine gonorrhoische Infektion der Harnröhre, zur Hälfte asymptomatischer Natur [81].
Starke Schmerzen im Hodensack, aber auch in der Leiste gelten als typisch; Flankenschmerz kann sich hinzugesellen.
Objektive Zeichen stellen Rötung und Schwellung des Hoden-
sackes dar, bei der Palpation fällt in frühen Fällen eine
Schmerzhaftigkeit des Nebenhodenschwanzes auf, später
beschränkt sich das Phänomen nicht auf diesen Anteil. Eine
schwerwiegende mögliche Folge – in Sonderheit der beidseiti-
gen – Epididymitis des Mannes durch Gonokokken stellt
Unfruchtbarkeit dar, in Uganda fanden sich bei Männern und
Frauen mit verminderter Fruchtbarkeit derartige Bakterien in
9 bzw. 18% [4].

Disseminierte Gonokokken-Infektion (Abb. 18, 19)

Gelegentlich dringen Gonokokken in die Blutbahn ein und siedeln sich ab, speziell in Haut, Gelenken und Sehnenscheiden.
Diese von manchen als „benigne Gonokokken-Sepsis"
bezeichnete Erkrankung [8] kann so schwerwiegende Komplikationen wie Meningitis oder Endocarditis beinhalten [33].
Man sollte deshalb besser von disseminierter Gonokokken-

Infektion sprechen. Die Erkrankung tritt vorwiegend bei jungen Frauen im Zusammenhang mit der Menstruation auf, ohne daß genitale Symptome vorbestanden hätten oder sich entwickeln [55]. Als Effloreszenzen an der Haut finden sich:
— Makeln,
— Papeln,
— Vesikel,
— Pusteln (zum Teil hämorrhagisch),
— subkutane Knötchen.

Im initialen bakteriämischen Stadium der Erkrankung — zu diesem Zeitpunkt lassen sich häufig Gonokokken im Blut nachweisen — äußert sich die Gelenkbeteiligung im wesentlichen in Arthralgien. Im zweiten Stadium der Erkrankung, dem sogenannten septischen Gelenkstadium, entwickeln sich eigentliche arthritische Veränderungen, betroffen sind große wie kleine Gelenke, häufig in Mehrzahl [23]. Der Erregernachweis ist bei disseminierten Gonokokken-Infektionen prinzipiell nicht nur im Blut [51], sondern auch im Gelenkpunktat [52] möglich. Einer schwedischen Untersuchung zufolge ist bei 0,7% aller Männer und 1,7% aller Frauen mit Gonorrhoe mit einer disseminierten Gonokokken-Infektion zu rechnen [55].

Diagnostik (Abb. 20)

Immer dann, wenn es gilt, eine Gonorrhoe nachzuweisen oder auszuschließen, sollte gleichzeitig Material aus Urethra, Rectum und Pharynx gewonnen werden, bei der Frau zusätzlich aus der Cervix. Bei speziellen Fragestellungen wie Conjunctivitis oder genitalem Ulcus sind weitere Proben in die Untersuchung einzubeziehen. Bei laparoskopischer Untersuchung einer Adnexitis der Frau sollte darüberhinaus Material vom Peritoneum nicht vergessen werden. Bei Verdacht auf disseminierte Gonokokken-Infektion gilt es stets auch Blut (wiederholt) mit zu untersuchen, bei stärkerem Gelenkerguß auch Gelenkpunktat. Im Mittelpunkt des Erregernachweises steht die *Kultur:* Mit Sicherheit kann von einer Gonorrhoe immer nur dann ausgegangen werden, wenn Gonokokken angezüchtet und als solche identifiziert werden. Bei Urethritis und

Cervicitis empfiehlt sich obendrein die *Ausstrichpräparat*-Untersuchung. Bei der gonorrhoischen Urethritis des Mannes läßt sich der Erreger in den allermeisten Fällen durch beide Verfahren gleichzeitig nachweisen (85,5%), in 9% liefert allein das Gram-Präparat ein positives Ergebnis, in 5,5% allein die Kultur. Die entsprechenden Zahlen für die Cervix respektive Urethra der Frau belaufen sich auf 43,9, 6,4 und 49,7% respektive 46,8%, 5,1% und 48,0%. Allein aufgrund des Ausstrichpräparates von Material aus Cervix und Urethra der Frau läßt sich in 61,8% eine gonorrhoische Infektion erfassen [26]. Die größte Treffsicherheit erreicht das nach Gram gefärbte Ausstrichpräparat bei der Urethritis gonorrhoica des Mannes, ermöglicht es doch unter Umständen in 98% ein richtig positives Ergebnis [68].

Zur Materialgewinnung an den unterschiedlichen möglichen Eintrittspforten von Neisseria gonorrhoeae kann man sich eines Watteträgers bedienen, speziell bei Urethra und Cervix eignet sich auch eine Platinöse. Eine bei der klinischen Inspektion trocken imponierende Harnröhre soll vor Probengewinnung mehrfach von proximal nach distal ausgestrichen werden ("milking"). Im Rahmen der Anfertigung eines Ausstrichpräparates wird das Untersuchungsmaterial dünn auf einen entfetteten Glasobjektträger aufgebracht, hitzefixiert und nach Gram gefärbt (mit Ammoniumkristallviolett und Safranin). Andere Färbungen − diskutiert wurde in Sonderheit die technisch noch einfachere Methylenblau-Färbung − sollten nur dann erwogen werden, wenn ihre vergleichbar große Leistungsfähigkeit außer Zweifel steht [41].

Als Standard für die Kultur von Neisseria gonorrhoeae ist das Thayer-Martin-Medium anzusehen, ein *Schokoladen-Agar* vom Typ des Selektivmediums (mit Vancomycin, Colistin und Nystatin) [79]. Da gelegentlich ein schwärmender Proteus die Beurteilung des Kulturmediums unmöglich machen kann, empfiehlt es sich, diesem Phänomen durch Zugabe von Trimethoprim entgegenzuwirken [74]. Während in der Diagnostik der Urethritis des Mannes Schokoladen-Agar ohne Zusatz von Chemotherapeutika noch eine gewisse Berechtigung hat, kann man hiervon bei der Cervicitis nicht in gleichem Umfang ausgehen: Bei einer vergleichenden Untersuchung ließ sich mit modifiziertem Thayer-Martin-Medium in 98% Neisseria gonorrhoeae nachweisen, mit antibiotikafreiem Schokoladen-Agar nur in 92% [9]. Da Vancomycin gelegentlich Neisseria gonorrhoeae im Wachstum zu hemmen vermag, kann man im Einzelfall unter Umständen bei Einsatz eines Vancomycin-haltigen Selektivmediums den Nachweis des Erregers verfehlen. Ein ersatzloser Verzicht auf den Wirkstoff kommt aber speziell zumindest in der Cervixdiagnostik kaum in Betracht, liegt die Nachweisrate von Neisseria gonorrhoeae dann doch merklich niedriger (95,8 versus 98,4%) [9]. Die Inkubation der beimpften Medien kann im einfachsten Falle bei 35 bis 37°C über ein bis drei Tage im zusätzlich einen feuchten Lumpen aufweisenden Kerzentopf erfolgen. Bei größerem Probenanfall wird man für die Bebrütung einen CO_2-Brutschrank bevorzugen. Möchte man die kulturelle Untersuchung auf Neisseria gonorrhoeae nicht selbst durchführen, so kommt der Versand des Untersuchungsmaterials in einem geeigneten Transport-system in Betracht. Zu denken ist etwa an die Transgrow-Flaschen (Becton, Dickinson, Heidelberg, D).

Auch wenn die heutigen Selektivmedien ihre Aufgabe, das Wachstum anderer Spezies als Neisseria gonorrhoeae zu unter-drücken, weitestgehend erfüllen — weshalb die Kultur heute viel zuverlässiger als früher gelingt —, darf aus der Anwesenheit von Kolonien auf der Agar-Oberfläche noch nicht auf die Gegenwart von Neisseria gonorrhoeae geschlossen werden. In Sonderheit können andere Neisserien zur Verwechslung Anlaß geben, speziell der nahe verwandte Keim Neisseria meningiti-dis, der nicht nur Bestandteil der Rachen- sondern auch der Urogenital- und Rektalflora sein kann [24]. Nach der makrosko-pischen Inspektion der Kolonien — Neisseria gonorrhoeae zeichnet sich durch grau-opake, 1 bis 2 mm im Durchmesser große, auf der Nährbodenoberfläche nicht gut verschiebliche Kolonien aus — wird auf die Anwesenheit von Oxidase-Aktivität geprüft (beispielsweise mit einem kommerziellen Teststreifen mit Farbindikator, Pathotec, Goedecke, Berlin). Die Mikromorphologie läßt sich mit einem Gram-Präparat überprüfen.

Die definitive *Erreger-Identifikation* gründet sich herkömm-licherweise auf die Überprüfung der biochemischen Leistun-gen (bunte Reihen nach von Lingelsheim). Die Fähigkeit zum Kohlenhydrat-Abbau läßt sich im halbfesten Cystin-

Trypticase-Agar-Medium (Becton, Dickinson, Heidelberg, D) überprüfen, dem — in Parallelansätzen — unterschiedliche Zukker zugefügt werden (Glucose, Maltose, Saccharose). Im Falle der Zuckervergärung (Glucose wird gespalten, nicht aber Maltose und Saccharose) löst die damit verbundene Säurebildung eine Farbreaktion aus (Umschlag des Indikators von rot nach gelb). In der Hand des erfahrenen Arztes darf das Verfahren als überaus zuverlässig gelten, in Laboratorien mit geringem Probenanfall gibt es aber immer wieder Probleme [27]. Alternativen, die zudem in kürzerer Zeit definitive Aussagen erlauben, bestehen für das Routinelabor im direkten Immunfluoreszenztest sowie im Koagglutinationstest. Angesichts der guten Korrelation zwischen den drei genannten Verfahren kann — nicht zuletzt vor dem Hintergrund des weit geringeren Aufwands — das letztgenannte Verfahren empfohlen werden [72]. In der heute erhältlichen Konfiguration ermöglicht der Koagglutinationstest im übrigen nicht nur die Identifikation von Neisseria gonorrhoeae, sondern — aufbauend auf Unterschieden im Protein I — die Unterscheidung der Serogruppen WI bzw. WII/III [19]. Auf diese Weise lassen sich unter Umständen Infektketten aufdecken, weiters kann unter Umständen im Falle einer positiven Kultur nach Therapie einer Gonorrhoe zwischen Therapieversagen und Reinfektion unterschieden werden [54].

Über Ausstrichpräparat-Untersuchung und Kultur hinaus werden heute weitere Verfahren zum Nachweis von Neisseria gonorrhoeae entwickelt. Gewisse Verbreitung hat ein Enzym-Immunoassay erlangt, bei dem Enzym-gekoppelte polyklonale Antikörper Gonokokken-Antigenmaterial nachweisen. Bei der gonorrhoischen Urethritis des Mannes korrelieren die Ergebnisse gut mit denen der Kultur, bei der Gonorrhoe der Frau bestehen noch Probleme hinsichtlich der Spezifität, speziell bei Prostituierten [32]. Genetische Transformationstests [37] und Hybridisierungs-Untersuchungen [80] zum Erregernachweis wurden bereits beschrieben, ihre zukünftige Bedeutung für die Routinediagnostik läßt sich noch nicht definitiv angeben.

Selbst wenn derartige Nachweisverfahren zukünftig über hohe Sensitivität und Spezifität verfügen sollten, bleiben sie doch mit dem Nachteil behaftet, eine Charakterisierung der Erregerempfindlichkeit gegenüber Chemotherapeutika nicht leisten zu können. Im Zeitalter resistenter, ja multiresistenter Gonokokkenstämme sollte hierauf aber eigentlich nicht verzichtet werden.

Eine zumindest orientierende Untersuchung der In-vitro-Empfindlichkeit gegenüber Penicillin erscheint in Sonderheit dann angezeigt, wenn Penicillin — etwa aus Kostengründen — immer noch als Medikament zur Gonorrhoe-Therapie in Betracht gezogen wird.

Hierfür bietet sich der Blättchentest (Agardiffusionstest) an, dabei wird das Wachstum der Gonokokken auf Schokoladenagar in der Umgebung eines Penicillin-getränkten Papierscheibchens [82] geprüft. Genaue Aussagen über die Empfindlichkeit eines gegebenen Gonokokkenstammes gegenüber unterschiedlichen Chemotherapeutika erlaubt aber nur der *Agar-Dilutionstest.* An der Münchner Hautklinik dient bei ihm als Medium Proteose No. III (Difco, Detroit, Mich.) (mit Hämoglobin und IsoVitaleX® (Becton, Dickinson, Heidelberg, D) versetzt). Das bakterielle Inokulum wird photometrisch in Bouillon eingestellt und mit einem Vielpunkt-Inokulator auf Platten mit unterschiedlichen Wirkstoffkonzentrationen geimpft, derart daß 10^4 Keime auf einen Impfpunkt entfallen [vergl. 49]. Als Parameter der antimikrobiellen Aktivität eines Chemotherapeutikums dient die minimale Hemmkonzentration (MHK), definiert als diejenige niedrigste Konzentration, die gerade die Vermehrung des Keimes zu verhindern vermag.

Therapie

Unter dem Gesichtspunkt der Therapie kann man die Geschichte der Gonorrhoe in vier Zeiträume unterteilen:

1. In einen Zeitraum von mehreren Jahrtausenden, in dem eine effektive Therapie nicht möglich war. Zu diesen Zeiten wurden aber dennoch Behandlungsmaßnahmen angewandt. Sie führten oft zu schwerwiegenden Nebenwirkungen, man denke nur an die Urethralstriktur, in der man heute eher die Konsequenz wiederholter Spülungen als der gonorrhoischen Urethritis selbst sieht.

2. Die Sulfonamid-Aera. In den dreißiger Jahren dieses Jahrhunderts eingeführte Sulfonamid-Präparate vermochten
erstmals viele Gonokokkenstämme definitiv zu eradizieren,
einzelne waren aber bereits primär resistent; sie wurden
rasch selektiert, so daß nach wenigen Jahren Erfolge mit
Sulfonamiden generell kaum mehr zu erzielen waren.
3. Die Penicillin-Aera. Sie reichte von den vierziger Jahren bis
zu den siebziger Jahren dieses Jahrhunderts. Anfangs
waren alle Gonokokken gegenüber diesem Antibiotikum
hochempfindlich; vergleichsweise sehr kleine Dosen —
ganz überwiegend mehrfach gegeben — reichten aus, um

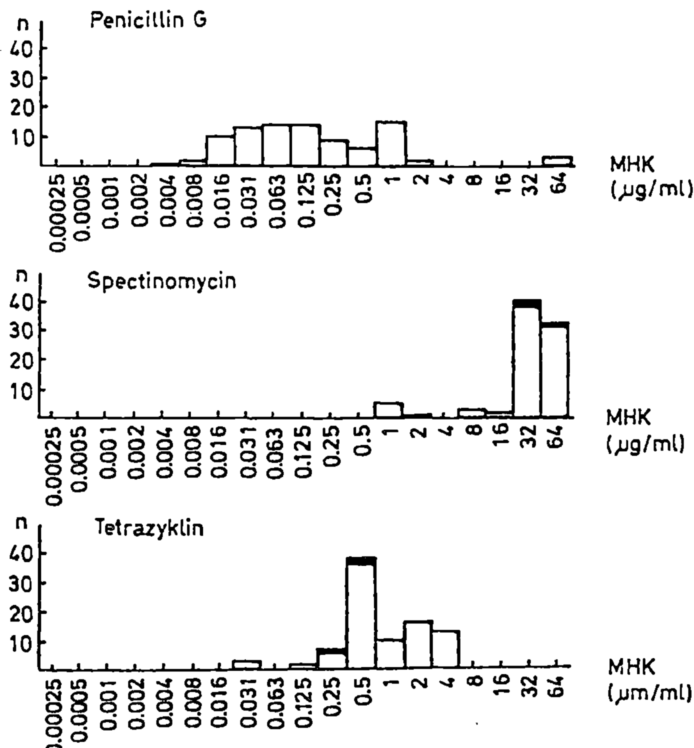

Histogramm 1. Minimale Hemmkonzentrationen herkömmlicher
Chemotherapeutika bei Münchener Neisseria gonorrhoeae-Isolaten
(schwarze Säulenanteile repräsentieren Beta-Laktamase-Bildner)
(modifiziert nach [50]).

die Gonorrhoe zu heilen. Eine nachlassende Wirksamkeit war erstmals zwei Jahrzehnte nach Einführung zu verzeichnen, der Wirkungsverlust hielt sich aber in engen Grenzen und konnte durch Dosis-Steigerungen aufgefangen werden [84]. Definitiv (aufgrund von Betalactamase-Bildung) Penicillin-resistente Stämme wurden erstmals 1976 beschrieben [63]. In Sonderheit in Asien (Ferner Osten) und Afrika, daneben in geringerem Umfang aber auch in Nordamerika und Europa haben sich derartige Stämme rasch ausgebreitet: So war in Thailand bereits zu Beginn der achtziger Jahre die Mehrzahl der Gonokokken-Isolate Penicillin-resistent, teils auf Plasmid-, teils auf chromosomaler Basis [11]. Die gegenwärtige Resistenz-Situation im Münchner Krankengut in bezug auf Penicillin G, aber auch die herkömmlicherweise empfohlenen Alternativ-Antibiotika Spectinomycin und Tetracyclin gibt Histogramm 1 wieder.

Von einer mäßigen Penicillin-Empfindlichkeit wird heute bei MHK-Werten > 1 ausgegangen, von einer Penicillin-Resistenz ab 64 µg/ml. Eine Penicillin-Behandlung der Gonorrhoe erscheint somit in der Bundesrepublik Deutschland heute noch prinzipiell möglich, im Einzelfall kann aber — ohne Kenntnis der Antibiotika-Empfindlichkeit zum Behandlungszeitpunkt — nicht sicher von einer Heilung ausgegangen werden.

Vor dem Hintergrund der grundlegenden Arbeiten zur Einmalbehandlung der Gonorrhoe mit Penicillin von Petzoldt [62] gründete sich die Einzeitbehandlung der unkomplizierten Gonorrhoe in Deutschland lange Zeit auf die intramuskuläre Applikation einer Kombination von Benzyl-Penicillin-Natrium 3.600.000 I.E. (1 I.E. entspricht 0,6 µg), Clemizol-Penicillin 400.000 I.E. (retardiertes Penicillin), Lidocain-HCl. 1 H_2O 40 mg, gelöst in 4,5 ml Aqua pro injectione (mit Hilfsstoffen) (Megacillin® forte-Spritzampulle), wobei zusätzlich zur Verminderung der tubulären Sekretion von Penicillin in der Niere Probenecid per os zu verabfolgen war (zwei überzogene Tabletten Benemid®). Da Probenecid in der Bundesrepublik Deutschland nicht mehr angeboten wird, kann eine Behandlung mit Penicillin nur mehr so durchgeführt werden, daß an drei aufeinanderfolgenden Tagen jeweils eine Penicillin-Injektion im obigen Sinne durchgeführt wird. Spectinomycin stellt eine Alternative insbesondere bei Betalactam-Antibiotika-Allergie dar, bei unkomplizierter Gonorrhoe werden 2 g (in Form von Spectinomycin-2 HCl·5H$_2$O gelöst in 3,2 ml Aqua pro injectione mit Benzylalkohol als Hilfsstoff) einmalig intramuskulär injiziert. Während Penicillin ohne Bedenken in der Schwangerschaft, nicht aber bei Betalactam-Antibiotika-Allergie eingesetzt werden kann, stellt Schwangerschaft eine Kontraindikation für Spectinomycin dar. Anders als bei Penicillin ist eine kurative Wirkung auf eine Begleitsyphilis bei Spectinomycin zumin-

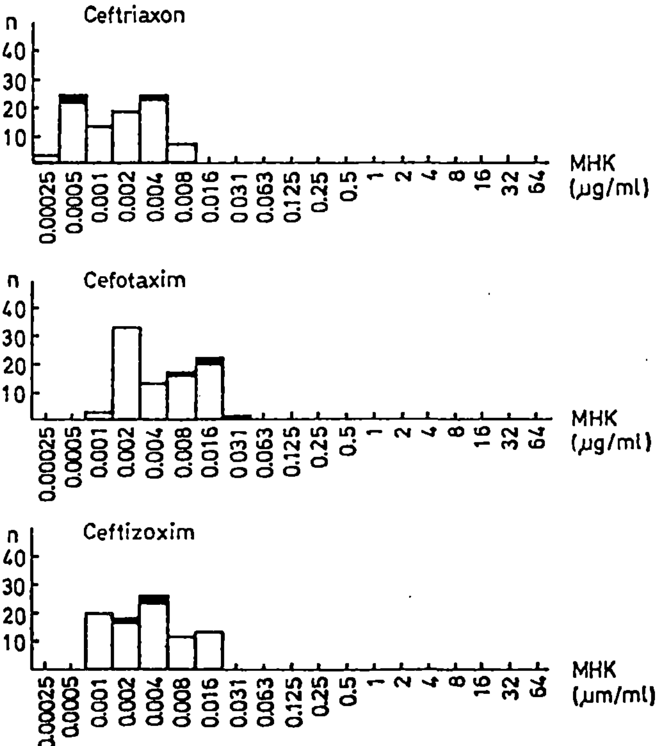

Histogramm 2. Minimale Hemmkonzentrationen von Drittgenerations-Cephalosporinen bei Münchener Neisseria gonorrhoeae-Isolaten (modifiziert nach [50]).

dest nicht sicher zu erwarten. Beim Einsatz von Spectinomycin als Standardpräparat in einem bestimmten Bereich
können unter Umständen resistente Stämme rasch an Zahl
zunehmen [21]. Tetracycline eignen sich prinzipiell nicht
für eine Einmalbehandlung.
4. Die Cephalosporin-Aera. Vor dem Hintergrund eingehender In-vitro- und In-vivo-Untersuchungen [vergl. 48] sind
   heute neuere Cephalosporine als für die Einmalbehandlung
   der unkomplizierten Gonorrhoe überaus geeignete Therapeutika anzusehen. Dabei eignen sich Substanzen mit kurzer wie langer Serumhalbwertszeit gleichermaßen [50]. Für
   die Praxis wesentliche Unterschiede in der In-vitro-
   Aktivität sind ebenfalls nicht zu erkennen (Abb. 2).
Folgende Therapie-Protokolle seien beispielhaft aufgeführt:
1. 0,5 g Cefotaxim (als Cefotaxim-Natrium 0,524 g) gelöst in
   2 ml Aqua ad injectabilia oder − zur Vermeidung von
   Schmerz an der Injektionsstelle − 2 ml 1%iger Lidocain-
   Lösung einmalig intramuskulär;
2. Ceftriaxon 0,25 g (0,298 g Ceftriaxon-Dinatrium · 3,5 · H_2O)
   gelöst in 2 ml 1%iger Lidocain-Lösung einmalig intramuskulär. Originalpackungen, die gleichzeitig Cefotaxim resp.
   Ceftriaxon sowie Lidocain-Lösung in geeigneten Mengen
   enthalten, sind in Deutschland bislang nicht im Handel. Es
   gibt aber eine Originalpackung mit einem Gramm Ceftriaxon und 3,5 ml 1%iger Lidocain-Lösung.
Nach Eisenstein [22] sind folgende Forderungen an ein *opti-
males Gonorrhoe-Therapieprotokoll* zu stellen:
1. In Relation zur In-vitro-Aktivität hinreichende Bioverfügbarkeit;
2. Praktikabilität, speziell Möglichkeit der Einmalbehandlung;
3. Wirksamkeit auch bei Pharyngeal-Gonorrhoe;
4. Fehlen von Nebenwirkungen;
5. Wirksamkeit gegenüber einer gleichzeitig akquirierten
   (Inkubations)-Syphilis;
6. Vermeidung einer postgonorrhoischen Urethritis;
7. Preiswürdigkeit.
Drittgenerations-Cephalosporine vermögen gegenwärtig
fast alle diese Forderungen zu erfüllen. Für die Punkte 1, 2, 5
und 7 gilt dies wohl ohne wesentliche Einschränkung. For-

derung 3 wird von Substanzen wie Ceftriaxon zumindest in
gewissem Umfang erfüllt. Forderung 4 wird zumindest dann
erfüllt, wenn man Patienten mit Betalactam-Antibiotika-
Allergie von der Behandlung ausschließt, wie dies in Mitteleuropa zur Zeit noch der Fall ist [bezüglich dieser Problematik
vergleiche 46]. Ein wesentliches Problem ist eigentlich nur in
der mangelnden Verhütung einer postgonorrhoischen Urethritis zu erblicken. Ihre Inzidenz liegt derzeit im Münchner Krankengut bei etwa 25%. Gegenwärtig kann aber von keinem einmalig verabfolgten Chemotherapeutikum eine Lösung dieses
Problems erwartet werden.

Die US-amerikanischen Centers for Disease Control [16]
empfehlen deshalb zur Zeit zur Behandlung der unkomplizierten urethralen, cervicalen bzw. rektalen Gonorrhoe die Kombination der Einmalgabe eines Betalactam-Antibiotikums und
der wiederholten Gabe von einem Tetracyclin oder Erythromycin.

Als Betalactam-Antibiotikum werden empfohlen:
— Amoxycillin 3,0 g oder Ampicillin 3,5 g per os;
— wäßriges Procain-Penicillin G 4 Mill. I.E. intramuskulär
  (jedes der vorgenannten Antibiotika zusammen mit 1 g Probenecid per os);
— Ceftriaxon 250 mg intramuskulär.

Wäßriges Procain-Penicillin G ist in der Bundesrepublik
Deutschland nicht im Handel. Auf die Probenecid-Problematik
wurde bereits hingewiesen.

Zur anzuschließenden Mehrfachbehandlung werden
empfohlen:
— Tetracyclin · HCl 4 x 500 mg über 7 Tage per os;
— Doxycyclin 100 mg 2 x täglich über 7 Tage per os;
— falls Tetracycline kontraindiziert sind oder nicht vertragen
  werden Erythromycin-Base oder Erythromycin-Stearat
  4 x 500 mg per os über 7 Tage;
— Erythromycinethylsuccinat 800 mg 4 x täglich über 7
  Tage.

Eine wesentliche Alternative zu den Drittgenerations-
Cephalosporinen — nicht zuletzt bei Betalaktam-Antibiotika-
Allergie — ist in den *Zweitgenerations-Quinolonen* zu erblicken.
Dies gilt in Sonderheit für Ofloxacin und Ciprofloxacin. In
Betracht kommt die einmalige perorale Applikation von 400

resp. 250 mg. In der Bundesrepublik Deutschland befinden sich allerdings für die Einmalbehandlung hinreichend kleine Originalpackungen nicht im Verkehr. Erhältlich ist aber eine Originalpackung mit 2×200 mg Enoxacin.

Bei der disseminierten Gonokokkeninfektion wird von den Centers for Disease Control [16] unter anderem empfohlen, für wenigstens sieben Tage 4 x täglich 500 mg Cefotaxim intravenös zu verabfolgen, alternativ kommt 1 g Ceftriaxon einmalig täglich intravenös über sieben Tage in Betracht. Eine Therapie der Wahl für die entzündliche Beckenerkrankung gibt es nach Auffassung der Centers for Disease Control [16] bislang nicht. Eine Monotherapie wird vor dem Hintergrund der Möglichkeit einer Mischinfektion nicht empfohlen. Für stationäre Patienten wird unter anderem empfohlen, zunächst gleichzeitig 2 x täglich 100 mg Doxycyclin intravenös und 4 x täglich 2 g Cefoxitin intravenös zu verabfolgen, wenigstens für vier Tage und zwei Tage über den Zeitpunkt einer klinischen Besserung hinaus. Danach soll Doxycyclin in einer Dosis von 2 x 100 mg pro die per os weiter verabfolgt werden, wobei die Gesamtbehandlungsdauer 10 bis 14 Tage betragen soll.

Für die ambulante Behandlung wird unter anderem empfohlen, initial 250 mg Ceftriaxon intramuskulär zu injizieren, danach sind 2 x 100 mg Doxycyclin täglich per os über 10 bis 14 Tage zu verabfolgen. Prinzipiell entsprechende Therapie-Überlegungen gilt es sicherlich auch bei der Adnexitis des Mannes anzustellen.

Literatur

[1] Abeck D et al (1988) Characterization of penicillinase producing onococci isolated in Munich, 1981–6. Genitourin Med 64: 3

[2] Abeck D et al (1988) Plasmid content and protein I serovar of non-penicillinase-producing gonococci isolated in Munich. Epidem Inf 100: 345

[3] Ackerman AB, Calabria R (1966) Asymptomatic Gonorrhea, the gonococcal carrier state, and gonococcemia in men. J Am Med Assoc 196: 221

[4] Arya OP, Nsanzumuhire H, Taber SR (1973) Clinical, cultural and demogaphic aspects of gonorrhoea in a rural community in Uganda. Bull Wld Hlth Org 49: 587

[5] Barr J, Danielsson D (1971) Septic gonococcal dermatitis. Br Med J 1: 482

[6] Belsey MA (1976) The Epidemiology of infertility: A Review with particular reference to Sub-Saharan Africa. Bull Wld Hlth Org 54: 319

[7] Berger RE et al (1979) Etiology, manifestations and therapy of acute epididymitis: Prospective study of 50 cases. J Urol 121: 750

[8] Björnberg A, Gisslen H (1966) Benign gonococcal sepsis. A report with skin lesions. Br J Vener Dis 42: 100

[9] Bonen P et al (1984) Isolation of Neisseria gonorrhoeae on selective and nonselective media in a sexually transmitted disease clinic. J Clin Microbiol 19: 218

[10] Brooks GF et al (1977) Confounding factors affecting normal serum killing of N. gonorrhoeae colony phenotype variants. In: Roberts RB (ed.) Genetics and immunobiology of pathogenic Neisseria. Wiley, New York, p 273

[11] Brown S et al (1982) Antimicrobial resistance of Neisseria gonorrhoeae in Bangkok: Is single-drug treatment passé? Lancet ii: 1366

[12] Brunet WM, Salber JB (1936) Gonococcus infection of the anus and rectum in women: Its importance, frequency and treatment. Am J Syph 20: 37

[13] Brunham RC et al (1984) Mucopurulent cervicitis — the ignored counterpart in women of urethritis in men. N Engl J Med 311: 1

[14] Catlin BW (1973) Nutritional profiles of Neisseria gonorrhoeae, Neisseria meningitidis, and Neisseria lactamica in chemically defined media and the use of growth requirements for gonococcal typing. J Infect Dis 128: 178

[15] Catterall RD (1983) The Emergence of a Specialty. Sex Transm Dis 10: 85

[16] Centers for Disease Control (1986) 1985 STD Treatment Guidelines. J Am Acad Dermatol 14: 707

[17] Cromer BA, Heald FP (1987) Pelvic inflammatory diseases associated with Neisseria gonorrhoeae and Chlamydia trachomatis: Clinical correlates. Sex Transm Dis 14: 125

[18] Curran JW: Economic consequences of pelvic inflammatory diseases in the United States. Am J Obstet Gynec 138: 848

[19] Danielsson D et al (1983) Epidemiology of gonorrhoea: serogroup, antibiotic susceptibility and auxotype patterns of consecutive gonococcal isolates from 10 different areas of Sweden. Scand J Infect Dis 15: 33

[20] Dans PE et al (1977) Gonococcal serology: How soon, how useful, and how much? J Infect Dis 135: 330

[21] Easmon CSF et al (1982) Emergence of resistance after spectomycin treatment for gonorrhoea due to ß-lactamase-producing strains of Neisseria gonorrhoeae. Br Med J 284: 1064

[22] Eisenstein BI (1977) Effective treatment of gonorrhea. Drugs 14: 57

[23] Fam A et al (1979) Gonococcal arthritis: a report of six cases. Can Med Assoc J 108: 319

[24] Faur YC et al (1975) Isolation of Neisseria meningitidis from the genitourinary tract and anal canal. J Clin Microbiol 2: 178

[25] Fluker JL et al (1980) Rectal gonorrhoea in male homosexuals. Presentation and therapy. Br J Vener Dis 56: 397

[26] Goh BT et al (1985) Diagnosis of gonorrhea by Gram-stained smears and cultures in men and women: Role of the urethral smear. Sex Trans Dis 12: 135

[27] Griffin III CW et al (1983) Five years of experience with a national external quality control program for the culture and identification of Neisseria gonorrhoeae. J Clin Microbiol 18: 1150

[28] Handsfield HH et al (1974) Asymptomatic Gonorrhea in men. Diagnosis, natural course, prevalence and significance. N Engl J Med 290: 117

[29] Harrison WO (1984) Gonorrhoea. Sex Trans Dis 33: 59

[30] Harrison WO (1984) Gonorrhoea. Cutis 33: 59

[31] Hendley JO et al (1977) Demonstration of a capsule on Neisseria genorrhoeae. N Engl J Med 296: 608

[32] Hofmann H, Petzoldt D (1985) Nachweis von Gonokokkenantigen mit einem Enzymnimmunoassay (Gonozyme). Ergebnisse mit dem ursprünglichen und dem modifizierten Testverfahren. Hautarzt 36: 675

[33] Holmes KK (1971) Disseminated gonococcal infection. Ann Intern Med 74: 979

[34] Holmes KK, Counts GW, Beaty HN (1971) Disseminated Gonococcal infection. Ann Intern Med 74: 979

[35] Hooper RR et al (1978) Cohort study of venereal diseases: I. Risk of transmission from infected women to men. Am J Epidemiol 107: 235

[36] Jacobson L, Weström L (1969) Objectivised diagnosis of acute pelvic inflammatory disease. Am J Obstet Gynecol 105: 1088

[37] Jaffe HW et al (1982) Diagnosis of gonorrhea using a genetic transformation test on mailed clinical specimens. J Infect Dis 146: 275

[38] Johnston KH et al (1976) The serological classification of Neisseria gonorrhoeae: I. Isolation of the outer membrane complex responsible for serotypic specificity. J Exp Med 143: 741

[39] Kellogg DS et al (1963) Neisseria gonorrhoeae: I: Virulence genetically linked to clonal variation. J Bacteriol 85: 1274

[40] Kellogg DS et al (1968) Neisseria gonorrhoeae: II. Colonial variation and pathogenicity during 35 months in vitro. J. Bacteriol 96: 596

[41] Kellogg Jr GS et al: Laboratory diagnosis of gonorrhoea. In: Marcus S, Sherris JC (eds) Cumulative techniques and procedures in clinical microbiology, Vol 4. American Society for Microbiology, Washington, p 1

[42] Kimball MW, Nee S (1970) Gonococcal perihepatitits in a male: The Fitz-Hugh-Curtis syndrome. N Engl J Med 282: 1082

[43] Kinghorn GR, Rashid S (1979) Prevalence of rectal and pharyngeal infection in women with gonorrhoea in Sheffield. Br J Vener Dis 55: 408

[44] Knapp JS, Holmes KK (1975) Disseminated gonococcal infections caused by Neisseria gonorrhoeae with unique nutritial requirements. J Infect Dis 132: 204

[45] Komaroff AL et al (1980) Prevalence of pharyngeal gonorrhoea in general medical patients with sore throats. Sex Transm Dis 7: 116

[46] Korting HC (1984) Zephalosporin-Allergie und Zephalosporin-Penicillin-Kreuzallergie unter besonderer Berücksichtigung für die venerologische Therapie bedeutsamer anaphylaktischer Reaktionen. Hautarzt 35: 225

[47] Korting HC (1987) Unkomplizierte Gonorrhoe und disseminierte Gonokokken-Infektion — Klinik, Diagnostik und Therapie. Urologe (A) 26: 237

[48] Korting HC (1987) Cephalosporin-Therapie der Gonorrhoe. Karger, Basel, München

[49] Korting HC, Neubert U (1984) Susceptibility of Neisseria gonorrhoeae to ceftizoxime in vitro and in vivo. Chemotherapy 30: 322

[50] Korting HC, Abeck D: One-shot treatment of uncomplicated gonorrhoea with third generation-cephalosporins with differing serum half-life. Results of a controlled trial with ceftriaxone and cefotaxime. Chemotherapy (in press)

[51] Korting HC et al (1983) Erregernachweis im Blut bei disseminierter Gonokokken-Infektion. Kasuistik und Literaturübersicht. Hautarzt 34: 403

[52] Korting HC et al (1983) Cultural proof of Neisseria gonorrhoeae in synovial fluid in disseminated gonococcal infections. Dermatologica 167: 204

[53] Korting HC et al (1985) Gonoblennorrhoea adultorum (gonococcal conjunctivitis) — A „disappearing disease" which does not disappear. Dermatologica 170: 17

[54] Korting HC et al (1986) Evaluation of Cefotetan in uncomplicated gonorrhoea. Dermatologica 173: 237
[55] Masi AT, Eisenstein WE (1981) Disseminated gonococcal infection (DGI) and gonococcal arthritis (GCA): II. Clinical manifestations, diagnosis, complications, treatment and prevention. Semin Arthritis Rheum 10: 173
[56] McCormack WM (1981) Clinical spectrum of infection with Neisseria gonorrhoeae. Sex Transm Dis 8 [Suppl.]: 305
[57] McGee ZA et al (1977) Relationship of pili to colonial morphology among pathogenic and non-pathogenic species of Neisseria. Infect Immun 15: 594
[58] Morton RS (1977) Gonorrhoea. Saunders, London, Philadelphia, Toronto, p 1
[59] Neubert U et al (1985) Preputial abscesses caused by ß-lactamase producing gonococci. Cutis 31: 161
[60] Owen RL, Hill JL (1972) Rectal and pharyngeal gonorrhoea in homosexual men. J Am Med Assoc 220: 1315
[61] Pelouze PS (1941) Epididymitis. In: Pelouze PS (ed) Gonorrhoea in the male and female. Saunders, Philadelphia, p 240
[62] Petzoldt D (1976) Die Einzeitbehandlung der Gonorrhoe bei Mann und Frau. In: Braun-Falco O, Marghescu S (Hrsg) Fortschritte der praktischen Dermatologie und Venerologie, Bd VIII. Springer, Berlin, Heidelberg, New York, S 395
[63] Phillipps I (1976) Beta-lactamase-producing, penicillin-resistant gonococcus. Lancet ii: 656
[64] Pöhn HP (1983) Die Epidemiologie der Enteritis infectiosa in der Bundesrepublik Deutschland. Bundesgesundheitsbl 26: 313
[65] Rajan VS et al (1984) Gonococcal ulcers: Report of 18 cases. Eur J Sex Transm Dis 1: 149
[66] Rees E, Annels EH (1960) Gonococcal salpingitis. Br J Vener Dis 45: 205
[67] Reichert JA, Valle RF (1976) Fritz-Hugh-Curtis syndrome. A laparoscopic approach. J Amer Med Assoc 236: 266
[68] Reichlin B, Rufli T (1974) Zur Aussagekraft heute verfügbarer Gonorrhöe-Untersuchungsmethoden. Schweiz Med Wochenschr 104: 1712
[69] Rendtorff RC et al (1974) Economic consequences of gonorrhoea in women: Experience from an urban hospital. J Am Vener Dis Assoc 1: 40
[70] Roberts M et al (1979) The ecology of gonococcal plasmids. J Gen Microbiol 114: 491
[71] Rothenberg R, Judson FN (1983) The clinical diagnosis of urethral discharge. Sex Transm Dis 10: 24

[72] Rufli T (1980) Identification of Neisseria gonorrhoeae in the routine venereological laboratory. Comparative study of coagglutination, direct immunofluorescence, and sugar fermentation reaction. Br J Vener Dis 56: 144

[73] Schofield CBS (1982) Some factors affecting the incubation period and duration of symptoms of urethritis in men. Br J Vener Dis 58: 184

[74] Seth A (1975) Use of trimethoprim to prevent overgrowth by Proteus in the cultivation of N. gonorrhoeae. Br J Vener Dis 46: 201

[75] Soendjojo A (1983) Gonococcal urethritis due to fellatio. Sex Transm Dis 10: 41

[76] Sox TE et al (1978) Conjugative plasmids in Neisseria gonorrhoeae. J Bacteriol 134: 278

[77] Tavelli BG, Judson FN (1980) Comparison of the clinical and epidemiologic characteristics of gonococcal and non-gonococcal pelvic inflammatory disease seen in a clinic for sexually transmitted diseases, 1978–9. Sex Transm Dis 13: 119

[78] Thatcher RW, Pettit TH (1971) Gonorrhoeal conjunctivitis. J Amer Med Assoc 215: 1494

[79] Thayer JD, Martin JE (1964) A selective medium for the cultivation of N. gonorrhoeae and N. meningitidis. Publ Hlth Rep 79: 49

[80] Totten PA (1983) DNA-Hybridisation technique for the detection of Neisseria gonorrhoeae in men with urethritis. J Infect Dis 148: 462

[81] Watson RA (1979) Gonorrhoea and acute epididymitis. Milit Med 144: 785

[82] WHO Scientific Group: Neisseria gonorrhoeae and gonococcal infection. World Health Organization Technical Report Series 616. World Health Organization, Geneva, p 137

[83] Wiesner PJ et al (1973) Clinical spectrum of pharyngeal gonococcal infection. N Engl J Med 288: 181

[84] Willcox RR (1968) Treatment of gonorrhoea in the male. In: Luger A, Jadassohn W (eds) Antibiotic Treatment of Venereal Diseases. Karger, Basel, New York, p 101

[85] Zenilman JM, Cates Jr W, Morse SA (1986) Neisseria gonorrhoeae: An old enemy rearms. Infect Med Dis Lett Obstet Gynecol 8 (Suppl.)

3.3 Ulcus molle

Das Ulcus molle, auch weicher Schanker genannt, zählt zu den vier klassischen Geschlechtskrankheiten. Bereits 1852 trennte Bassereau [4] das Ulcus molle von der Syphilis als anderer wichtiger Manifestationsform des Genitalulcus-Syndroms ab. Heute gilt das Ulcus molle als häufigste Form der Genitalulcuskrankheit in Ost-, Zentral- und Südafrika. In Südafrika und Swaziland wird das Ulcus molle sogar häufiger als die Gonorrhoe gesehen [23]. In hochindustrialisierten Ländern wird das Ulcus molle nur gelegentlich beobachtet, so kommt es im Krankengut der Münchner Klinik mehr als hundertmal seltener vor als die Gonorrhoe. Gelegentlich kommt es aber auch in hochentwickelten Ländern zu kleineren Epidemien, so Ende der siebziger Jahre in München, Berlin [5, 28], aber auch in Winnipeg [13]. Die Ausbreitung dieser Erkrankung scheint in besonderem Maße an die Prostitution gebunden zu sein, in Kriegszeiten ist denn auch vermehrt mit dem Auftreten von Ulcus molle zu rechnen. Im Koreakrieg machte die Erkrankung ein Drittel aller verzeichneten Geschlechtskrankheiten aus, womit das Ulcus molle zwar seltener als die Gonorrhoe aber doch wesentlich häufiger als die Syphilis auftrat [3]. Nicht circumcidierte Männer erscheinen stärker gefährdet als andere [15]. Die generell zu verzeichnende Assoziation zwischen Häufung von Ulcus molle und niedrigem sozio-ökonomischem Status läßt sich sogar bei Prostituierten nachweisen [25]. Bei Frauen ist nach Sexualkontakt mit erkrankten Männern in 60% mit dem Auftreten eines Ulcus molle zu rechnen [25]. Früher glaubte man an eine wesentlich höhere Gefährdung des männlichen Geschlechts; vor dem Hintergrund der heute verbesserten diagnostischen Möglichkeiten kommen nunmehr in Nairobi, Kenia, nur mehr zwei Patienten auf eine Patientin [25].

Erreger (Abb. 21)

Bereits 1889 hat der neapolitanische Bakteriologe Ducrey [9] einen „Streptobazillus" als Erreger des Ulcus molle angesprochen. Die Bezeichnung gründet sich auf die Eigenschaft des fakultativ-anaeroben, gramnegativen, stäbchenförmigen Bakteriums, in gefärbten Ausstrichpräparaten kettenförmig angeordnet zu imponieren, diese Eigenschaft läßt sich gelegentlich bereits in gefärbten Nativpräparaten erkennen, vor allem aber in Kulturpräparaten. Neben der Gram-Färbung werden zur Darstellung des Erregers die Giemsa- und die Methylgrün-Pyronin-Färbung (nach Unna und Pappenheim) als geeignet angesehen. Obwohl Ducrey den Erreger von Mensch zu Mensch übertragen konnte, gelang ihm die Kultur auf leblosen Medien noch nicht. Der aufgrund seiner Wachstumscharakteristika — etwa Bedarf an Häm — und aufgrund seiner ätiopathogenetischen Zuordnung durch Ducrey als *Haemophilus ducreyi* bezeichnete Mikroorganismus bildet auf geeigneten festen Kulturmedien stark um einen Mittelwert von 2 mm in der Größe schwankende Kolonien aus, so daß auch bei Reinkultur der Eindruck einer Mischkultur entsteht. Ein weiteres wesentliches Charakteristikum besteht in der starken Kohäsion der eine Kolonie aufbauenden einzelnen Bakterien, was es ermöglicht, die Kolonien ohne Desintegration auf die Nährbodenoberfläche hin und her zu schieben. Die einzelne Kolonie imponiert gelblich bis grau, glatt und halbkugelig. Nach Lubwama et al. [19] ist Haemophilus ducreyi Oxidase- und Betalactamase-positiv, benötigt den Faktor X, nicht V zum Wachstum, er ist Katalase-negativ und vermag Indol bzw. H_2S nicht zu bilden. Während der heutige Kenntnisstand zum Aufbau von Haemophilus ducreyi insgesamt vergleichsweise begrenzt erscheint, ist die Plasmidausstattung bereits eingehend untersucht. Zwei Plasmide unterschiedlicher Molekülmasse (5,7 und 7,0 MD) befähigen Haemophilus ducreyi Betalactamase zu bilden, diese beiden Resistenzplasmide unterscheiden sich nur durch einen 1,3-MD-Anteil, der auch den Unterschied zwischen dem sogenannten afrikanischen und asiatischen Resistenzplasmid bei Neisseria gonorrhoe ausmacht [6]. Außer diesen beiden kleinen *Resistenzplasmiden* kann Haemophilus ducreyi ein Transferplasmid von 23 MD aufweisen [8]. Manchmal findet sich auch ein Plasmid von etwa 30 MD, das den Erreger außer zur Betalactamasebildung auch zur Tetrazyklin-Resistenz und schließlich zum Chloramphenicol-Abbau befähigen kann [2]. Ein 4,9 MD-Plasmid bedingt Sulfonamid-Resistenz.

Klinik (Abb. 22)

Das Ulcus molle stellt die bei weitem häufigste klinische Manifestationsform einer Haemophilus ducreyi-Infektion dar. Die Leiteffloreszenz besteht in einem genitalen Ulcus, das meist mit Schmerzen verbunden ist, manchmal – speziell bei Frauen – kann dieses Symptom aber auch fehlen. Das typische *Ulcus* ist vergleichsweise groß, eher bizarr konfiguriert und weist unterminierte Ränder auf. Auf dem Ulcusgrund findet sich eitriges Exsudat, von dem ein fauliger Geruch ausgeht. Das Ulcus ist – worauf der Name der Erkrankung schon hinweist – weich, sehr berührungsempfindlich und blutet leicht. In vielen Fällen tritt das Ulcus in Mehrzahl auf. Beim nicht circumcidierten Mann stellen Präputium, Penisschaft und Glans penis in dieser Reihenfolge Prädilektionsstellen dar, im Falle der Circumcision entfällt selbstverständlich erstere Prädilektion. Bei der Frau finden sich die Veränderungen vor allem an den Labien bzw. an der Klitoris. Anale und extragenitale Veränderungen — durch Autoinokulation – stellen insgesamt seltene Vorkommnisse dar. Dysurie als weiteres Symptom kann auf eine Begleiturethritis hinweisen. Vaginaler Ausfluß und Dyspareunie können im Vordergrund der Symptomatik bei der Frau stehen. In knapp der Hälfte der Fälle kommt es zu einer schmerzhaften *Lymphknotenschwellung* in beiden oder – vorzugsweise – einer Leiste. In wiederum etwa der Hälfte dieser sogenannten Bubonen entwickelt sich Fluktuation, eine unförmige Vergrößerung auf bis zu 10 cm Durchmesser kann resultieren [22]. Da das typische klinische Bild nur in etwa der Hälfte der Patienten zu verzeichnen ist, läßt sich auch vom Kundigen nur in weniger als 60% die richtige Diagnose klinisch stellen [11]. Das klinische Spektrum des Ulcus molle umfaßt zusätzlich den vom Haartalgdrüsen-Infundibulum seinen Ausgang nehmenden follikulären Schanker, den Zwergschanker, der an herpetische Ulcerationen erinnert, den flach erhabenen Schanker im Sinne des Ulcus molle elevatum (erinnert an Granuloma venereum bzw. syphilitische Condylomata lata) sowie den flüchtigen Schanker Chancre mou volant, der an ein Lymphogranuloma inguinale denken lassen kann [21]. Die Inkubationszeit beträgt im Regelfall bis zu zehn Tage.

In 3,5% der Fälle von Ulcus molle besteht gleichzeitig eine Urethritis, in 1,9% der Fälle läßt sich in der Urethra Haemophilus ducreyi auch kulturell nachweisen. Prinzipiell kann Haemophilus ducreyi — wenn auch wohl selten — zu einer isolierten *Urethritis* Anlaß geben [18].

Diagnostik

Auch heute wird von mancher Seite immer noch die Auffassung vertreten, die Diagnose einer Haemophilus ducreyi-Infektion könne auf das klinische Bild und den Ausschluß einer Treponema pallidum-Infektion gegründet werden. Diese Auffassung muß heute als ebenso überholt gelten wie die, klinisches Erscheinungsbild und Nachweis von Streptobazillen im Direktausstrich könnten hinreichen, um die Diagnose zu etablieren. Obwohl der Nachweis von sich bipolar anfärbenden kokkoiden gramnegativen Stäbchen im Einzelfall durchaus Hinweise zu geben vermag, ist die Methode doch mit allzu vielen falsch positiven und falsch negativen Ergebnissen belastet [11]. Längerfristig sind möglicherweise wesentliche Verbesserungen in der Direktausstrich-Untersuchung vom Einsatz monoklonaler Antikörper zu erwarten [14]. Es muß zu denken geben, daß in dem führenden Diagnostik-Labor für Haemophilus ducreyi in einem vom Ulcus molle so stark betroffenen Land wie Kenia auf herkömmliche Direktausstrichpräparate bereits völlig verzichtet wird [19].

In dieser Situation erscheinen die Fortschritte überaus hilfreich, die im letzten Jahrzehnt bei der Anzüchtung des Erregers zu verzeichnen sind. Während frühere Versuche zur Erreger-Isolierung auf geronnenem Human- respektive Kaninchenblut wenig erfolgreich verliefen, ergab sich ein erster wesentlicher Durchbruch mit dem von Hammond et al. [12] beschriebenen festen Medium, das aus GC-Agar-Base, 1% Rinderhämoglobin, 1% IsoVitaleX-Anreicherung (Becton, Dickinson, Cockeysville, Md.) und Vancomycin (3µg/ml) besteht. Da sich die Nährstoffansprüche unterschiedlicher Haemophilus ducreyi-Stämme unterscheiden, besteht das derzeit bestmögliche Verfahren der kulturellen Untersuchung im kombinierten Einsatz zweier Medien:

1. GC-Agar-Base (Gibco, Madison, Wis.) mit 2% Rinderhämoglobin, 5% fötalem Kälberserum, 1% CVA-Anreicherung (Gibco, Madison, Wis.), Vancomycin (3 µg/ml) (GC-HgS);
2. Mueller-Hinton-Agar-Base (Becton, Dickinson, Cockeysville, Md.) mit 5% gekochtem Pferdeblut, 1% CVA-Anreicherung und Vancomycin (3 µg/ml) (MH-HB).

Mit diesen beiden Medien ließ sich in Kenia in 80% der Fälle, in denen klinisch ein Ulcus molle diagnostiziert worden war, Haemophilus ducreyi nachweisen. Die Nachweisrate mit dem ersten Medium allein lag bei 71%, mit dem zweiten Medium bei 61% [24]. Prinzipiell kann man gegenwärtig von einem *kulturellen Nachweis* von Haemophilus ducreyi sprechen, wenn sich auf einem derartigen, geeigneten Medium nach 48stündiger (oder längerer) Bebrütung bei 34 °C in einer mikroaerophilen Atmosphäre Kolonien zeigen, die in ihrer Größe um einen Mittelwert von 2 mm schwanken und sich auf der Nährbodenoberfläche gut verschieben lassen [19]. Zur weiteren Erreger-Charakterisierung bietet sich das Kulturpräparat (Gram-Färbung) an, die Oxidase-Reaktion (positiv mit Tetramethyl-p-Phenylendiamin) und der Bedarf an Faktor X, nicht aber V, für das Wachstum. Hilfreich erscheint in Sonderheit auch der Nitrocefin-Test; in Gegenwart von Betalactamase wird dieses chromogene Cephalosporin aufgespalten, was mit einer Farbänderung verbunden ist. Will man unter epidemiologischen oder therapeutischen Gesichtspunkten eine Biotypisierung vornehmen, so bietet sich hierfür die *Lektin-Typisierung* an [16]. Anders als bei der Syphilis kommt serologischen Untersuchungen beim Ulcus molle bislang kein wesentlicher Stellenwert in der Praxis zu. Immerhin besteht aber heute die Möglichkeit, bei Patienten mit Ulcus molle IgM- und IgG mit Hilfe der Dot-Immunobinding-Technik nachzuweisen [27].

Zur Ermittlung der Antibiotika-Empfindlichkeit von Haemophilus ducreyi-Isolaten eignet sich der Agar-Dilutionstest [29], das Vorgehen entspricht in seinen Grundzügen dem bei Neisseria gonorrhoeae.

Therapie

Hamophilus ducreyi hat in den letzten Jahren wie eigentlich sonst nur Neisseria gonorrhoeae an Resistenz gegenüber ursprünglich geeignet erscheinenden Chemotherapeutika gewonnen. Die lange Zeit bevorzugte Monotherapie mit Sulfonamiden oder Tetracyclinen erweist sich heute angesichts der Verbreitung entsprechender Resistenzplasmide [1] kaum noch als geeignet. Dies ist im Vietnamkrieg überdeutlich geworden [20]. Obwohl mittlerweile prinzipiell auch Trimethoprim-resistente Stämme bekannt sind [30], wird die Kombination von Sulfamethoxazol und Trimethoprim (Cotrimoxazol) noch weithin zur Behandlung des Ulcus molle empfohlen. Immerhin haben sich 160 mg Trimethoprim und 800 mg Sulfamethoxazol 2 x täglich über 7 Tage per os verabfolgt als wirksamer erwiesen als die Monotherapie mit Sulfadimidin, Tetrazyklin bzw. Doxycyclin [10]. Eine wesentliche Alternative stellt Erythromycin dar, 4 x 500 mg täglich per os über 10 Tage führen zur Heilung in 100% der Fälle [26].

Während sich die Therapie-Empfehlungen der Centers for Disease Control aus dem Jahre 1985 [7] noch im wesentlichen auf Cotrimoxazol und Erythromycin gründen, steht heute die Einmalbehandlung mit dem Drittgenerations-Cephalosporin Ceftriaxon im Mittelpunkt des Interesses. 250 mg Ceftriaxon einmalig intramuskulär (bezüglich technischer Einzelheiten

Tabelle 1. *MHK$_{50\%}$ (μg/ml) unterschiedlicher Chemotherapeutika gegenüber Haemophilus ducreyi in Amsterdam und Bangkok*

Chemotherapeutikum	Amsterdam (nach 23)	Bangkok (nach 30)
Penicillin G	$\geq$ 8	
Sulfamethoxazol	64	$\geq$ 512
Trimethoprim	< 0,125	16
Tetracyclin	16	
Erythromycin	< 0,003	
Cefotaxim	< 0,03	
Ceftriaxon		0,004

Die Einmalgabe von Ceftriaxon hat sich auch im Krankengut der Münchner Klinik bewährt [17].

vergleiche das Kapitel zur Therapie der unkomplizierten Gonorrhoe) vermögen das Ulcus molle in 100% der Fälle zu heilen, die entsprechenden Zahlen in einer vergleichenden Studie
für die wiederholte bzw. einmalige Gabe von Cotrimoxazol lagen bei 87 respektive 66% [31]. Anhaltspunkte zur gegenwärtigen in-vitro-Empfindlichkeit von Haemophilus ducreyi gegenüber unterschiedlichen Antiinfektiva gibt Tabelle 1, wobei die
$MHK_{50\%}$ zugrunde gelegt wird, also die niedrigste Konzentration, die gerade 50% der untersuchten Isolate am Wachstum zu
hindern vermag.

Literatur

[1] Albritton WL et al (1982) Plasmid-mediated sulfonamide
    resistance in Haemophilus ducreyi. Antimicrob Agents Chemo-
    ther 21: 159

[2] Albritton WL et al (1985) Plasmid-mediated tetracyclin resistance
    in Haemophilus ducreyi. Antimicrob Agents Chemother 25:
    187

[3] Asin J (1952) Chancroid: A report of 1402 cases. Am J Syph Gon
    Vener Dis 36: 483

[4] Bassereau L (1852) Traité des Affections de la Peau Sym-
    ptomatiques de la Syphilis. Bailliere, Paris, p 1

[5] Braun-Falco O, Neubert U (1977) Ulcus molle. Wiederkehr einer
    Geschlechtskrankheit. Dtsch Ärztebl 31: 1779

[6] Brunton J et al: Molecular epidemiology of ß-lactamase-
    specifying plasmids of Haemophilus ducreyi. Antimicrob Agents
    Chemother 21: 857

[7] Centers for Disease Control (1986) 1985 STD treatment
    guide-lines. J Am Acad Dermatol 14: 707

[8] Deneer HG et al (1982) Mobilisation of non-conjugative
    antibiotic resistance plasmids in Haemophilus ducreyi. J
    Bacteriol 149: 726

[9] Ducrey A (1889) Experimentelle Untersuchungen über den
    Ansteckungsstoff des weichen Schankers und über die Bubonen.
    Monatsh Prakt Dermatol 9: 387

[10] Fast MV et al (1983) Antimicrobial therapy of chancroid: An evaluation of five treatment regimens correlated with in vitro sensitivity. Sex Trans Dis 10: 1

[11] Fast V et al (1984) The clinical diagnosis of genital ulcer disease in men in the tropics. Sex Transm Dis 11: 72

[12] Hammond GW et al (1978) Comparison of specimen collection and laboratory techniques for isolation of Haemophilus ducreyi. J Clin Microbiol 7: 39

[13] Hammond GW et al (1980) Epidemiologic, clinical, laboratory and therapeutic features of an urban outbreak of chancroid in North America. Rev Infect Dis 2: 867

[14] Hansen EJ, Loftus TA (1984) Monoclonal antibodies reactive with all strains of Haemophilus ducreyi. Infect Immun 44: 196

[15] Hart G (1975) Venereal diseases in war environment: Incidence and management. Med J Aust 1: 808

[16] Korting HC et al (1988) Lectin typing of Haemophilus ducreyi. Eur J Clin Microbiol Infect Dis 7: 678

[17] Korting HC et al (1989) Diagnose und Therapie des Ulcus molle heute. Kasuistik und Literaturübersicht. Hautarzt im Druck

[18] Kunimoto DY et al (1988) Urethral infection with Haemophilus ducreyi in men. Sex Trans Dis 15: 37

[19] Lubwama SW et al (1986) Isolation and identification of Haemophilus ducreyi in a clinical laboratory. J Med Microbiol 22: 175

[20] Marmar JL (1972) The management of resistant chancroid in Vietnam. J Urol 107: 807

[21] Neubert U (1987) Diagnose und Therapie des Ulcus molle. Urologe (A) 26: 268

[22] Nsanze H (1987) Chancroid. In: Osaba AO (ed) Clinical tropical medicine and communicable diseases. International practice and research, Vol 2/1. Bailliere, London, Philadelphia, p 153

[23] Nsanze H et al (1983) Proceedings of the 3th Regional African Conference on sexually transmitted diseases. Nairobi, African Union against Venereal Diseases and Treponematoses, p 1

[24] Nsanze H et al (1984) Comparison of media for the primary isolation of Haemophilus ducreyi. Sex Transm Dis 11: 6

[25] Plummer FA (1983) Epidemiology of chancroid and Haemophilus ducreyi in Nairobi, Kenia. Lancet ii: 1293

[26] Plummer FA et al (1983) Antimicrobial therapy of chancroid: Effectiveness of erythromycin. J Infect Dis 148: 726

[27] Schalla WO et al (1986) Use of DOT-immuno-binding and immunofluorescence assays to investigate clinically suspected cases of chancroid. J Infect Dis 153: 879

[28] Stüttgen G (1981) Ulcus molle — chancroid. Grosse, Berlin, p 8

[29] Sturm AW (1987) Comparison of antimicrobial susceptibillity patterns of fifty-seven strains of Haemophilus ducreyi isolated in Amsterdam from 1978 to 1985. J Antimicrob Chemother 19: 187

[30] Taylor DN et al (1985) Antimicrobial susceptibility and characterization of outer membrane proteins of Haemophilus ducreyi isolated in Thailand. J Clin Microbiol 21: 442

[31] Taylor DN et al (1985) Comparative study of ceftriaxone and trimethoprim-sulfamethoxazole for the treatment of chancroid in Thailand. J Infect Dis 152: 1002

3.4 Lymphogranuloma inguinale

Das Lymphogranuloma inguinale — häufig auch als Lymphogranuloma venereum oder als Lymphopathia venereum bezeichnet — stellt eine der vier klassischen sexuell übertragbaren Erkrankungen, nämlich die sogenannte vierte Geschlechtskrankheit dar. Bereits in der zweiten Hälfte des 19. Jahrhunderts wurde dieses Krankheitsbild unter Bezeichnungen wie strumöser Bubo, bubon d'emblee oder klimatischer Bubo diskutiert. Die letztere Bezeichnung spiegelt Spekulationen zur Genese wieder, die sich auf die Beobachtung des vergleichsweise häufigen Auftretens in Réunion und Mauritius im Indischen Ozean stützten [16]. Die heute als Erstbeschreibung aufgefaßte Publikation datiert aber anders als bei den anderen Geschlechtskrankheiten sensu strictiori nicht aus dem 19., sondern aus dem beginnenden 20. Jahrhundert: 1913 beschrieben Durand, Nicolas und Favre eine „Lymphogranulomatose inguinale subaigue", die sie auch bereits als möglicherweise venerisch bedingt ansprachen. Das wesentliche klinische Substrat sahen sie in einer an Ausprägung immer mehr zunehmenden entzündlichen Lymphknotenerkrankung in der Leiste, die unter Umständen gemeinsam mit bzw. nach einer unscheinbaren Genitalulceration auftritt [7]. Einen weiteren wesentlichen Beitrag zur Charakterisierung des Lymphogranuloma inguinale als eigenständiger Erkrankung leistete die Einführung eines auf intracutane Injektion von erhitztem Material aus einem infizierten Lymphknoten gegründeten Hauttests durch Frei im Jahre 1925 [11]. 1929 gelang es dann Hellerström und Wassen [15] mittels infektiösen Materials aus dem Lymphknoten eines Erkrankten durch intracerebrale Verimpfung an (Rhesus-)Affen eine manifeste Meningoencephalitis hervorzurufen; darüberhinaus ließ sich bei zwei Rhesus-Affen durch Inokulation des Präputiums in zwei Wochen eine diskrete regionale Lymphadenitis induzieren. Im Jahre 1931 schließlich lösten Levaditi et al. [17] mit Hilfe von auf Rhesus-Affenhirnen passagiertem, infektiösem Material durch Inokulation des Präputiums eines Gelähmten eine progrediente Erkrankung aus, die der Beschreibung von Durand et al. [7] entsprach. Eine erste richtungweisende Charakterisierung des Erregers erfolgte 1933 durch

Findlay [10], der Ähnlichkeiten zwischen dem Lebenszyklus des Erregers des Lymphogranuloma inguinale und der Psittakose feststellte.

Auch heute noch kommt das Lymphogranuloma inguinale vorwiegend in tropischen Regionen vor. Die Häufigkeit des Lymphogranuloma inguinale bei Patienten von STD-Kliniken in Afrika respektive Indien wird mit einigen Prozent angegeben, wobei diese Zahlen freilich mit Zurückhaltung interpretiert werden müssen, da bis vor kurzem eine definitive diagnostische Sicherung in praxi weithin kaum möglich war. Immerhin fand sich in einer neueren Untersuchung von Patienten mit Genitalulcus-Syndrom in Swaziland Lymphogranuloma inguinale in 13% der Patienten [18]. Das bei sexuell übertragenen Erkrankungen generell feststellbare Problem der hohen Dunkelziffern scheint bei Lymphogranuloma inguinale in besonderer Weise zu bestehen. So wurde in den USA in den sechziger Jahren etwa die Hälfte der Fälle von Lymphogranuloma inguinale aus dem so kleinen Bereich von Washington, D. C., gemeldet [26]. Besonders gefährdet durch die ohnehin ganz überwiegend bei Männern beobachtete Erkrankung erscheinen Soldaten; während des Vietnam-Krieges ging man in der Armee der Vereinigten Staaten von 14 Neuerkrankten je 1000 Soldaten und Jahr aus [26].

Erreger

Den Erreger des Lymphogranuloma inguinale stellen nach heutiger Auffassung mehrere Serovare der Spezies *Chlamydia trachomatis* dar. Dabei handelt es sich um Mikroorganismen mit in ungewöhnlicher Weise kombinierten Eigenschaften. Wegen obligat intrazellulären Wachstums und der Empfindlichkeit gegenüber physikalischen Einflüssen glaubte man, die Erreger lange den Viren zurechnen zu sollen; ihre an Bakterien erinnernde Zellwand, die Vermehrung durch hälftengleiche Teilung, die gleichzeitige Anwesenheit von DNA und RNA sowie die Empfindlichkeit gegenüber unterschiedlichen Chemotherapeutika – in Sonderheit auch Antibiotika – läßt Chlamydia trachomatis heute aber eindeutig als Bakterium erscheinen

[20]. Von dem nahe verwandten Chlamydia psittaci unterscheidet sich Chlamydia trachomatis durch die Bildung kompakter Glycogen-haltiger Wandeinschlüsse, die eine Färbung mit Jod erlauben [12]. Die Abgrenzung derjenigen Chlamydien, welche das Lymphogranuloma inguinale hervorrufen, und derjenigen, welche für andere sexuell übertragene Erkrankungen wie etwa die nichtgonorrhoische Urethritis verantwortlich sind, und schließlich derjenigen, welche das Trachom hervorrufen – deshalb die Bezeichnung Chlamydia trachomatis – gründet sich auf unterschiedliche serlogische Eigenschaften, wie sie erstmals von Wang und Grayston 1970 [29] aufgezeigt werden konnten.

Mit Hilfe des Mikroimmunfluoreszenztests lassen sich 15 sogenannte Immuntypen unterscheiden, nämlich: A, B, Ba, C, D, E, F, G, H, I, J, K, L_1, L_2, L_3, wobei die letzteren drei *Serovare* – wie man heute sagt – dem Lymphogranuloma inguinale zuzuordnen sind. Zwischen den einzelnen Serovaren bestehen in unterschiedlichem Ausmaß Wechselbeziehungen im Sinne von Kreuzreaktionen. Die größte herauszustellende Untergruppe, der sogenannte B-Komplex, umfaßt neben B, Ba, D und E auch L_1 und L_2. Endgültige Aussagen zur Frage der Verbreitung der verschiedenen L-Serovare und zu ihrer Assoziation zu unterschiedlichen Ausprägungsformen der Erkrankung Lymphogranuloma inguinale lassen sich heute angesichts der geringen Zahl analysierter Stämme noch nicht treffen. Zumindest in den USA scheint aber L_2 etwas häufiger als L_1 und L_3 vorzukommen, L_2 ist darüberhinaus möglicherweise auch in besonderer Weise mit latenten Erkrankungen – der Zervix – assoziiert [13]. Wesentliche biologische Unterschiede zwischen Chlamydien, die Lymphogranuloma inguinale hervorrufen, und sonstigen Chlamydien scheinen in der Befähigung zum Wachstum in der Zellkultur ohne vorausgehende Zentrifugation und in der Pathogenität für das Mäusegehirn zu bestehen [13].

Das Genus Chlamydia verfügt über ein dem Lipopolysaccharid gramnegativer Bakterien vergleichbares Genus-spezifisches Antigen, das sich aus Fettsäuren, Phospholipiden und 3-Desoxy-D-Mannooctuloson-Säure zusammensetzt. Unter den Erregern des Lymphogranuloma inguinale wurde dies bislang anhand eines Stammes vom Serovar L_2 gezeigt [22].

Chlamydia trachomatis weist ein Spezies-spezifisches Wandprotein auf, das etwa 60% seiner Außenmembran ausmacht und damit als Hauptaußenmembranprotein (Major Outer Membrane Protein) bezeichnet werden kann [5]. Aus einem Chlamydienstamm des Serovars L_2 konnte dieses Protein mit Hilfe von n-Lauroylsarcosin gewonnen werden. Das Molekulargewicht liegt — mit nur geringen Schwankungen bei den verschiedenen Serovaren — bei etwa 40.000. Eine Eigentümlichkeit der mit dem Lymphogranuloma inguinale assoziierten Serovare von Chlamydia trachomatis scheint in einem Wandpolypeptid von 118.000 Dalton zu bestehen [25], was zukünftig vielleicht auch diagnostische Bedeutung erlangen könnte.

Zur Empfindlichkeit von Lymphogranuloma inguinale-assoziierten Chlamydia trachomatis-Stämmen kann bislang nur sehr begrenzt Stellung genommen werden. Gehen einschlägige Aussagen doch auf die Untersuchung eines einzigen Laborstammes vom Serovar L_2 zurück (Stamm SA2f) [21, 24]. In einer Serie von 22 Chemotherapeutika wurde Rifampicin als am wirksamsten erkannt [24], daneben ist aber auch von einer Empfindlichkeit speziell gegenüber Sulfonamiden und Tetracyclinen auszugehen. Neueste Untersuchungen mittels der Schachbrett-Titration zeigen eine synergistische Wirkung bei Sulfamethoxazol und Trimethoprim sowie Sulfadoxin und Pyrimethamin [1].

Klinik (Abb. 23, 24)

Das Lymphogranuloma inguinale läßt sich wie auch die Syphilis in drei Stadien einteilen:
— Primärstadium mit schlecht definierten Frühveränderungen;
— Sekundärstadium mit Befall der regionalen Lymphknoten;
— Tertiärstadium mit Spätfolgen.

Die Inkubationszeit scheint erheblichen Schwankungen unterworfen zu sein, üblicherweise geht man von drei bis 30 Tagen aus [1]. Bei Männern findet sich die Primärläsion gewöhnlich am Penis, speziell an der Glans, bei Frauen an der Wand der Scheide, an den Labien oder auch gelegentlich an der Cervix. Da die Primärläsion schmerzlos und flüchtig ist, wird sie oft nicht wahrgenommen. Das klinische Spektrum reicht von

— einer Papel über

— eine Erosion bzw. flache Ulceration zu

— einer herpetiformen Bildung und

— einer nicht gonorrhoischen Urethritis

als äußerlichem Ausdruck einer intraurethralen Primärveränderung. Prinzipiell können die Primärveränderungen auch extragenital sich lokalisieren, etwa am Finger oder an der Zunge. Bis heute kann aber nicht endgültig als geklärt gelten, inwieweit es überhaupt eine mit Chlamydia trachomatis Serovar L_1 bis L_3 assoziierte Primärläsion gibt. In vielen Fällen dürfte der Erreger durch vorbestehende Läsionen in den Wirt eindringen, ohne an der Eintrittspforte charakteristische Veränderungen hervorzurufen. Auch das feingewebliche Bild gilt als völlig unspezifisch. Von Patienten mit dem Sekundärstadium des Lymphogranuloma inguinale werden nur etwa 20 bis 40% Veränderungen angegeben, im Rahmen der ärztlichen Erstuntersuchung sind sie bei diesen Patienten nur in etwa 5% zu erkennen [1].

Anders als in bezug auf das Primärstadium kann es aber keine Zweifel an dem typischen klinischen Bild des Sekundärstadiums des Lymphogranuloma inguinale geben: der prototypische männliche Patient weist eine bis einige Wochen nach Ansteckung einseitig in der Leiste vergrößerte *Lymphknoten* auf, wobei die inguinalen von den femoralen Lymphknoten durch das Leistenband (Poupartsches Band) getrennt werden, was sich an einer Einsenkung zu erkennen gibt (sogenanntes groove sign). Das „groove sign" ist freilich nur bei höchstens jedem fünften Patienten zu erkennen.

Wesentlich schlechter läßt sich die Erkrankung im zweiten Stadium bei extragenitaler Lokalisation erkennen; bei der Frau fällt sogar bei genitaler Infektion die klinische Erkennung schwer, manifestiert sich die Erkrankung doch häufig in retroperitoneal gelegenen Lymphknoten. Histologisch sind die betroffenen Lymphknoten durch Proliferation von Epitheloid- aber auch Endothelzellen, Haufen mononukleärer Zellen und durch kleine Abszesse gekennzeichnet [28]. Die Abszeßbildung kann soweit fortschreiten, daß sich schließlich nach außen Eiter entleert, woraus eine Fistelbildung resultieren kann. Eine Spontanheilung ohne Ruptur ist aber ebenfalls möglich; desgleichen — bei einem Bruchteil der Patienten — ein chronischer Verlauf der Lymphknotenerkrankung. Nach fünf bis zehn Jahren kann sich an das Sekundärstadium ein Tertiärstadium anschließen. Die akute entzündliche Vergrößerung der inguinalen Lymphknoten — man spricht auch von Bubonen — kann mit Allgemeinerscheinungen einhergehen:

— Fieber,

— Kopfschmerzen,

— Myalgien.

Eine spezielle Form der lokalisierten Infektion durch die Serovare L_1 bis L_3 von Chlamydia trachomatis stellt die sogenannte Lymphogranuloma inguinale-Proctitis dar. Betroffen sind homosexuelle Männer, bei denen sich im Enddarmbereich entweder nekrotisierend-ulceröse Veränderungen oder eine hypertrophisch-granuläre Schleimhaut zeigen [28]. Von der durch andere Stämme von Chlamydia trachomatis bedingten Proktitis unterscheidet sich das hier in Rede stehende Krankheitsbild durch seine Schwere, nicht selten kommt es zu Fieber, Schüttelfrost, Verstopfung und stärkerem Gewichtsverlust.

Das Tertiärstadium des Lymphogranuloma inguinale ist gekennzeichnet durch eine ganze Bandbreite unterschiedlicher Veränderungen, die entweder mehr hypertrophisch oder mehr nekrotisch geprägt sind. Bei Mann wie Frau kann es zu Rektalstrikturen kommen, was sich für den Patienten durch dünne Stühle und Blutauflagerungen auf dem Stuhl zu erkennen geben kann. Einen weiteren Ausdruck des dritten Stadiums stellen Fisteln im Genitoanalbereich dar. Nicht selten kommt es zu massiven Schwellungen, die Elephantiasis-artig imponieren können. Speziell bei der Frau spricht man dann von esthiomène [2], was auf französisch so viel wie „Auffressen" bedeutet.

Gelegentlich kommt es bereits bei Patienten im Stadium II der Erkrankung mit typischem Lymphknotenbefall zu einer Mitbeteiligung entfernter Organe wie etwa der Leber [3].

Diagnostik

Die Einordnung eines Lymphogranuloma inguinale muß sich
auch heute noch — anders als bei anderen sexuell übertragenen
Erkrankungen — zum guten Teil auf das klinische Bild gründen. Die Anzüchtung von Chlamydia trachomatis sollte heute
aber in allen Fällen wenigstens angestrebt werden. Dies gilt
auch dann, wenn selbst im Rahmen von Studien nur in einem
kleineren Teil der vermuteten Fälle von Lymphogranuloma inguinale der *kulturelle Erregernachweis* geführt werden kann: In
der Untersuchung von Meheus et al. [18] ließ sich in Swaziland
Chlamydia trachomatis in acht von 19 Fällen mit als Lymphogranuloma inguinale eingestuftem Genitalulcus-Syndrom der
kulturelle Erregernachweis führen.

In einer früheren Untersuchung wurde die Anzüchtung aus
Bubonen-Inhalt bzw. einem perirektalen Abszeß angestrebt,
wobei einerseits auf die Zellkultur, andererseits auf die Beimpfung des Dottersacks des embryonierten Hühnereis zurückgegriffen wurde. Bei insgesamt acht untersuchten Patienten mit
typischem Lymphogranuloma inguinale ließ sich zweimal mit
beiden Verfahren Chlamydia nachweisen, einmal nur mit der
Zellkultur [23]. Heute steht die Zellkulturtechnik in der kulturellen Diagnostik ganz im Vordergrund, wobei wie bei der sonstigen Chlamydien-Diagnostik (vergleiche Kapitel 4.6) auf
Cycloheximid-behandelte McCoy-Zellen zurückgegriffen wird
[18]. Nach Schachter und Osoba [26] kann man sich an dem von
Evans und Woodland [8] beschriebenen Verfahren orientieren,
wobei es freilich folgendes zu berücksichtigen gilt:
— den viel kürzeren Lebenszyklus der L_1, L_2, L_3-Serovare,
— den toxischen Effekt von Eiter bzw. Biopsiematerial (entsprechende Verdünnung erforderlich).
Ein aufwendiges, aber praktikables Verfahren zur Typisierung von Chlamydia trachomatis wurde 1973 von Wang und Mitarbeitern angegeben [31]. Zugrunde liegt die Gewinnung von
Antiserum gegenüber dem zu typisierenden Stamm in Mäusen
und die anschließende Testung des gewonnenen Serums
gegenüber einem Set bereits bekannter Chlamydia trachomatis-
Isolate unter Einschluß der L-Serovare. Probleme mit Kreuzreaktionen ergeben sich bei den Lymphogranuloma inguinale-
assoziierten Stämmen in Sonderheit zwischen L_3 und K [30].

Außer durch die Kultur läßt sich Chlamydia trachomatis in Bubonen-Material auch durch die elektronenmikroskopische Negativkontrastierungstechnik nachweisen [9].

Lange Zeit bestand das diagnostische Standardverfahren bei Verdacht auf Lymphogranuloma inguinale in dem von Frei [11] angegebenen Hauttest auf Hypersensitivität gegenüber Erregermaterial. Lag dem Test in seiner ursprünglichen Form die Injektion von erhitztem Buboneneiter zugrunde, so wurde später Antigenmaterial eingesetzt, das durch die Züchtung des Erregers in Mäusehirn oder Dottersack gewonnen wurde. Bei der zuletzt üblichen Form des Frei-Tests wurde eine kommerzielle Präparation eingesetzt: Lygranum® der Firma Squibb, Piscataway, NJ. [27]. Als positiv wurde der Test angesehen, wenn 48 Stunden nach intradermaler Injektion des Präparates eine Papel zu beobachten war, die einen wenigstens 6 mm größeren Durchmesser aufwies als eine gegebenenfalls ohne Verum hervorgerufene Kontroll-Läsion [27].

Eine weitere Möglichkeit der Diagnostik besteht in dem Nachweis von Chlamydien-Antikörpern im Serum des Erkrankten mittels der Komplementbindungsreaktion. Bei dem verbreiteten Vorgehen nach Meyer und Eddie [19] arbeitet der Test mit einem gekochten phenolisierten Gruppen-Antigen von einem Chlamydia psittaci-Isolat (6BC). Als positiv gelten Titer von wenigstens 1:16, sie werden in der Normalbevölkerung in weniger als 3% gefunden [27]. Im Rahmen einer schon etwas zurückliegenden, relativ kleinen vergleichenden Untersuchung fand sich mit Hilfe der Komplementbindungsreaktion ein positiver Befund in 83%, mit Hilfe der Kultur (im Dottersack des embryonierten Hühnereis) in 55%, der Frei-Test erwies sich demgegenüber nur in 36% als positiv [27]. Angesichts seiner geringen Sensitivität und Spezifität gilt der Frei-Test heute nur noch dann als gerechtfertigt, wenn andere diagnostische Verfahren nicht zur Verfügung stehen [10]. Erhöhte Titer finden sich bei der Komplementbindungsreaktion auch bei Personen mit anderen Chlamydien-bedingten Genitalinfektionen als Lymphogranuloma inguinale, immerhin finden sich dort aber nur selten Titer von 1:256 oder darüber, wie sie beim Lymphogranuloma inguinale häufig angetroffen werden.

Ein serologisches Untersuchungsverfahren, das die Unterschiede zwischen den verschiedenen Serovaren von Chlamydia trachomatis berücksichtigt, stellt der Mikro-Immunofluoreszenz-Antikörpertest dar [30]. Dabei handelt es sich um ein Objektträgerverfahren: Antigen der verschiedenen bekannten Serovare von Chlamydia trachomatis wird zunächst in ausreichender Menge aus infizierten Dottersäcken gewonnen. Dieses Antigen wird zunächst auf dem Objektträger fixiert und dann das zu untersuchende Serum in gestuften Verdünnungen aufgebracht. Der Nachweis von spezifischem IgG bzw. IgM erfolgt mittels Fluorescein-Isothiocyanat-markierter tierischer Antikörper, wobei ein Titer $< 1:8$ als negativ gilt [30]. Während Untersuchungsproben von Patienten mit manchen Chlamydia trachomatis-Serovaren spezifische Antikörper aufweisen, ist dies bei Patienten mit L_1, L_2, L_3-Serovar-Infektionen nicht in dieser Form der Fall. In gewissem Umfang kann man sagen, daß in hohen Titern breit reagierende Seren an eine chronische Infektion im Sinne eines Lymphogranuloma inguinale denken lassen müssen, bei multiplen Infektionen mit Chlamydien bestimmter anderer Serovare kann sich aber ein entsprechendes Bild ergeben [30].

Untersuchungen zur In vitro-Aktivität unterschiedlicher Chemotherapeutika gegenüber Wildstämmen der Chlamydia trachomatis-Serovare L_1–L_3 liegen bislang nicht vor. Einschlägige Untersuchungen erscheinen aber prinzipiell durchführbar, wobei auf die Beeinflußbarkeit der Vermehrung von Chlamydien in Zellkultur-Zellinien zurückgegriffen werden kann [24].

Therapie

Zur Behandlung des Lymphogranuloma inguinale wird in Sonderheit Tetracyclin · HCl empfohlen, und zwar 4 x 500 mg peroral über wenigstens zwei Wochen. Alternativen werden gesehen in
— 2 x 100 mg Doxycyclin peroral über wenigstens zwei Wochen,
— 4 x 500 mg Erythromycin über wenigstens zwei Wochen,

— Sulfamethoxazol 2 x 1,0 g über wenigstens zwei Wochen (oder andere Sulfonamide in entsprechender Dosierung) [6].

Bei Fluktuation von Lymphknoten im Leistenbereich gilt es gegebenenfalls zu punktieren, um einer spontanen Perforation vorzubeugen; dabei sollte der Zugang zum Lymphknoten von der Seite her durch unveränderte Haut gewählt werden. Inzision, Drainage oder Lymphknoten-Exstirpation werden heute als nachteilig aufgefaßt. Bei Erscheinungsformen des dritten Stadiums wie Strikturen bzw. Fisteln können operative Maßnahmen erforderlich werden.

Alle bisher diskutierten Therapieprotokolle für das Lymphogranuloma inguinale müssen als vergleichsweise unzulänglich etabliert angesehen werden, kann doch überhaupt erst seit jüngster Zeit Studien eine klar definierte Gruppe von Patienten zugeordnet werden. Insbesondere erscheinen für die Zukunft Vergleichsuntersuchungen dringend notwendig. Bislang liegt eine einzige — ältere — derartige Studie vor: Greaves et al. sahen gewisse Vorteile von Sulphadiazin und Oxytetrazyklin gegenüber Chloramphenicol, Tetracyclin bzw. rein symptomatischer Behandlung [14].

Literatur

[1] Abrams AJ (1968) J Amer Med Ass 205: 199; zit nach: Schachter J, 39 Osoba AO (1983) Lymphogranuloma venereum. Brit Med Bull 39: 151

[2] Becker LE (1976) Lymphogranuloma venereum. Int J Dermatol 15: 26

[3] Bjerke JR, Hövding Jr G (1977) Lymphogranuloma venereum with hepatic involvement. Acta Dermatovener 57: 90

[4] Bolan RK et al (1982) Amer J Med 72: 703; zit nach: Schachter J, Osoba AO (1983) Lymphogranuloma venereum. Brit Med Bull 39: 151 ([8])

[5] Caldwell HG et al (1981) Purification and partial characterization of the major outer membrane protein of Chlamydia trachomatis. Infect Immun 31: 1161

[6] Centers for disease control (1986) 1985 STD-treatment guidelines. J Amer Acad Dermatol 14: 707

[7] Durand M et al (1913) Lymphogranulomatose inguinale subaigue d'origine genitale probable, peutêtre vénérienne. Bull Soc Med Hop Paris 35: 274

[8] Evans RE, Woodland RM (1983) Brit Med Bull 39: 181; zit nach: Schachter J, Osoba AO (1983) Lymphogranuloma venereum. Brit Med Bull 39: 151 ([8])

[9] Filipp N, Metz J (1975) Erregernachweis bei Lymphogranulomatosis inguinalis. Eine elektronenmikroskopische Untersuchung. Hautarzt 26: 411

[10] Findlay GM (1983) Trans R Soc Trop Med Hyg 27: 35; zit nach: Schachter J, Osoba AO (1983) Lymphogranuloma venerum. Brit Med Bull 39: 151 ([26])

[11] Frei W (1925) Eine neue Hautreaktion bei „Lymphogranuloma inguinale". Klin Wochenschr 4: 2148

[12] Gordon FB, Quan AL (1965) Occurence of Glycogen in inclusions of psittacosis-lymphogranuloma venereum-trachoma agents. J Infect Dis 115: 186

[13] Grayston JT, Wang S (1975) New knowledge of Chlamydiae and the diseases they cause. J Infect Dis 132: 87

[14] Greaves AB et al (1987) Bull Wld Hlth Org 16: 277; zit nach: Schachter J, Osoba AO (1983) Lymphogranuloma venereum. Brit Med Bull 39: 151 ([26])

[15] Hellerström S, Wassen E (1930) Meningo-encephalitische Veränderungen bei Affen nach intracerebraler Impfung mit Lymphogranuloma inguinale. Zbl Hautkr Geschlkr 37: 732

[16] Kampmeier RH (1982) The establishment of lymphogranuloma inguinale (lymphopathia venereum) as a sexually transmitted disease. Sex Transm Dis 9: 146

[17] Levaditi C et al (1931) Conservation de la virulence du virus lymphogranulomatique. Compt Rend Soc Biol (Paris) 107: 1496

[18] Meheus A et al (1983) Etiology of genital ulcerations in Swaziland. Sex Transm Dis 10: 33

[19] Meyer KF, Eddie B (1964) Psittacosis – lymphogranuloma venereum group (Bedsonia infections). In: Lennette E, Schmidt N (ed) Diagnostic procedures for viral and rickettsial diseases, 3rd edn, American Public Health Association, New York, p 603

[20] Moulder JW (1966) The relation of psittacosis group (chlamydiae) to bacteria and viruses. Ann Rev Microbiol 20: 107

[21] Mumtaz G et al (1988) In vitro activity of Sulphamethoxazole/ Trimethoprim and Sulfadoxine/Pyrimethamine against Chlamydia trachomatis SA 2 F in McCoy cell culture. Eur J Clin Microbiol Infect Dis 7: 415

[22] Nurminen M et al (1984) Immunologically related Keto-D-oxyoctonate-containing structures in Chlamydia trachomatis, R mutants of Salmonella species, and Acinetobacter calcoaceticus var. anitratus. Infect Immun 44: 609

[23] Philip RN et al (1971) Study of Chlamydiae in patients with lymphogranuloma venereum and urethritis attending a venereal diseases clinic. Brit J Vener Dis 47: 114

[24] Ridgway, GL et al (1978) The antimicrobial susceptibility of Chlamydia trachomatis in cell culture. Brit J Vener Dis 54: 103

[25] Salari SH, Word ME (1981) Polypeptide composition of Chlamydia trachomatis. J Gen Microbiol 123: 197

[26] Schachter J, Osoba AO (1983) Lymphogranuloma venereum. Brit Med Bull 39: 151 ([26])

[27] Schachter J et al (1969) Lymphogranuloma venereum. I. Comparison of the Frei test, complement fixation test, and isolation of the agent. J Infect Dis 120: 372

[28] Sheldon, WH, Heyman, A (1947) Amer J Pathol 23: 1953; zit nach: Schachter J, Osoba AO (1983) Lymphogranuloma venereum. Brit Med Bull 39: 151 ([26])

[29] Wang SP, Grayston JT (1970) Immunologic relationship between genital TRIC, lymphogranuloma venereum, and related organisms in a new microtiter indirect immunofluorescence test. Amer J Ophthalmol 70: 367

[30] Wang S, Grayston JT (1974) Human serology in Chlamydia trachomatis infection with microimmunofluorescence. J Infect Dis 130: 388

[31] Wang SP et al (1973) A simplified method to immunological typing of trachoma-inclusion conjunctivitis-lymphogranuloma venereum organisms. Infect Immun 7: 356

3.5 Granuloma venereum

Einleitung

Das Granuloma venereum stellt eine Infektionskrankheit speziell tropischer Räume dar. Erstmals beschrieben wurde es 1882
von McLeod als „serpiginöses Ulcus". Bis heute könnte im
Weltmaßstab keine Einigkeit über die geeignete Krankheitsbe-
zeichnung erzielt werden: In der internationalen Klassifikation
der Krankheiten der Weltgesundheitsorganisation aus dem
Jahre 1967 finden sich neben dem Terminus Granuloma venereum Granuloma inguinale, Donovanosis, Granuloma puden-
di. Die Bezeichnung Donovanosis hebt ab auf Donovan als Be-
schreiber der gleichnamigen Körperchen, die bis heute als wesentlicher diagnostischer Marker dienen. Ihre bakterielle Natur
wurde 1943 aufgedeckt.

Erreger

Der Erreger des Granuloma venereum ist in einem nicht
sporenbildenden, bekapselten Stäbchenbakterium (Bacillus)
zu erblicken, das ursprünglich als Donovania granulomatis
bezeichnet wurde und heute meist als *Kalymmatobacterium
granulomatis* bezeichnet wird. Insbesondere vor dem Hintergrund der Kapsel wird eine Verwandtschaft mit Klebsiella diskutiert, einem Genus aus der Familie der Enterobacteriaceae.
Anders als bei anderen Erregern sexuell übertragener Erkrankungen ist das Bakterium bis heute so unzulänglich charakterisiert, daß noch nicht einmal die Verwandtschaftsbeziehungen
zu anderen Bakterien hinreichend geklärt erscheinen. In der
Gram-Färbung stellt sich der Erreger als negativ dar, seine
Größe liegt bei etwa einem Mikrometer. Die Kultur auf dem
embryonierten Hühnerei soll möglich sein [1].

Klinik

Der typische Fall eines Granuloma venereum ist gekennzeichnet durch ein in Ein- oder auch Mehrzahl auftretendes

schmerzloses rötlich-fleischfarbenes Ulcus, das nicht mit einer Veränderung regionaler Lymphknoten einhergeht. Einer neueren klinischen Studie zufolge [7] finden sich häufiger multiple als singuläre *Ulcerationen:* Bei Männern in 68%, bei Frauen in 67%. Eine Lymphknotenbeteiligung (sog. Pseudo-Bubonen) läßt sich in 24 bzw. 17% beobachten. Die Prädilektionsstelle beim Manne stellt der Penisschaft dar (60%), seltener werden (in dieser Reihenfolge) Inguinalregion, Glans, Präputium und Gesäßregion betroffen. Bei 75% der Patientinnen finden sich Veränderungen an den Labia maiora, daneben können die Perianalregion, die Inguinalregion sowie die Vagina betroffen sein. In der Schwangerschaft scheinen sich in der Scheide besonders große Veränderungen ausbilden zu können. Zum Zeitpunkt der Vorstellung bestehen die Veränderungen beim Mann etwa sechs Tage, bei der Frau neun Tage. Soweit sich die Inkubationszeit eruieren läßt, liegt sie beim Mann im Durchschnitt bei 13 Tagen, bei der Frau bei 11 Tagen. In einer früheren Studie [6] wurden zum Teil deutlich längere Inkubationszeiträume angegeben (zum Teil 60 und mehr Tage). Obwohl ernsthaft erwogen wird, daß es sich beim Granuloma venereum nicht in erster Linie um eine sexuell übertragene Erkrankung handeln könnte [4], ist dies doch heute die überwiegende Auffassung. Mit Lal und Nicholas [6] sind als wesentliche Erkenntnisse für diese Hypothese anzusehen:

1. Häufige Angaben über Sexualkontakte im zeitlichen Zusammenhang mit der Erkrankung.

2. Das Alter der Mehrzahl der Patienten fällt mit dem Lebensalter der stärksten sexuellen Aktivität zusammen.

3. Die Häufigkeitsverteilung zeigt wie für sexuell übertragene Erkrankungen typisch ein Überwiegen von Männern (2,3 : 1).

4. Bevorzugung der Genitalien (in der Mehrzahl der Fälle einzige Lokalisation).

5. Häufige Assoziation mit anderen sexuell übertragenen Erkrankungen, in Sonderheit Syphilis.

6. Häufung von Erkrankungsfällen bei Eheleuten (in 52%).

Diagnostik

Vor dem Hintergrund der für die meisten sexuell übertragenen Erkrankungen heute etablierten diagnostischen Standards muß die Möglichkeit, die Diagnose eines Granuloma venereum zu sichern, als noch immer unbefriedigend erscheinen. Die Diagnose darf im engeren Sinne als etabliert gelten, wenn ein Ulcus weder einer Treponema pallidum-Infektion (negatives Dunkelfeld; nicht reaktive Syphilis-Serologie vier Wochen danach) noch einer Haemophilus ducreyi-Infektion (negative gezielte Kultur) zugerechnet werden kann, dafür aber *Donovan-Körperchen* aufweist. Hierbei handelt es sich um – zu Haufen aggregierte – Mikroorganismen von Sicherheitsnadelform, welche sich am besten im Quetschpräparat mit Granulationsgewebe bei Giemsa-Färbung in Makrophagen nachweisen lassen. In histologischen Schnitten lassen sich Donovan-Körperchen insbesondere nach Glutaraldehyd-Fixierung und Plastik-Einbettung licht- bzw. elektronenoptisch nachweisen [2].

Therapie

Neuere Therapiestudien liegen insbesondere für Cotrimoxazol vor [3, 5, 7]. Bei zweimaliger Gabe von 2 Tabletten mit jeweils 80 mg Trimethoprim und 400 mg Sulfamethoxazol über 10 bis 15 Tage läßt sich in der ganz überwiegenden Mehrzahl der Fälle eine Heilung erzielen. Die Dauer der Medikamentengabe kann sich am klinischen Erfolg sowie dem Verschwinden von Donovan-Körperchen in mikroskopischen Präparaten orientieren; dehnt man die Behandlung in den wenigen auch nach 15 Tagen nicht geheilten Fällen noch weiter aus, so ist letztlich eine Heilungsrate von über 98% zu erzielen [5]. Zumindest in Zimbabwe ebenfalls wirksam ist eine Kombinationsbehandlung mit Streptomycin (1 g täglich intramuskulär) und Tetrazyklin (4 x 500 mg per os) über eine entsprechende Zeitdauer, diese Behandlung sollte heute aber wohl nur noch Ausnahmefällen vorbehalten bleiben.

Literatur

[1] Anderson K et al (1945) Etiologic agents of Donovania granulomatis cultured in 3 cases in embryonic yolks. J Exper Med 8: 451
[2] Dodson RF et al (1974) Donovanosis: A morphologic study. J Invest Dermatol 62: 611
[3] Garg BR, Lal S, Sivamini S (1978) Efficacy of co-trimoxazole in Donovanosis. A preliminary report. Brit J Vener Dis 54: 348
[4] Goldberg J (1964) Studies on granuloma inguinale. VII. Some epidemiological considerations of the disease. Brit J Vener Dis 40: 140
[5] Lal S, Garg BR (1980) Further evidence of the efficacy of co-trimoxazole in granuloma venereum. Brit J Vener Dis 56: 412
[6] Lal S, Nicholas C (1970) Epidemiological and clinical features in 165 cases of granuloma inguinale. Brit J Vener Dis 46: 461
[7] Latif AS et al (1988) The treatment of Donovanosis (Granuloma inguinale). Sex Transm Dis 15: 27

3.6 Chlamydien-Infektionen (außer Lymphogranuloma inguinale)

Chlamydien rufen eine Reihe voneinander völlig verschiedener Krankheitsbilder hervor (siehe Tabelle 1): mehrere hundert Millionen Menschen leiden an Trachom, einer durch Chlamydia (C.) trachomatis Typ A, B, Ba und C hervorgerufenen Augenerkrankung, die in einem hohen Prozentsatz zur Erblindung führt. C. trachomatis L_1, L_2 und L_3 ist der Erreger des Lymphogranuloma inguinale, das schon frühzeitig als sexuell übertragbare Erkrankung erkannt wurde und auch heute noch zu den „klassischen" Geschlechtskrankheiten zählt (siehe Kapitel 3.4).

C. trachomatis Typ D-K ist der häufigste Erreger sexuell übertragbarer Erkrankungen [30, 38, 42, 40, 52]. Diese dürften so häufig sein wie der Diabetes mellitus – in den USA werden jährlich etwa 3 Millionen Fälle von Chlamydien-Infektionen entdeckt und über 20.000 Teenager dadurch unfruchtbar [22]. In den vergangenen Jahren ist es zu einem beträchtlichen Ansteigen der Zahl Chlamydien-induzierter Erkrankungen gekommen. Die Gründe hiefür liegen zum Teil in einer gesteigerten Promiskuität, vor allem aber in den oft relativ milden Symptomen, wodurch kontagiöse Infektionen oft übersehen

Tabelle 1. *Erkrankungen durch Chlamydien*

Species	Serotyp	Erkrankungen
C. psittaci	zahlreich, nicht näher bekannt	Psittakose
C. trachomatis	L_1–L_3	Lymphogranuloma inguinale
	A, B, Ba, C	Trachom
	D, E, F, G, H, I, J, K	Conjunctivitis, nicht- und postgonorrhoische Urethritis, Cervicitis, Salpingitis, Proctitis, Epididymitis, Neugeborenen-Pneumonie

werden, der bis vor kurzem schwierigen, teuren und nicht immer vorhandenen Labordiagnostik und nicht zuletzt in dem manchmal mangelhaften Wissen um Chlamydien-induzierte genitale Infektionen.

Die klinische Symptomatik, die Komplikationen und Spätfolgen sind jenen der Gonorrhoe außerordentlich ähnlich, Chlamydien-Infektionen sind allerdings unter Umständen weitaus gefährlicher, weil die Keimbesiedelung oft oligosymptomatisch bzw. asymptomatisch verläuft und dadurch klinisch nicht erkannt wird. Die pathologischen Prozesse allerdings schreiten unerkannt fort und führen häufig zu schweren irreversiblen Spätfolgen. Viele Patienten suchen wegen der meist nur gering ausgeprägten Symptomatik den Arzt nicht auf. Zur Vermeidung der bedrohlichen Komplikationen von Chlamydien-Infektionen sollten daher möglichst oft Laboratoriumsuntersuchungen zum Nachweis von Chlamydien durchgeführt und bei gewissen Bevölkerungsgruppen auch Screening-Programme entwickelt werden.

Erreger

Chlamydien wurden nach ihrer Entdeckung vorerst für Viren gehalten, da sie nur eine geringe Größe aufweisen und zum Wachstum in der Kultur lebende Zellen benötigen. Das Vorliegen einer Zellmembran, die Inhibition ihrer Vermehrung durch Antibiotika, ein ausgeprägter Kohlenhydratstoffwechsel und das gleichzeitige Vorkommen von DNA und RNA weisen sie aber eindeutig als Bakterien aus. Durch immunfluoreszenzoptische Methoden [17] lassen sich zahlreiche Typen von C. trachomatis aufgrund typenspezifischer Antigene unterscheiden (siehe Tabelle 1).

C. trachomatis vermehrt sich im Rahmen eines charakteristischen Lebenszyklus, wobei der Keim in 2 verschiedenen Formen — der *Elementarkörper* (EK) und der *Initialkörper* (IK)- vorliegt. Der EK ist ein 300 nm großer, runder, metabolisch inerter Kokkus, der die extrazelluläre, hoch infektiöse Form des Keimes repräsentiert. Der EK penetriert aktiv die Zellmembran der Wirtszelle und bleibt während des weiteren Lebenszyklus innerhalb eines Phagosoms, wo er sich in den metabolisch aktiven IK umformt. Der IK mißt 800–1200 nm im Durchmesser und stellt die intrazelluläre, zur Replikation befähigte Form dar. Nach einer Vermehrungsdauer von rund 2–3 Tagen platzt das Chlamydien enthaltende Phagosom, die Wirtszelle geht zugrunde, die Erreger werden frei und befallen benachbarte, noch gesunde Zellen.

Infektionen des weiblichen Genitaltraktes

Cervicitis

C. trachomatis ist einer der häufigsten pathogenen Erreger, der aus der Cervix uteri isoliert wird. Die Prävalenz innerhalb einer Gruppe unverheirateter, junger, sexuell aktiver Frauen aus sozial eher schlecht gestellten Schichten wird mit bis zu 15–20% angegeben. 4–21% Schwangerer beherbergen den Keim im Cervixkanal, wodurch eine Infektion des Neugeborenen während des Geburtsaktes erfolgen kann. Die Infektiosität einer Chlamydien-Infektion wird mit 45% etwas geringer angegeben als die der Gonorrhoe (64%).

Klinik

Durch C. trachomatis induzierte Cervicitis führt bei etwa 40% der Infizierten als erste klinische Manifestation einer Chlamydien-Infektion zu einem mucopurulenten Ausfluß [1, 36], der am einfachsten durch die Gelbverfärbung eines in den Cervixkanal eingeführten, rotierenden Stieltupfers nachgewiesen wird. An einen so erfolgten klinischen Nachweis einer mucopurulenten Entzündung muß sich jedoch eine geeignete bakteriologische Diagnostik anschließen, um die Chlamydien-Infektion von anderen Erkrankungen mit ähnlicher bis identischer Symptomatik (z. B. Gonorrhoe) abzugrenzen und eine spezifische Therapie anwenden zu können.
Bei Vorliegen einer *cervicalen Ektopie* (Zylinderepithel im Bereich der normalerweise Plattenepithel tragenden Cervix) soll besonders sorgfältig auf das Vorliegen von Chlamydien untersucht werden, weil die cervicale Ektopie einen idealen Nährboden für Chlamydien darstellt [32]. Bei Frauen, die orale

Kontrazeptiva benützen, wurden Chlamydien häufiger als in Kontrollpopulationen nachgewiesen, möglicherweise weil die Antibabypille zur Entwicklung cervicaler Dysplasie prädisponiert [6]. Die cervicale Dysplasie (als Vorstufe des Cervixcarcinoms) dürfte nicht auf eine chronische Besiedelung mit C. trachomatis zurückzuführen sein, obwohl bei Frauen mit cervicaler Dysplasie Anti-Chlamydien-Antikörper häufiger als bei Kontrollpersonen entdeckt werden [40, 44].

Bartholinitis

Purulente, schmerzhafte Entzündungen der Bartholin'schen Drüsen sind möglicherweise in 1/3 aller Fälle auf C. trachomatis zurückzuführen [7]. Klinisch äußert sich die Bartholinitis als schmerzhafte, meist einseitige, hoch entzündliche, etwa hühnereigroße Schwellung im Bereich der Labien. Doppelinfektionen mit N. gonorrhoeae sind nicht selten; daher sollte neben einem Nachweis für Gonokokken ein solcher auch für Chlamydien geführt werden.

Adnexitis („Pelvic inflammatory disease" – PID)

Etwa ein Drittel aller Fälle akuter Salpingitis dürfte durch C. trachomatis bedingt sein [30], und PID ist die wohl wichtigste und folgenschwerste Komplikation der Chlamydien-Infektion bei der Frau [60], weil als Spätfolge häufig Infertilität eintritt: eine große Zahl durch Tubenverschluß infertiler Frauen weist als Zeichen tiefgreifender Chlamydien-Infektionen hohe Antikörper-Titer gegen C. trachomatis auf [10, 12, 17, 27, 34].

Klinik

Meist bestehen lediglich milde chronische Reizzustände in der rechten und/oder linken Unterbauchregion, die manchmal aber keineswegs immer mit einem pathologischen, verstärkten mucopurulenten Ausfluß vergesellschaftet sind. Nicht immer führen die Beschwerden die Frau zum Arzt, und die C. trachomatis-induzierte Adnexitis wird daher nicht selten übersehen. Die Diagnose ist aber wegen des drohenden Tubenverschlusses und der damit verbundenen Infertilität von größter Bedeutung. Spezifische Laborparameter existieren nicht − lediglich die Blutsenkungsgeschwindigkeit ist meist mittelgradig erhöht.

Die exakte Diagnose der PID ist nur durch Bakterienkulturen aus dem befallenen Organ (z. B. Endometrium; Tuben) möglich; dafür sind geeignete gynäkologische Eingriffe (z. B. Laparaskopie und Aspiration von Tubenexsudat) erforderlich [24]. Ein hoher Anti-Chlamydien-Antikörpertiter im Serum stützt die Verdachtsdiagnose PID; negative Chlamydien-Nachweise aus der Cervix schließen die Chlamydien-induzierte Adnexitis keineswegs aus [8, 51, 53]. Eine „blinde" antibiotische Therapie der PID ohne genauen bakteriologischen und/oder serologischen Nachweis der Erreger ist nicht immer zielführend und durch Persistenz von Erregern gefährlich. Durch subcurative Antibiotika-Dosen kann es zwar zu einer klinisch merkbaren Besserung aber nicht zur Eliminierung der Erreger kommen, die in der Folge zu weiterer Zerstörung von Gewebe führen und letztlich schwerste Komplikationen wie Infertilität und Perihepatitis hervorrufen. Nur wenn keine Möglichkeiten für einen exakten Erregernachweis zur Verfügung stehen sollte, muß eine geeignete Antibiotika-Kombination in ausreichenden Dosen [41] angewendet werden, um mögliche Infektionen mit Chlamydien, Mykoplasmen, Gonokokken und anderen pathogenen aeroben und anaeroben Keimen abzudecken.

Urethritis

Isoliert auftretende C. trachomatis-induzierte Urethritis ist außerordentlich selten, wird aber im Zusammenhang mit Cervicitis relativ häufig beobachtet [31]. Jedenfalls sollte bei Frauen mit Pollakisurie und Dysurie stets auch ein Chlamydien-Nachweis geführt werden, besonders bei negativen Ergebnissen in bakteriologischen Routineverfahren [47].

Perihepatitis (Fitz-Hugh-Curtis-Syndrom)

Perihepatitis ist eine akute, lokalisierte Peritonitis im Bereich der Leber, charakterisiert durch plötzlich auftretende, kolikartig rezidivierende Schmerzen im rechten Oberbauch. Perihepatitis kann grundsätzlich durch jeden pathogenen, über das innere Genitale aufsteigenden Erreger (z. B. Gonokokken) hervorgerufen werden, ist aber doch am häufigsten durch C. trachomatis bedingt. Differentialdiagnostisch [28] erinnert das Krankheitsbild (das wahrscheinlich viel häufiger vorkommt, als es erkannt wird) an die akute Cholecystitis. Schmerzen im rechten Oberbauch rechtfertigen daher stets auch die Durchführung diagnostischer Untersuchungsmethoden auf C. trachomatis (Cervicalabstrich *und* Serologie, evt. auch Laparoskopie). Die durch Chlamydien hervorgerufene Perihepatitis spricht innerhalb weniger Tage auf eine entsprechende antibiotische Therapie an.

Endometritis

Die isoliert auftretende Chlamydien-induzierte Endometritis ist mit Ausnahme der postpartalen und postabortalen Endometritis [58] außerordentlich selten [23], das Endometrium ist aber bei der Aszension von Keimen aus der Cervix in die Adnexe stets (subklinisch) mitbeteiligt.

In bis zu 26% schwangerer Frauen wurden Chlamydien aus der Cervix isoliert [11]; die Rolle von C. trachomatis beim Abortus und im Rahmen der perinatalen Mortalität ist bisher noch nicht mit Sicherheit bekannt [25, 54]. In industrialisierten Ländern mit verhältnismäßig hoher perinataler Mortalitätsrate sollte dieser Frage jedoch mehr Augenmerk als bisher geschenkt werden. C. psittaci führt jedenfalls bei bestimmten Tieren häufig zum Abortus.

Infektionen des männlichen Genitaltraktes

Die nicht-gonorrhoische Urethritis (NGU) und postgonorrhoische Urethritis (PGU)

Die nicht-gonorrhoische Urethritis ist bei Männern die häufigste Manifestation einer Infektion mit C. trachomatis [14]. Etwa die Hälfte aller Fälle von NGU dürfte durch diesen Keim bedingt sein, und die Häufigkeit von Doppelinfektionen mit dem Erreger der Gonorrhoe wird mit 20—40% angegeben [30, 49].

Klinik

Nach einer Inkubationszeit von etwa 1–3 Wochen entwickelt sich ein meist nur mäßig ausgeprägter, schleimig bis schleimig-eitriger Ausfluß verbunden mit Brennen beim oder nach dem Urinieren. Obwohl bei der Gonorrhoe die Exsudation meist wesentlich stärker purulent (cremeartig eitrig) ist, kann die Differentialdiagnose nach den klinischen Symptomen alleine nicht vorgenommen werden, weil selten klinisch klassische Formen vorkommen und die Art des Ausflusses auch vom Stadium der Erkankung abhängig ist. Der weitere Verlauf der Chlamydien-induzierten Urethritis ist meist mild und endet nicht selten in einem *oligo- bis asymptomatischen Stadium.* Der pathologische Prozeß läuft aber meist unverändert ab und führt schließlich ähnlich wie bei der Frau zu den gefürchteten Spätfolgen der Epididymitis und *Infertilität.* Darüber hinaus bleibt der unbehandelte, obwohl symptomfreie Patient eine Quelle der Ansteckung. Die „Gruppendiagnose" NGU wird durch einen Abstrich und den mikroskopischen Nachweis von mehr als 15 Leukocyten pro Gesichtsfeld bei 400facher Vergrößerung [3, 5, 18] oder wenigstens 4 Leukocyten bei 1000facher Vergrößerung gestellt. Die Genese der NGU und damit die Grundlage für eine spezifisch-antibiotische Therapie muß anschließend durch eine exakte bakteriologische Diagnostik geklärt werden.

Die postgonorrhoische Urethritis (NGU) ist eine Sonderform der NGU und entwickelt sich häufig im Rahmen einer simultanen Chlamydien- und Gonorrhoe-Infektion 2–10 Tage nach erfolgreicher Behandlung der Gonorrhoe. Der Grund für das verspätete Auftreten der PGU liegt in der längeren Inkubationszeit der PGU im Vergleich zur Gonorrhoe (die meist mit Penicillin behandelt wird, das auf Chlamydien nicht kurativ wirkt). Da derzeit etwa 20–40% aller Männer mit gonorrhoischer Urethritis auch eine PGU entwickeln, empfehlen manche Autoren [40] die routinemäßige Anwendung von Tetracyclinen im Anschluß an die Penicillinbehandlung der Gonorrhoe.

Epididymitis

Die Epididymitis ist die häufigste und am meisten gefürchtete Komplikation der NGU. Etwa 2/3 aller Fälle von Epididymitis bei jüngeren Männern sind durch C. trachomatis bedingt. Bei älteren Patienten sind andere Ursachen häufiger.

Klinik

Das Erscheinungsbild ist ähnlich der Nebenhodenentzündung durch N. gonorrhoeae: meist einseitig ist der Nebenhoden stark vergrößert, das Scrotum geglättet, und der Patient verspürt bei der Palpation heftige Schmerzen. Gleichzeitig besteht oft ein Ausfluß aus der Harnröhre, aus dem sich Chlamydien nachweisen lassen. Nicht immer allerdings verläuft die Erkrankung akut; oligosymptomatische Verlaufsformen werden manchmal auch vom Patienten übersehen, der Keim ist aus dem Urethralabstrich nicht (mehr) nachweisbar und lediglich die Nebenhodenpunktion und anschließende bakteriologische Untersuchung des Aspirats führen zur Diagnose.

Proctitis

Die Chlamydien-induzierte Proctitis wird naturgemäß bei Homosexuellen wesentlich häufiger beobachtet als bei Heterosexuellen [35]. Symptomatische Verlaufsformen (brennende Beschwerden vor allem bei der Defäkation) sind eher selten. Durch routinemäßige Abstriche aus dem Rectum konnte aber der Keim in 6% bei asymptomatischen homosexuellen Männern nachgewiesen werden.

Prostatitis

Ein eindeutiger Zusammenhang zwischen C. trachomatis und Prostatitis wurde bisher noch nicht aufgezeigt.

Chlamydieninfektionen bei Neugeborenen

Chlamydieninfektionen bei Neugeborenen werden hier kurz diskutiert, weil sie eine direkte, häufige und die peri- und postpartale Periode stark belastende Erkrankungsgruppe darstellen, die als unmittelbare Folge mütterlicher genitaler Infekte durch C. trachomatis auftritt. In den vergangenen Jahren wurden häufiger *atypische Pneumonien bei Neugeborenen* beobachtet [3, 4, 41]. Heute ist bekannt, daß 30–40% aller Pneumonieer-

krankungen, die in den ersten Lebensmonaten auftreten, auf
C. trachomatis zurückzuführen sind [4, 18]. Als deutlich auf
atypische Pneumonie hinweisendes Symptom tritt bei normalen oder nur gering erhöhten Körpertemperaturen ein starker,
Pertussis-ähnlicher Husten auf. Die Laborbefunde zeigen häufig eine deutliche Eosinophilie, Hypergammaglobulinämie und
IgM-Anti-Chlamydienantikörper [42], deren Nachweis die Vermutungsdiagnose bestätigt.

Eine *(Einschlußkörper)-Conjunctivitis* kann beim Neugeborenen in 30% der Fälle auftreten, wenn während des Geburtsvorganges C. trachomatis von den Genitalschleimhäuten
der Mutter auf die Bindehaut des Neugeborenen übertragen
wird [4, 41]. Nach einer Inkubationszeit von 6–19 Tagen treten
Ödeme und Hyperämie der Bindehäute auf; selten ist ein
schwerer Verlauf mit mucopurulenter Conjunctivitis wie bei
Gonoblenorrhoe. Interessanterweise unterscheidet sich in der
Folge der Verlauf der Chlamydien-induzierten Conjunctivitis
des Neugeborenen erheblich von dem des Trachoms. Sponta-
ne Ausbreitung ist die Regel, Erblindung äußerst selten.

Nasopharyngeale Infektionen [3] durch Übertragung von
Chlamydien während des Geburtsvorganges kommen vor, verlaufen aber meist symptomlos und unerkannt. Durch Ascension der Keime kann es zur Otitis media kommen [55].

Diagnose

Das klinische Bild Chlamydien-induzierter Erkrankungen
ergibt stets nur eine Verdachtsdiagnose. Die endgültige
Diagnose als Grundlage einer spezifischen, zielgerichteten
Therapie muß durch direkten oder indirekten (serologischen)
Erregernachweis erstellt werden. Grundsätzlich stehen derzeit
folgende Methoden für routinemäßige Untersuchungen zur
Verfügung.
— Direkter Erregernachweis mittels monoklonaler Antikörper
  und Immunfluoreszenz in Ausstrichpräparaten (Abb.
  25).
— Direkter Erregernachweis aus Abstrichen mittels ELISA.
— Direkter Erregernachweis aus Kulturen (Abb. 26, 27).
— Indirekter Erregernachweis durch ser logische Metho-
  den.

Materialgewinnung (Abb. 28).
Eine fachgerechte und exakte Materialgewinnung ist die Grundlage aller Nachweisverfahren! Nicht sorgfältige Materialgewinnung führt zwangsläufig zu unrichtigen Laborbefunden!

Mittels Stieltupfern aus Watte oder mittels speziellen, für die Chlamydiendiagnostik mit Calciumalginat behandelten Tupfern wird Material von der entsprechenden Lokalisation (Urethra, Cervix, Conjunctiven, Bronchien, Adnexen bei Laparoskopie, etc.) gewonnen. Vor der eigentlichen Materialentnahme muß eventuell vorhandener Schleim oder anderes Exsudat sorgfältig entfernt werden (vor allem wichtig bei der Cervix uteri). Dann wird Material von der Schleimhautoberfläche durch dynamisches Rotieren des Tupfers gewonnen (*Wichtig:* Der Nachweis der Keime erfolgt aus Epithelzellen und nicht aus Exsudat!).

Immunfluoreszenztest (IFT).
Ausstrichmaterial wird mit monoklonalen Antikörpern, die gegen gewisse Proteine der Außenhülle des Keimes gerichtet sind, behandelt und der Keim immunfluoreszenzoptisch nachgewiesen. Unter der Voraussetzung geschulter, trainierter Beobachter liefert der IFT hervorragende Ergebnisse [48], er ist rasch durchführbar und relativ billig.

ELISA-Test
Der im Abstrich gewonnene Erreger wird an Kunststoffkügelchen absorbiert, mit einem Anti-Chlamydien-Antikörper gekoppelt und mittels Peroxidasereaktion nachgewiesen. Der ELISA-Test erfordert kein speziell geschultes Personal, ist kostengünstig und eignet sich vor allem für Massenuntersuchungen. Seine Empfindlichkeit scheint ähnlich hoch zu sein wie bei den anderen Methoden des direkten Erregernachweises.

Kulturmethoden.
Das zu untersuchende Material wird in ein spezielles Transportmedium gebracht und ist dort durch Einfrieren bei der Temperatur des flüssigen Stickstoffs nahezu unbeschränkt haltbar. Zum Nachweis wird das Transportmedium zentrifugiert und das Zentrifugat auf McCoy-Zellen aufgebracht und

2–3 Tage lang gezüchtet. Der direkte Nachweis erfolgt wieder mit monoklonalen Antikörpern, die heute statt Giemsa- und Jodfärbungen verwendet werden. Negative Proben werden subkultiviert und ein zweites Mal befundet.

Serologie.
Serologische Methoden zum Nachweis einer Chlamydieninfektion sind mit Ausnahme der PID und der Chlamydien-induzierten Neugeborenen-Pneumonie von untergeordneter Bedeutung, weil die Bevölkerung der westlichen Industriestaaten einen hohen Durchseuchungsgrad mit C. trachomatis aufweisen und daher der Nachweis von Antikörpern gegen diesen Keim nicht immer den Beweis für eine floride, behandlungsbedürftige Infektion darstellt. Zur serologischen Diagnose von Erkrankungen durch C. trachomatis sind folgende Kriterien zu erfüllen:
– Serokonversion (meist negativ, dann positiv)
– Anstieg im Antikörpertiter um zumindest vier Stufen
– Nachweis von C. trachomatis-spezifischem IgM.
Der Nachweis der Serokonversion und des Titeranstieges ist wenig nützlich, weil zu lange Zeit verstreicht, bis der Patient behandelt werden kann. IgM wird auch bei floriden Erkrankungen nur selten entdeckt, weil diese Immunglobulinklasse nur kurzzeitig produziert wird. Der Nachweis von C. trachomatis-spezifischem IgM ist aber in hohem Maße für die Diagnose der Neugeborenen-Pneumonie geeignet [21]. Derzeit werden Untersuchungen zur IgA-Serologie von Chlamydienerkrankungen durchgeführt; eindeutige Ergebnisse stehen aber noch aus.

Therapie

Die schweren Komplikationen und Spätfolgen der Chlamydien-bedingten genitalen Infekte machen eine möglichst frühzeitige Diagnose und wirksame Therapie erforderlich. Die zumindest in einem Drittel der Infizierten erfolgte Übertragung auf den Sexualpartner [29] zeigt die Notwendigkeit der simultanen Partnerbehandlung um einerseits mögliche schlummernde Infekte zu beseitigen und auch „Ping-Pong-Infektionen" zu verhindern.

Tetracycline und Erythromycin sind derzeit die Mittel der Wahl. Die Dosierung kann üblicherweise nach den in Tabelle 2 angegebenen Richtlinien vorgenommen werden.

Tabelle 2. *Richtlinien zur Behandlung unkomplizierter Infektionen durch C. trachomatis. Die Behandlung soll zumindest 10 Tage betragen.*

Tetracyclin-Derivat	Dosis (täglich)
Oxytetracyclin	4 x 500 mg
Doxycyclin	2 x 100 mg
Lymecyclin	4 x 300 mg
Erythromycin	4 x 500 mg
Trimethoprim-Sulfamethoxazol	2 x 160/800 mg

Erythromycin könnte möglicherweise auch niedriger dosiert werden: in 90% Schwangerer kam es zur Eliminierung der Erreger nach 1,6 g Erythromycinethylsuccinat täglich durch 7 Tage oder 1,0 g -stearat durch 14 Tage [33, 37].

Bei Chlamydien-induzierter Adnexitis (pelvic inflammatory disease, PID) sowie bei Perihepatitis (FITZ-HUGH-CURTIS-Syndrom) sollte die antibiotische Therapie durch längere Zeit fortgeführt werden (etwa 4 Wochen lang) und mit Metronidazol (400 mg 2 x tgl.) unter Berücksichtigung der Kontraindikationen kombiniert werden. Kombinationen von Cefoxitin plus Tetracyclin und Clindamycin plus Tobramycin [45] wurden ebenfalls empfohlen. Rifampicin ist ebenfalls gegen C. trachomatis wirksam, Penicillin und Spectinomycin hingegen ohne Effekt. Ofloxacin und Thiamphenicol wurden nur mit geringem Erfolg eingesetzt [19].

Erythromycin ist das Antibiotikum der Wahl zur Behandlung der Neugeborenen-Pneumonie. Auch die (Einschluß-körper)-Conjunctivitis des Neugeborenen sollte mit Erythromycin systemisch behandelt werden (40 mg/kg Körpergewicht), eine Lokaltherapie mit Antibiotika-haltigen Augentropfen ist nicht ausreichend, weil in 50% der Fälle Reinfektionen durch eine gleichzeitige Chlamydien-Besiedelung des Nasopharynx auftreten.

Literatur

[1] Arya OP et al (1984) Diagnosis of urethritis: Role of polymorphonuclear leukocyte counts in gram-stained urethral smears. Sex
Transm Dis 11: 10

[2] Baselski V et al (1984) A comparison of chlamydiazyme and cell
culture isolation for the detection of C. trachomatis in cervical
swab specimens. Abstracts of annual ASM meeting. St. Louis,
p 108

[3] Beem MO, Saxon EM (1977) Respiratory tract colonization and a
distinctive pneumonia syndrome in infants infected with
antepartum Chlamydia trachomatis infection. N Engl J Med 296:
306

[4] Beem MO, Saxon EM (1982) Chlamydia trachomatis infections
in infants. In: Mardh PA et al (eds) Chlamydial infections.
Elsevier Biomedical press, Amsterdam, pp 199

[5] Bowie WR (1978) Comparison of gram stain and first-voided
urine sediment in the diagnosis of urethritis. Sex Transm Dis 5:
39

[6] Brunham R et al (1981) Epidemiological and clinical correlates of
C. trachomatis and N. gonorrhoeae infection among women
attending a STD clinic. Clin Res 29: 471

[7] Davies JA et al (1978) Isolation of C. trachomatis from Bartholin's
ducts. Br J Vener Dis 54: 409

[8] Eschenbach DA et al (1975) Polymicrobial etiology of acute pelvic
inflammatory disease. N Engl J Med 293: 166

[9] Fong IW, Hook EW, Stamm WE: Recent clinical trials in
chlamydial infections: the value of Quinolones. Second world
congress on sexually transmitted diseases, Paris 1986

[10] Gump DW, Gibson M, Ashikaga T (1983) Evidence of prior
pelvic inflammatory disease and its relationship to Chlamydia
trachomatis antibody and intrauterine contraceptive device use
in infertile women. Amer J Obstet Gynecol 146: 158

[11] Harrison HR et al (1983) The prevalence of genital Chlamydia
trachomatis and mycoplasmal infections during pregnancy in an
American Indian Population. Sex Transm Dis 10: 184

[12] Henry-Suchet J et al (1980) Microbiology of specimens obtained
by laparoscopy from controls and from patients with pelvic
inflammatory disease of infertility with tubal obstruction:
Chlamydia trachomatis and Ureaplasma urealyticum. Amer J
Obstet Gynecol 138: 1022

[13] Holmes KK (1981) The chlamydia epidemic. JAMA 245: 428

[14] Holmes KK et al (1975) Etiology of non-gonococcal urethritis. N
Engl J Med 292: 1199

[15] Hutchinson GR, Taylor-Robinson D, Dourmashkin RR (1979) Growth and effect of chlamydiae in human and bovine oviduct organ cultures. Br J Vener Dis 55: 194

[16] Is Reiter's syndrome caused by chlamydia? (1985) Lancet i: 317

[17] Jones RB et al (1982) Correlation between serum antichlamydial antibodies and tubal factor as a cause of infertility. Fertil Steril 38: 553

[18] Kraus SJ (1984) Semiquantitation of urethral polymorphonuclear leukocytes as objective evidence of nongonococcal urethritis. Sex Transm Dis 11: 10

[19] Levy NJ, Mundoz A, McCormack W (1983) Enzyme linked immunosorbent assay for the detection of antibody to Chlamydia trachomatis and Chlamydia psittacii. J Lab Clin Med 102: 918

[20] Lycke N et al (1980) The risk of transmission of genital Chlamydia trachomatis infection. Sex Transm Dis 7: 6

[21] Mahony JB, Schachter J, Chernesky MA (1983) Detection of antichlamydial immunoglobulin G and M antibodies by enzyme linked immunosorbent assay. J Clin Microbiol 19: 270

[22] Mardh PA, Luger A (1985) Infektionen mit Chlamydia trachomatis. PAM, Kivik, Schweden

[23] Mardh PA et al (1981) Endometritis caused by Chlamydia trachomatis. Br J Vener Dis 57: 191

[24] Mardh PA et al (1977) Chlamydia trachomatis infection in patients with acute salpingitis. N Engl J Med 296: 1377

[25] Martin DH et al (1982) Prematurity and perinatal morbidity in pregnancies complicated by maternal Chlamydia trachomatis infections. JAMA 247: 1585

[26] Martin DH et al (1984) Chlamydia trachomatis infections in men with Reiter's syndrome. Ann Intern Med 100: 217

[27] Moore DE et al (1982) Increased frequency of serum antibodies to Chlamydia trachomatis in infertility due to distal tubal disease. Lancet ii: 574

[28] Müller-Schoop JW et al (1978) C. trachomatis as a possible cause of peritonitis and perihepatitis in young women. Br Med J 1: 1022

[29] Oriel JD, Ridgway GL (1982) Studies of epidemiology of chlamydial infection of the human genital tract. In: Mardh PA et al (eds) Chlamydial infections. Elsevier Biomedical Press, Amsterdam, p 425

[30] Oriel JD, Ridgway GL (1982) Genital infection by Chlamydia trachomatis. Edward Arnold, London, p 144

[31] Paavonen J: Chlamydial trachomatis-induced urethritis in female partners of men with gonococcal urethritis. Sex Transm Dis 6: 69

[32] Paavonen J, Vesterinen E, Meyer B (1978) Genital Chlamydia trachomatis infections in patients with cervical atypia. Obstet Gynecol 54: 291–298

[33] Podgore JK et al (1980) Effectiveness of maternal third term erythromycin in prevention of infant Chlamydia trachomatis infection. In: Programs and Abstracts of the 20th Interscience Conference on Antimicrobial Agents and Chemotherapy. American Society for Microbiology: Washington DC (abstract 524)

[34] Punonen R et al (1979) Chlamydial serology in infertile women by immunofluorescence. Fertil Steril 31: 656

[35] Quinn TC et al: Chlamydia trachomatis proctitis. N Engl J Med 305: 195–200

[36] Rees E et al (1982) Chlamydia trachomatis in relation to postgonococcal cervicitis. In: Mardh PA (eds) Chlamydial infections. Elsevier Biomedical Press, Amsterdam, p 147

[37] Schachter J: unpublished data.

[38] Schachter J (1978) Chlamydial infections. N Engl J Med 298: 428

[39] Schachter J et al (1979) Failure of serology in diagnosing chlamydial infections of the female genital tract. J Clin Microbiol 10: 647

[40] Schachter J, Dawson CR (1978) Human chlamydial infections. PSG Publishing Co, Littlejohn, p 144

[41] Schachter J, Grossman M (1981) Chlamydial infections. Ann Rev Med 32: 45

[42] Schachter J, Grossman M, Azimi PH (1982) Serology of chlamydia trachomatis in infants. J Infect Dis 146: 530

[43] Schachter J et al (1975) Are chlamydial infections the most prevalent venereal disease? JAMA 321: 1252

[44] Schachter J (1982) Chlamydia trachomatis and cervical neoplasia. JAMA 248: 2134

[45] Sexually transmitted diseases: Treatment guidelines 1982. Rev Infect Dis, Suppl 729

[46] Stamm WE, Holmes KK (1984) Chlamydia trachomatis. Infections of the adult. In: Holmes KK et al (eds) Sexually transmitted diseases. McGraw Hill, New York, p 258

[47] Stamm WE et al (1980) Causes of the acute urethral syndrome in women. N Engl J Med 303: 409

[48] Stary A et al (1985) Culture versus direct specimen test: comparative study of infections with Chlamydia trachomatis in Viennese prostitutes. Genitourin Med 61: 258

[49] Stary A et al (1986) Epidemiologic developments of Chlamydia trachomatis in different Viennese STD risk groups. Eur J Sex Transm 3: 191

[50] Svensson L, Westrom L, Mardh PA (1982) Acute salpingitis with Chlamydia trachomatis isolated from the Fallopian tube: clinical, cultural and serological findings. Sex Transm Dis 8: 51

[51] Sweet R et al (1979) Use of laparoscopy to determine the microbiologic etiology of acute salpingitis. Amer J Obstet Gynecol 134: 68

[52] Taylor-Robinson D, Thomas BJ (1980) The role of Chlamydia trachomatis in genital tract and associated diseases. Clin Pathol 33: 205

[53] Thompson SE, Hager WD, Wong KH (1980) The microbiology and therapy of acute pelvic inflammatory disease in hospitalized patients. Amer J Obstet Gynecol 136: 1979

[54] Thompson SE et al (1982) A prospective study of Chlamydia trachomatis and mycoplasma infections and maternal morbidity. In: Mardh PA et al (eds) Chlamydial infections. Elsevier Medical Press, Amsterdam, p 155

[55] Tipple MA, Beem MO, Saxon EM (1979) Clinical characteristics of the afebrile pneumoniae associated with C. trachomatis infection in infants under 6 months old. Pediatrics 63: 192

[56] Wagner GP et al (1980) Puerperal infections morbidity: Relationship to route of delivery and to antepartum Chlamydia trachomatis infection. Amer J Obstet Gynecol 138: 1028–1033

[57] Wang SP, Grayston JT (1971) Classification of TRIC and related strains with microimmunofluorescence. In: Nichols RL (ed) Trachoma and related disorders caused by chlamydia agents. Excerpta Medica, Princeton, p 305

[58] Wang SP, Grayston JT (1982) Microimmunofluorescence antibody responses in Chlamydia trachomatis infections: a review. In: Mardh PA et al (eds) Chlamydial infections . Elsevier Biomedical Press, Amsterdam, p 301

[59] Wang SP et al (1975) Simplified microimmunofluorescence test with trachoma-lymphogranuloma venereum (Chlamydia trachomatis) antigens for use as a screening test for antibody. J Clin Microbiol 1: 250

[60] Westrom L (1980) Incidence, prevalence and trends of acute pelvic inflammatory disease and its consequences in industrialized countries. Amer J Obstet Gynecol 138: 880

3.7 Mykoplasmen-Infektionen

Die Bedeutung von Mykoplasmen für die Entstehung sexuell übertragener Erkrankungen ist erst vergleichsweise spät überhaupt erkannt worden, und selbst zum gegenwärtigen Zeitpunkt ist es noch immer nicht möglich, ihren Stellenwert exakt zu beschreiben. Daß Mykoplasmen Infektionskrankheiten des Menschen hervorzurufen vermögen, ist an sich lange bekannt: Bereits gegen Ende des letzten Jahrhunderts beschrieb eine Forschergruppe um Nocard Mykoplasmen als Erreger der Rinder-Pleuropneumonie. Immerhin bereits im Jahre 1937 konnten Dienes und Edsall Mykoplasmen in Eitermaterial aus der Bartholinschen Drüse entdecken. 1940 beschrieb Dienes [10] dann auch Pleuropneumonia-Like Organisms (PPLO) in der weiblichen Urethra. Eine wesentliche Vertiefung unserer Kenntnis über Mykoplasmen im Urogenitaltrakt bedeutete die eingehende Untersuchung von Shepard im Jahre 1954 [31]. Bereits diese Untersuchung zeigte aber auch ein Dilemma auf, das im Grunde bis heute Aktualität besitzt: Mykoplasmen können bei sexuell aktiven Menschen auch dann nicht selten in der Harnröhre gefunden werden, wenn die Zeichen einer manifesten Erkrankung sich nicht erkennen lassen.

Erreger

Mykoplasmen stellen besonders kleine Bakterien dar, liegt ihr Durchmesser doch bei ca. 0,4–0,8 µm. Sie unterscheiden sich aber nicht nur hierin von der Mehrzahl der übrigen Bakterien sondern auch durch das Fehlen einer eigentlichen Zellwand oder auch nur Zellwandsubstanz sowie schließlich durch die Kleinheit ihres Genoms. Mit durchschnittlich 5×10^8 Dalton macht dieses nur ein Viertel dessen von Escherichia coli aus [1]. Aus der Kleinheit der Erbinformation der Mykoplasmen resultiert eine verminderte Befähigung zu Syntheseleistungen. So müssen Mykoplasmen beispielsweise bestimmte Nuklein-säure-Bausteine von ihrem Wirt erlangen. Vor diesem Hintergrund ist auch das langsame Wachstum mancher Mykoplasmenspezies zu sehen. Schließlich liegt hierin die Ursache für eine hohe Wirtsspezifität, die im übrigen ja auch eine Eigentümlichkeit wichtiger anderer bakterieller Erreger von sexuell übertragenen Erkrankungen wie etwa von Neisseria gonorrhoeae darstellt. Aus dem Fehlen der Zellwand läßt sich unter anderem eine vergleichsweise geringe Immunogenität ableiten [7].

Im Zusammenhang mit der Entstehung sexuell übertragener Erkrankungen sind heute verschiedene Mykoplasmenspezies zu diskutieren, nämlich — und zwar in dieser Reihenfolge — Ureaplasma urealyticum, Mycoplasma hominis und Mycoplasma genitalium. Bislang am besten etabliert erscheint die pathogenetische Relevanz von *Ureaplasma urealyticum*. Dieser Erreger, der schon Gegenstand der bereits angeführten Untersuchungen von Shepard [31] war, wurde von demselben Autor 1956 näher charakterisiert [32], wobei von „T-Form colonies of pleuropneumonia-like organisms" gesprochen. wurde. Das T stand dabei für den ersten Buchstaben des englischen Wortes tiny (zu deutsch winzig). Dies verweist auf den Größenunterschied gegenüber anderen Mykoplasmen, die sich in Genitalsekret nachweisen lassen, die heute als *Mycoplasma hominis* angesprochen werden. Ihre endgültige nomenklatorische Einordnung erfuhren die auch als T-Mykoplasmen bezeichneten Mykoplasmen 1974, wobei auf ihre Haupteigenschaft abgehoben wurde, nämlich aus Harnstoff Ammoniak freizusetzen mit Hilfe des Enzyms Urease [37]. Die heutige wissenschaftliche Bezeichnung für die umgangssprachlich auch Ureaplasmen genannten Keime lautet Ureaplasma urealyticum.

Ureaplasma urealyticum gehört der Familie der Mycoplasmataceae an, die wiederum innerhalb der Ordnung der Mycoplasmatales zur Klasse der Mollicutes gehört. In der Kultur auf festen Medien weisen Kolonien von Ureaplasma urealyticum einen Durchmesser von 10–15 respektive 200–300 μm auf, je nach dem, ob sie in Gruppen oder einzeln vorliegen. Die großen Kolonien weisen eine Spiegeleiform auf, die auch als spezielles Charakteristikum von Mycoplasma hominis gilt, wobei hier der Durchmesser aber zwischen 300 und 3000 μm schwankt. Gibt man dem Medium einen Indikator für Ammoniak — etwa Mangansulfat — hinzu, so läßt sich Ureaplasma

urealyticum an einer bei Mycoplasma hominis nicht zu beob-
achtenden Braunverfärbung erkennen. Im Inneren von Mykoplasmen lassen sich Ribosomen und DNS-Stränge nachweisen,
begrenzt wird das Bakterium von einer dreilagigen Membran
von 8–10 nm Dicke, die sich vornehmlich aus Eiweiß und Lipiden zusammensetzt. Speziell bei Ureaplasma urealyticum wurden im extramembranösen Bereich haarartige Strukturen
nachgewiesen. Bei Ureaplasma urealyticum stellt die Urease einen Hauptbestandteil des Zytoplasmas dar. Sie scheint in unterschiedlichen Formen vorzukommen, die sich wiederum aus
Untereinheiten zusammensetzen. Das Molekulargewicht wird
mit 150.000 beziffert, die größte enzymatische Aktivität findet
sich bei pH-Werten von 7 bis 7,5 [29]. Auf das vor einigen Jahren von Ureaplasma urealyticum und Mycoplasma hominis abgegrenzte Mycoplasma genitalium kann hier aus Platzgründen
nicht näher eingegangen werden, zumal bislang erst zwei klinische Isolate gewonnen werden konnten [vergleiche 46].

Aufgrund des Fehlens einer bakteriellen Zellwand sind
Mykoplasmen primär resistent gegenüber Beta-Lactam-
Antibiotika. Gegenüber Breitspektrum-Antibiotika wie etwa
vom Typ der Tetracycline galten sie freilich lange Zeit als
durchweg empfindlich. Heutzutage kommen Tetracyclin-
resistente Stämme aber in vielen Teilen der Erde regelmäßig
vor, und diese Resistenz kann auch kombiniert sein mit einer
ausgeprägten Resistenz gegenüber Erythromycin [42]. Die Te-
tracyclinresistenz von Ureaplasma urealyticum gründet sich
auf die Gegenwart der tetM-Determinante innerhalb der chro-
mosomalen DNA, Plasmide scheinen bislang hier keine Rolle
zu spielen [28]. Bei Mycoplasma hominis wird Erythromycin als
primär unwirksam angesehen.

Da Ureaplasma urealyticum — in Abhängigkeit von der Anzahl von Sexualpartnern — bei Mann und Frau regelmäßig auch
in Abwesenheit von Krankheitserscheinungen vorkommt [23],
bedurfte es spezieller Untersuchungen, um die pathogenetische Relevanz im Zusammenhang mit der nicht-
gonorrhoischen Urethritis bzw. Zervizitis zu evaluieren. So
konnte im Rahmen einer Therapiestudie mit Minocyclin bei
nicht-gonorrhoischer Urethritis gezeigt werden, daß die Krankheitserscheinungen insbesondere bei solchen Patienten sistier-
ten, bei denen vor Therapie Ureaplasmen nachgewiesen wer-

den konnten [26]. Weiteren Aufschluß brachten Therapiestudien mit Chemotherapeutika, die gezielt entweder nur Chlamydien oder Ureaplasmen beeinflussen. Im besonderen Maße scheint Ureaplasma urealyticum dann für eine manifeste Urethritis verantwortlich sein zu können, wenn hohe Keimzahlen vorliegen. So konnten Weidner et al. [47] insbesondere dann bei „unspezifischer ‚Prostato-Urethritis' " klinische Heilung mit Tetracyclinhydrochlorid erzielen, wenn sich je Mikroliter Urin mehr als 1000 Kolonie-bildende Einheiten nachweisen ließen. Vielleicht der wichtigste Anhaltspunkt überhaupt für die pathogenetische Relevanz von Ureaplasma urealyticum bei der nicht-gonorrhoischen Urethritis resultiert aber aus zwei Selbstversuchen von Forschern, die durch Inokulation von etwa 5×10^4 Kolonie-bildenden Einheiten in ihre Harnröhre in dem einen Fall eine manifeste Urethritis, in dem anderen Zeichen einer Prostatitis hervorrufen konnten [43]. Entsprechend gewichtige Anhaltspunkte für eine pathogenetische Relevanz von Mycoplasma hominis haben sich bis heute nicht ergeben. Ähnlich stellt sich die Situation bei dem bislang freilich nur wenig untersuchten Mycoplasma genitalium dar. Bei diesem wird höchstens ein Zusammenhang mit der Persistenz oder dem wiederholten Auftreten einer nicht-gonorrhoischen Urethritis gesehen, worauf man aus Untersuchungen mit einer DNA-Sonde schließen kann [14].

Klinik

Im Zusammenhang mit der möglichen Rolle von Mycoplasmen bei sexuell übertragenen Erkrankungen wird in Sonderheit an die *nicht-gonorrhoische Urethritis* gedacht. Diese früher — eigentlich zu Unrecht — auch unspezifische Urethritis genannte Erkrankung betrifft in Sonderheit, aber nicht nur, Männer. Wie die Bezeichnung nicht-gonorrhoische Urethritis es bereits zum Ausdruck bringen soll, handelt es sich um eine entzündliche Erkrankung der Harnröhre bei Abwesenheit von Neisseria gonorrhoeae. Anders als es vielleicht auf Anhieb vermutet werden könnte, liegt die größere Schwierigkeit in der Etablierung der Diagnose nicht im Ausschluß der Gono-

kokken. Die hierzu notwendigen Techniken (gefärbtes
Ausstrich-Präparat, Kultur — vgl. ggf. 3.2) stehen heute eigentlich jedermann zu Gebote. Keinesfalls sollte sich die Diagnose
einer Harnröhrenentzündung auf Angaben des Patienten hinsichtlich der Leitsymptome Brennen beim Wasserlassen (Dysurie) und Ausfluß allein stützen. Derartige subjektive Wahr-
nehmungen korrelieren eher schlecht mit objektiven Gegebenheiten [3]. Anders verhält es sich, wenn sich im Rahmen der
physikalischen Untersuchung der Harnröhre Ausfluß nachweisen läßt. Dies ist immerhin bei den meisten Patienten mit
nicht-gonorrhoischer Urethritis der Fall [17].

Unabhängig vom Nachweis von makroskopisch wahrnehm-
barem Ausfluß sollte sich die Diagnose einer nicht-gonorrhoischen Urethritis aber heute immer auf den semiquanti-
tativen Nachweis einer hinreichend großen Zahl von polymorphkernigen Granulozyten stützen. Nach Swartz et al. [39]
gewinnt man hierzu Material aus der zu untersuchenden Harnröhre mittels eines Kalziumalginat-Tupfers und verteilt es auf
einer 1 x 2 cm großen Fläche auf einem Glasobjektträger. Nach
Fixierung und Gram-Färbung sucht man bei niedriger Vergrößerung nach dem Bereich mit dichtester Leukozyten-Packung
und zählt die polymorphkernigen Granulozyten in fünf Gesichtsfeldern bei Hochauflösung (etwa 1000fache Vergrößerung) aus. Vom Vorliegen einer manifesten Urethritis ist auszugehen, wenn im Durchschnitt vier oder mehr polymorphkernige Granulozyten je Gesichtsfeld gefunden werden. Manche
Autoren streben alternativ an, die Diagnose einer nicht-
gonorrhoischen Urethritis mit Hilfe der semi-quantitativen
Untersuchung des Sedimentes einer ersten Urinportion zu etablieren. Die Methode erscheint aber weniger gut praktikabel,
außerdem sind die anzunehmenden Grenzwerte bislang nicht
hinlänglich definiert [3]. Besonders wichtig erscheint die Anwendung objektiver Kriterien bei der Etablierung der Diagnose
nicht-gonorrhoische Urethritis deshalb, weil sich — gerade in
Spezialambulanzen — nicht selten Menschen vorstellen, die
keinerlei objektive Beschwerden aufweisen, wohl aber befürchten, angesteckt worden zu sein bzw. andere gegebenenfalls anstecken zu können. Eine Behandlung dieser, im Angelsächsi-
schen als „worried well" bezeichneten Personen sollte unter-
bleiben [18].

Weder in den anamnestischen Angaben noch im objektiv feststellbaren klinischen Bild unterscheiden sich gonorrhoische und nicht-gonorrhoische Urethritis grundlegend. Immerhin lassen sich Unterschiede feststellen, weist letztere Erkrankung mit etwa ein bis drei Wochen doch eine wesentlich längere Inkubationszeit auf. Ausfluß wird bei der nicht-gonorrhoischen Urethritis seltener als bei der gonorrhoischen verzeichnet, immerhin aber doch etwa in zwei Drittel der Patienten. Typischerweise erscheint der Ausfluß bei der nicht-gonorrhoischen Urethritis wäßrig, respektive schleimig und nicht eitrig. Was den möglichen Erreger einer nicht-gonorrhoischen Urethritis anbetrifft, so gehen manche Autoren bei einer Erstmanifestation eher von dem Vorliegen von Chlamydia trachomatis aus, bei einem Rezidiv von der Anwesenheit von Ureaplasma urealyticum [4]. Zumindest wesentlich mehr als die gonorrhoische Urethritis neigt die nicht-gonorrhoische generell zur Persistenz bzw. zu *Rezidiven* [24].

Einzelnen Untersuchungen zufolge wird Ureaplasma urealyticum bei Fällen von nicht-gonorrhoischer Urethritis ohne Nachweis von Chlamydia trachomatis signifikant häufiger und in signifikant größeren Mengen im Urin gefunden als sonst [5]. Letztere Beobachtung konnte insbesondere von Hunter et al. [15] bestätigt werden. Wesentlich anders stellt sich die Situation in der umfassenden Untersuchung der Gruppe um Taylor-Robinson et al. [44] dar. Hier fanden sich Ureaplasmen bei 52,5% der Chlamydien-positiven und 53,1% der Chlamydien-negativen Patienten (untersucht wurden insgesamt 726 Patienten). Umgekehrt wurden Chlamydien von 35,9% der Ureaplasmen-positiven Patienten und von 36,5% der Ureaplasmen-negativen Patienten isoliert. Die Anzahl der Ureaplasmen unterschied sich bei Patienten mit bzw. ohne Chlamydien nicht wesentlich, auch fanden sich Ureaplasmen nicht in besonderem Maße bei Chlamydia-negativen Patienten mit einer Erstmanifestation der nicht-gonorrhoischen Urethritis. Eine signifikante Assoziation bestand einzig zwischen Ureaplasma urealyticum und Mycoplasma hominis. Möglicherweise vermögen bestimmte Stämme von Ureaplasma urealyticum in besonderem Maße, eine manifeste Urethritis hervorzurufen. Ein bestimmter Serotyp — nämlich der Serotyp IV in

der Klassifikation von Black [2] — wurde in mehr als der Hälfte
der Fälle von Patienten mit Ureaplasmen-positiver nicht-
gonorrhoischer Urethritis gefunden, demgegenüber nur in etwa einem Viertel von erscheinungsfreien Keimträgern [35].

Ureaplasma urealyticum und Mycoplasma hominis sind
mit einer Vielzahl weiterer Erkrankungen in Verbindung gebracht worden.

Nach Auffassung von Taylor-Robinson und McCormack
[41] ist ein *enger* Zusammenhang zu sehen zwischen der Anwe-
senheit von *Ureaplasma urealyticum* und einer
— Chorioamnitis sowie
— niedrigem Geburtsgewicht,
zwischen *Mycoplasma hominis* und
— Adnexitis der Frau
— Puerperal-Fieber und
— Fieber nach Abort sowie
— Pyelonephritis.

Ein *gewisser* Zusammenhang ist zu erkennen zwischen der
Anwesenheit von *Ureaplasma urealyticum* und
— Adnexitis der Frau
— Harnsteinleiden
— ungewollter Kinderlosigkeit
— habituellem Abort
— Totgeburten
sowie zwischen *Mycoplasma hominis* und
— Prostatitis
— Abszeß der Bartholinschen Drüse.

Kurz eingegangen sei hier nur noch auf die Prostatitis sowie
die Adnexitis der Frau (Salpingitis). Im Zusammenhang mit
der Prostatitis ist auf die Ergebnisse der Arbeitsgruppe um
Weidner [8] zu verweisen, wonach doch ein Zusammenhang
zwischen Ureaplasma urealyticum — in Sonderheit bei Anwesenheit großer Keimzahlen — und einer Entzündung der Pro-
stata zu bestehen scheint. Im Rahmen der Salpingitis ergeben
sich Anhaltspunkte für eine Bedeutung von Mycoplasma hominis in etwa 10% der Fälle. Hier stellt sich die Situation also
wesentlich anders dar als bei der Urethritis, wo Mycoplasma
hominis wohl keine wesentliche pathogenetische Bedeutung
zuzuschreiben ist. Das klinische Bild der Mykoplasmen-
bedingten Adnexitis scheint sich freilich nicht von dem anderer

Formen der Adnexitis zu unterscheiden. Mardh et al. [22] konnten bei 12% von Patientinnen mit akuter Salpingitis im indirekten Hämagglutinationstest auf Antikörper gegenüber Mycoplasma hominis als signifikant angesehene Titeranstiege verzeichnen; Lind et al. [31] konnten bei 13% derartiger Patientinnen gleichzeitig Mycoplasma hominis aus Material von der Cervix anzüchten sowie einen Antikörpertiter gegenüber Mycoplasma hominis von 1:1280 oder mehr und/oder eine Änderung des Titers verzeichnen.

Diagnostik (Abb. 29)

Im Rahmen der Diagnostik von sexuell übertragenen Erkrankungen richtet sich das Hauptinteresse vor dem Hintergrund der klinischen Relevanz auf Ureaplasma urealyticum. So wurde denn auch der Etablierung von Verfahren zur Identifizierung von Ureaplasma urealyticum in Untersuchungsmaterial aus dem Genitalbereich größte Bedeutung zugemessen. Der erste erfolgreiche Ansatz zur Lösung dieses Problems ist in dem — flüssigen — „Urease-Farbtest-Medium U-9" zu sehen, das von Shepard und Lunceford 1970 [33] angegeben wurde. Für die Praxis aber vielleicht noch besser geeignet erscheint ein entsprechendes festes Medium, welches von denselben Autoren [34] 1976 unter der Bezeichnung „Selektiv-Agar-Medium A7" angegeben wurde und heute vielerorts routinemäßig eingesetzt wird [13]. Bei dem A7-Medium handelt es sich um eine Abwandlung der sogenannten A5H-Mediums. Dieses besteht im wesentlichen aus tryptischer Soja-Bouillon (destilliertem Wasser, reinem Agar-Agar, nicht erhitztem normalem Pferdeserum, CVA-Anreicherung (einer Mischung unterschiedlicher Aminosäuren, Vitamine etc. der Firma GIBCO Diagnostics, Madison, Wis.), Hefeextrakt, Harnstoff, und Penicillin G-Kalium. Das A7-Medium enthält gegenüber dem A5H-Medium zusätzlich Mangansulfat ($MnSO_4 \cdot H_2O$) in einer Endkonzentration von 0,015%, zudem enthält es hochreinen Harnstoff in einer Endkonzentration von 0,1%. Alle notwendigen Ingredientien sind auch zusammen von der Firma GIBCO erhältlich. Gilt es Urethral-Sekret zu untersuchen, so wird dieses aus der vorderen Harnröhre mittels einer bakteriologischen Öse von 3 mm Durchmesser gewonnen und auf dem Kulturmedium ausgestrichen. Will man Urin untersuchen, so läßt man den Patienten zunächst dreimal seine Harnröhre von hinten nach vorne ausstreichen und dann Wasser lassen. Gewonnen wird dabei die erste Portion, möglichst Morgenurin. Eine Urinprobe wird bei 3000 Umdrehungen über 10 bis 20 Minuten zentrifugiert, das Sediment mit einigen weiteren Millilitern Urin gemischt und in einem Vortex-Mixer aufgeschüttelt. Danach wird ebenfalls ausgestrichen. Die Inkubation sollte bei 36 °C in feuchtigkeitsgesättigter Atmosphäre mit 10% Kohlendioxid und 90% Stickstoff erfolgen. Hierfür eignen sich Spezialtöpfe mit entsprechenden Einsätzen zur Gasentwicklung.

Nach 48 Stunden werden die Kulturmedien mit dem Mikroskop bei 100facher Vergrößerung betrachtet. Ureaplasma urealyticum-Kolonien geben sich als dunkel-golden-braune bzw. tiefbraune Kolonien unterschiedlicher Größe (je nach Dichte der Anordnung) zu erkennen. Die Braunverfärbung geht auf die Entwicklung von Mangandioxid in der Gegenwart von Ureaplasmen zurück. Prinzipiell wächst auch Mycoplasma hominis auf dem Medium, dies verdient in Sonderheit deshalb Beachtung, weil ja Mischinfektionen von Ureaplasma urealyticum und Mycoplasma hominis häufig vorkommen. Mycoplasma hominis vermag aber nicht Mangandioxid zu bilden, so daß es nicht zu einer entsprechenden Färbung der Kolonien kommt. Zur Unterscheidung kann man zusätzlich auf die Färbung nach Dienes zurückgreifen [11]. Streng genommen wird mit dem A7-Medium Ureaplasma als Genus nachgewiesen, andere Spezies als Ureaplasma urealyticum kommen in der Praxis bei den eingesetzten Untersuchungsmaterialien aber nicht in Betracht. Einem neueren Vorschlag von Shepard und Combs aus dem Jahre 1979 [36] folgend, kann man dem A7-Medium noch das Polyamin Putrescin zusetzen, um das Wachstum von Ureaplasma urealyticum noch weiter zu begünstigen. In dieser Form wird das Medium als A7B-Medium bezeichnet.

Eine neuere Alternative in der Diagnostik von Ureaplasma urealyticum- bzw. Mycoplasma hominis-Genitalinfektionen besteht im Einsatz eines vorgefertigten diagnostischen Systems mit flüssiger und fester Phase (Mycotrim-GU® [Hana Biologics, Inc., Berkeley, Calif.]). Beide Phasen enthalten PPLO-Bouillon, Pferdeserum, frischen Hefeextrakt, Glucose, Arginin, Phenol-

Rot und Harnstoff, die feste Phase enthält darüberhinaus zusätzlich Agar und Kalziumchlorid sowie Kaliumphosphat-Puffer. Eine Überlegenheit von Mycotrim-GU® konnte bislang freilich nicht aufgezeigt werden [25, 49]. Will man die verschiedenen Mycoplasmen, die im klinischen Untersuchungsmaterial vorkommen können, definitiv differenzieren, so kann man sich auf die jeweils eigentümlichen biochemischen Leistungen stützen. Während sich Ureaplasma urealyticum — wie schon angeführt — durch die Alkalibildung aus Harnstoff zu erkennen gibt, zeichnet sich Mycoplasma hominis durch die Fermentation von Arginin, nicht aber Glucose aus; Mycoplasma genitalium vermag Glucose, nicht aber Arginin zu verstoffwechseln, Mycoplasma fermentans — ein sehr selten, aber durchaus regelmäßig beim Menschen vorkommender, als apathogen angesehener Mikroorganismus — fermentiert Arginin und Glucose [30]. Da Mycoplasma genitalium in der beschriebenen Weise anscheinend in der klinischen Routine nicht isoliert werden kann [30], bedarf es hier in besonderer Weise des Rückgriffs auf eine DNA-Sonde, wie sie erstmals 1987 von Hyman et al. [16] angegeben wurde.

Während bei dem Mycotrim-GU-Verfahren eine flüssige und eine feste Phase nebeneinander eingesetzt werden, kommt auch in Betracht, das Untersuchungsmaterial zunächst in ein Flüssig-Medium zu verbringen und von dort aus auf ein festes Medium. Benutzt man parallel ein Flüssig-Medium mit Arginin und eines mit Harnstoff, so kann man die Gegenwart von Mycoplasma hominis respektive Ureaplasma urealyticum an der pH-Verschiebung mittels eines Phenol-Rot-Indikators erkennen. Im Falle des Farbumschlages wird dann auf das feste Medium überimpft. Die Sensitivität des Verfahrens wird für Mycoplasma hominis mit über 90%, für Ureaplasma urealyticum mit über 80% angegeben [40].

Für serologische Untersuchungen auf Antikörper gegenüber Mycoplasma hominis eignet sich der indirekte Hämagglutinationstest, wie er im Prinzip von Krogsgaard-Jensen [20] beschrieben wurde. Nach Mardh et al. [22] wird ein Sonikat von dem Mycoplasma hominis-Cervix-Isolat D188 hergestellt und damit formalinisierte Schaferythrozyten gekoppelt. Ein anderes Verfahren besteht in dem Metabolismus-Inhibitions-Test. Hierbei werden einer geeigneten Bouillon Arginin bzw. Harnstoff sowie Phenol-Rot als Indikator zugegeben, desgleichen die jeweiligen Mikroorganismen (Mycoplasma hominis bzw. Ureaplasma urealyticum) und die zu untersuchende, fraglich Antikörper enthaltende Flüssigkeit (gegebenenfalls in verschiedenen Verdünnungsstufen). Sind Antikörper gegen den jeweiligen Erreger vorhanden, so wird dessen Metabolismus gehemmt, was wiederum einen Farbumschlag verhindert [27]. Setzt man anstelle der antikörperhaltigen Flüssigkeit unterschiedlich konzentrierte Antibiotikum-Lösungen ein, so hat man ein Verfahren zur Ermittlung der In-vitro-Empfindlichkeit gegenüber Chemotherapeutika [6]. Gegenwärtig werden vor allem der Agar-Dilutionstest und der Mikro-Dilutionstest eingesetzt [9, 38, 45].

Therapie

Die Therapie der nicht-gonorrhoischen Urethritis hat sich in Sonderheit an den möglichen Erregern Chlamydia trachomatis und Ureaplasma urealyticum zu orientieren. In erster Linie werden *Tetracycline* mit ihrer auch heute noch insgesamt hohen In-vitro-Aktivität (Ausnahmen siehe oben) gegenüber beiden Spezies eingesetzt. Die Centers for Disease Control (Atlanta, Ga.) [9] empfehlen bei der nicht-gonorrhoischen Urethritis 4 x 500 mg Tetracyclin·HCl peroral über sieben Tage oder 2 x 100 mg Doxycyclin peroral über denselben Zeitraum. Für den Fall einer Kontraindikation oder mangelnder Toleranz wird Erythromycin als Base oder als Stearat in einer Dosis von 4 x 500 mg peroral über sieben Tage empfohlen. Schließlich wird noch Erythromycin-Ethylsuccinat genannt (4 x 800 mg peroral über sieben Tage), was in der Bundesrepublik Deutschland aber überwiegend in der Pädiatrie eingesetzt wird, weshalb es auch nur als Saft angeboten wird [9].

Die Heilungsraten mit derartigen Therapie-Schemata vermögen bis heute nicht vollständig zu befriedigen. Dies gilt für die klinische Heilung (Beseitigung der Entzündungszeichen) ebenso wie für die mikrobiologische (Beseitigung der Erreger). Dies gilt bereits für den kurzfristigen Therapie-Erfolg, wie er sich etwa sieben Tage nach Therapie-Ende darstellt, vor allem aber für den Therapie-Erfolg, der sich frühestens drei Wochen nach Therapie-Ende feststellen läßt. Die Notwendigkeit von langfristigen Therapiekontrollen wird nicht nur im ärztlichen Alltag nicht immer hinreichend berücksichtigt, sondern sogar auch bei Therapiestudien. So vermochte Doxycyclin in der oben genannten Dosierung in einer kontrollierten Studie nur in 62% eine klinische Heilung zu bewirken, wenn man mögliche Reinfektionen ebenfalls als Therapieversagen klassifiziert. Aber auch wenn man dies nicht tut, lag die Heilungsrate nur bei 77% [12].

Eine mögliche Alternative in der Therapie der nicht-gonorrhoischen Urethritis könnten in Zukunft die Zweitgenerations-Quinolone darstellen. In der bereits angeführten kontrollierten Studie [49] zeitigte Ciprofloxacin (2 x 750 mg peroral über sieben Tage) zwar keine insgesamt bessere klinische Heilungsrate, speziell Fälle von Chlamydien-negativer und Ureaplasmen-positiver Urethritis vermochte Ciprofloxacin aber merklich häufiger zu heilen als Doxycyclin (p = 0,2). Eine endgültige Aussage über den Stellenwert von Zweitgenerations-Quinolonen bei genitalen Mycoplasmen-Infektionen läßt sich heute aber noch nicht machen.

Literatur

[1] Bak AL, Black FT (1968) DNA-base composition of human T-strain mycoplasmas. Nature 219: 1044

[2] Black FT (1973) Modifications of the growth inhibition test and its application to human T-mycoplasmas. Appl Microbiol 25: 528

[3] Bowie WR (1978) Comparison of gram stain and first-voided urine sediment in the diagnosis of urethritis. Sex Transm Dis 5: 39

[4] Bowie WR (1984) Nongonococcal urethritis and lymphogranuloma venereum. Cutis 33: 97

[5] Bowie WR et al (1977) Etiology of nongonococcal urethritis. Evidence for Chlamydia trachomatis and Ureaplasma urealyticum. J Clin Invest 59: 735

[6] Braun P et al (1970) Susceptibility of genital mycoplasmas to antimicrobial agents. Appl Microbiol 19: 62

[7] Bredt W (1976) Biologische Besonderheiten der Mycoplasmen in ihrer möglichen Beziehung zur Pathogenität. Zbl Bakteriol Mikrobiol Hyg [A] 235: 114

[8] Brunner H et al (1983) Studies on the role of Ureaplasma urealyticum and Mycoplasma hominis in prostatitis. J Infect Dis 147: 807

[9] Centers for Disease Control (1986) 1985 STD Treatment Guide-Lines. J Amer Acad Dermatol 14: 707

[10] Dienes L (1940) Cultivation of pleuropneumonia-like organisms from female genital organs. Proc Soc Exp Biol Med 44: 468

[11] Dienes L et al (1948) The role of pleuropneumonia-like organisms in genitourinary and joint diseases. N Engl J Med 238: 509

[12] Fong IW et al (1986) Recent clinical trials in chlamydial infections: The value of quinolones. Infect Med Dis Lett Obstetr Gynecol 8 [Suppl]: 41

[13] Hartmann AA (1983) Ureaplasma urealyticum in der Urethra des Mannes. Zur Wertung semiquantitativer Nachweise am Beispiel von Männern mit und ohne Urethritis. Z Hautkr 58: 244

[14] Hooton TM et al (1988) Prevalence of mycoplasma genitalium determined by DNA-probe in men with urethritis. Lancet i: 266

[15] Hunter JM et al (1981) Chlamydia trachomatis and Ureaplasma urealyticum in men attending a sexually transmitted diseases clinic. Brit J Vener Dis 57: 130

[16] Hyman HC et al (1987) DNA probes for detection and identification of Mycoplasma pneumoniae and Mycoplasma genitalium. J Clin Microbiol 25: 726

[17] Jacobs NF, Kraus SJ (1975) Gonococcal and nongonococcal urethritis in men. Clinical and laboratory differentiation. Ann Intern Med 82: 7

[18] Kraus SJ (1982) Semiquantitation of urethral polymorphonuclear leukocytes as objective evidence of nongonococcal urethritis. Sex Transm Dis 9: 52

[19] Krausse R, Ullmann U (1988) Comparative in vitro activity of fleroxacin (RO 23-6240) against Ureaplasma urealyticum and Mycoplasma hominis. Eur J Clin Microbiol 7: 67

[20] Krogsgaard-Jensen A (1971) Indirect hemagglutination with mycoplasma antigens: Effects of pH on antigen sensitization of tanned fresh and formalinized sheep erythrocytes. Appl Microbiol 22: 756

[21] Lind K et al (1985) Importance of Mycoplasma hominis in acute salpingitis assessed by culture and serological tests. Genitourin Med 61: 185

[22] Mardh PA et al (1981) Antibodies to Chlamydia trachomatis, Mycoplasma hominis, and Neisseria gonorrhoeae in sera from patients with acute salpingitis. Brit J Vener Dis 57: 125

[23] McCormack WM et al (1973) Sexual experience and urethral colonisation with genital mycoplasmas: a study in normal men. Ann Intern Med 78: 696

[24] Munday PE et al (1982) Persistant and recurrent non-gonococcal urethritis without evidence of current infection. Eur J Sex Transm Dis 1: 15

[25] Phillips LE et al (1986) Isolation of mycoplasma species and Ureaplasma urealyticum from obstetrical and gynecological patients by using commercially available medium formalations. J Clin Microbiol 24: 377

[26] Prentice MJ et al (1976) Non-specific urethritis. A placebo-controlled trial of minocycline in conjunction with laboratory investigations. Brit J Vener Dis 52: 269

[27] Purcell RH et al (1966) Color test for the measurement of antibody to T-strain mycoplasmas. J Bacteriol 92: 6

[28] Robertson JA et al (1988) Characterization of tetracyclin-resistant strains of Ureaplasma urealyticum. J Antimicrob Chemother 21: 319

[29] Saada AB, Kahane I (1988) Purification and characterization of urease from Ureaplasma urealyticum. Zbl Bakteriol Mikrobiol Hyg [A] 269: 160

[30] Samra Z et al (1988) Non-occurence of Mycoplasma genitalium in clinical specimens. Eur J Clin Microbiol Infect Dis 7: 49

[31] Shepard MC (1954) The recovery of pleuropneumonia-like organisms from negro men with and without non-gonococcal urethritis. Amer J Syph Gon Vener Dis 38: 113

[32] Shepard MC (1956) T-form colonies of pleuropneumonia-like organisms. J Bacteriol 71: 362

[33] Shepard MC, Lunceford CD (1970) Urease color test medium U-9 for the detection and identification of „T" mycoplasmas in clinical material. Appl Microbiol 20: 539

[34] Shepard MC, Lunceford CD, (1976) Differential agar medium (A7) for identification of Ureaplasma urealyticum (human T mycoplasmas) in primary cultures of clinical material. J Clin Microbiol 3: 613

[35] Shepard NC, Lunceford CD (1978) Serological typing of Ureaplasma urealyticum isolates from urethritis patients by an agar growth inhibition method. J Clin Microbiol 8: 566

[36] Shepard MC, Combs RS (1979) Enhancement of Ureaplasma urealyticum (human T mycoplasmas) in primary culture of clinical material. J Clin Microbiol 10: 931

[37] Shepard MC et al (1974) Ureaplasma urealyticum (gen. nov., sp. nov.): Proposed nomenclature for the human (T-strain) mycoplasmas. Int J System Bacteriol 24: 160

[38] Sobetzko OR et al (1988) Susceptibility of ureaplasma urealyticum to ten chemotherapeutic agents. Zbl Bakteriol Mikrobiol Hyg [A] 269: 245

[39] Swartz SL et al (1978) Diagnosis and etiology of nongonococcal urethritis. J Infect Dis 138: 445

[40] Taylor-Robinson MD, McCormack WM (1980) The genital mycoplasmas (First of Two Parts). N Engl J Med 302: 1003

[41] Taylor-Robinson D, McCormack WM (1980) The genital mycoplasmas (Second of Two Parts). N Engl J Med 302: 1063

[42] Taylor-Robinson D, Furr PM (1986) Clinical antibiotic resistance of Ureaplasma urealyticum. Pediatr Infect Dis 5 [Suppl]: 335

[43] Taylor-Robinson D et al (1977) Human intra-urethral inoculation of ureaplasmas. Q J Med 46: 309

[44] Taylor-Robinson D et al. (1979) Ureaplasma urealyticum and Mycoplasma hominis in chlamydial and non-chlamydial nongonococcal urethritis. Brit J Vener Dis 55: 30

[45] Tjiam KH et al (1986) In vitro activity of the two new 4-Quinolones A 56619 and A 56620 against Neisseria gonorrhoeae, Chlamydia trachomatis, Mycoplasma hominis, Ureaplasma urealyticum and Gardnerella vaginalis. Eur J Clin Microbiol 5: 498

[46] Tully JG et al (1983) Mycoplasma genitalium, a new species from the human urogenital tract. Int J System Bacteriol 33: 387

[47] Weidner W et al (1978) Zur Bedeutung von Ureaplasma urealyticum bei unspezifischer Prostato-Urethritis. Dtsch Med Wochenschr 103: 465

[48] Weidner W et al (1978) Zur Bedeutung von Ureaplasma urealyticum bei unspezifischer Prostato-Urethritis. Dtsch Med Wochenschr 103: 465

[49] Wood JC et al (1985) Evaluation of mycotrim-GU for isolation of mycoplasmas species and Ureaplasma urealyticum. J Clin Microbiol 22: 789

3.8 Gardnerella-, Bacteroides- und Mobiluncus-Infektionen: Bakterielle Vaginose

Die bakterielle Vaginose stellt die in Deutschland heute bei weitem häufigste Ursache von Ausfluß bei der Frau dar. In einer anfangs der achtziger Jahre in Tübingen durchgeführten Untersuchung ließ sich diese Erkrankung bei 62,8% aller Patientinnen einer Fluor-Sprechstunde erkennen [21]. Obwohl der Erkrankung zahlenmäßig somit größte Bedeutung zukommt, erscheint das gesicherte Wissen über das Wesen der Erkrankung bis heute noch als wesentlich enger begrenzt als bei den bislang abgehandelten sexuell übertragenen Erkrankungen bakterieller Genese. Dies äußert sich schon allein in der Vielzahl auch in jüngerer Zeit noch verwendeter Krankheitsbezeichnungen. In einer neueren Übersichtsarbeit werden folgende *Synonyma* angeführt:
— „Haemophilus-vaginalis-Vaginitis,
— Gardnerella-vaginalis-Vaginitis,
— unspezifische Vaginitis,
— unspezifische Colpitis,
— Amincolpitis,
— anaerobe Vaginose und
— unspezifische Vaginose" [20].
   Eine Gegenüberstellung des Begriffs bakterielle Vaginose und etwa des Begriffs Trichomonaden-Colpitis weist deutlich auf zwei wesentliche Eigentümlichkeiten des Krankheitsbildes hin: Zum einen ist das Auftreten der Erkrankung an die Gegenwart von Bakterien geknüpft, wobei es sich aber nicht ausschließlich um Erreger einer ganz bestimmten Spezies handelt, zum zweiten liegt eine im wesentlichen nicht entzündlich geprägte Erkrankung der Scheide vor, weshalb bewußt auf das Affix „itis" verzichtet wird. Auch wenn man unter sprachlichen Gesichtspunkten mit dem heute von vielen bevorzugten Terminus nicht ganz zufrieden sein mag, so sollte man ihn doch akzeptieren, da 1984 eine spezielle Konferenz der WHO zu dem Thema abgehalten wurde, bei dem der Begriff internationale Bestätigung erfuhr [27].

Die Schwierigkeit, die sich lange Zeit dem tiefergehenden Verständnis der bakteriellen Vaginose entgegenstellte, resultierte zum einen aus einer mangelnden klinischen, zum anderen aus einer mangelnden mikrobiologischen Charakterisierung. Während das erstere Problem heute als im wesentlichen gelöst betrachtet werden kann, gilt dies für das letztere bislang nur mit Einschränkungen.

Erreger

Gardnerella vaginalis

Bereits im Jahre 1953 wurde im Genitaltrakt erstmals ein Mikroorganismus beschrieben, dessen taxonomische Einordnung fürderhin noch großen Veränderungen unterworfen sein sollte. Während der Erstbeschreiber, Leopold [28], einfach von einem „bislang unbeschriebenen, aus dem Urogenitaltrakt isolierten Organismus" sprach — er fand ihn im Urin von Männern und Cervicalabstrichen von deren Partnerinnen, ohne ihn gezielt einer Scheidenerkrankung zuzuordnen — schlugen 1955 Gardner und Dukes [13] für den anscheinend identischen Erreger die Bezeichnung Haemophilus vaginalis vor, in Sonderheit aufgrund der dem Mirkoorganismus eigenen Gramnegativität und der Notwendigkeit der Gegenwart von Blut bei der Kultur.

Über die versuchte mikrobiologische Einordnung hinaus brachten diese Autoren den Keim auch in Zusammenhang mit dem Bestehen einer Vaginitis, die sie dann als „Haemophilus-vaginalis-Vaginitis" bezeichneten [13]. Das klinische Korrelat der von ihnen beobachteten bakteriellen Scheideninfektion sahen sie in dünnem, homogenem, grauem Ausfluß von charakteristischem, fischigem Geruch mit einem pH-Wert von 5,0 bis 5,5. Durch Übertragung des rein kultivierten Erregers konnten Gardner und Dukes zudem bei einem gesunden weiblichen Individuum die Erkrankung hervorrufen. Schließlich bestätig-sie die schon von Leopold stammende Vermutung der sexuellen Übertragung des Erregers, indem sie ihn in einem hohen Prozentsatz bei den männlichen Geschlechtspartnern der erkrankten Frauen nachwiesen und zudem hohe Rückfallraten nach Therapie aufzeigen konnten, wenn der Partner nicht in die Behandlung mit einbezogen wurde.

Im Jahre 1963 untersuchten Zinneman und Turner [42] eine Reihe von bislang als Haemophilus vaginalis bezeichneten Isolaten. Da unter bestimmten Kulturbedingungen eine Gram-Positivität zu erkennen war und die Erreger auch deutlich Keulenform im Präparat aufwiesen, schlugen sie Zuordnung zu den Corynebakterien vor, wobei die Speziesbezeichnung Corynebacterium vaginale lauten sollte. Dabei setzten sie sich freilich über die verbreitete Auffassung hinweg, wonach Corynebakterien Katalase-positiv sein sollten. Die zumindest bislang endgültige Einordnung erfuhr der Keim dann im Jahre 1980, als er von Greenwood und Pickett [14] einem eigenen Genus zugeordnet wurde. Zu Ehren von Gardner wurde die Bezeichnung *Gardnerella vaginalis* vorgeschlagen. Unter Gardnerellen sind danach Katalase- und Oxydase-negative, gramnegative bis gramlabile Bakterien zu verstehen, die zur fermentativen Bildung von Essigsäure befähigt sind. Unter praktischen – speziell diagnostischen – Gesichtspunkten kann man unter Gardnerella vaginalis gramvariable Stäbchen verstehen, die auf Menschen-, nicht aber Pferdeblut-Agar β-Hämolyse zeigen, Oxydase- und Katalase-negativ sind und Stärke, Maltose und Glucose zu fermentieren vermögen [22]; Mannitol sollte nicht gespalten werden.

Elektronenmikroskopisch stellt sich Gardnerella vaginalis als kurzes Stäbchen von etwa $0{,}5 \times 1{,}0\,\mu m$ Größe dar. Die äußere Begrenzung bildet eine 150 Å dicke Zellwand mit konzentrischer Schichtung und nach außen hin flockigem Erscheinungsbild. Weiter innen findet sich eine dreilagige zytoplasmatische Membran von 80 Å Dicke. Das Cytoplasma erscheint amorph und läßt nur gelegentlich Ribosomen erkennen. Gut abgegrenzt erscheinen die Kern-Regionen. Bei den häufigen Teilungen geht eine Einstülpung der cytoplasmatischen Membran von beiden Seiten her voraus [34]. Untersucht man Gardnerella vaginalis auf Lipase- und β-Galactosidase-Aktivität und die Fähigkeit zur Hydrolyse von Hippursäure, so lassen sich anhand des Reaktionsmusters acht *Biotypen* unterscheiden, deren häufigster durch die Assoziation aller drei Eigenschaften charakterisiert ist. Durch die Feststellung identischer Biotypen bei Sexualpartnern läßt sich wiederum der angenommene Übertragungsmodus des Erregers bestätigen. Bei bis zu 14% von Frauen mit bakterieller Vaginose liegen freilich gleichzeitig mehrere Biotypen vor [30]. Die Fähigkeit der Adhärenz von Gardnerella vaginalis an Vaginalepithelzellen läßt sich auch in vitro bestätigen. Beeinflußt wird die Adhärenz unter anderem vom pH-Wert: am stärksten ausgeprägt ist die Neigung zur Adhärenz zwischen einem pH-Wert von 5 und einem solchen von 6. Durch einzelne Kohlenhydrate läßt sich die Adhärenz nicht vollständig unterdrücken [28]. Ein Zusammenhang zwischen der Neigung von Gardnerella vaginalis, in vitro an McCoy-Zellen zu adhärieren unter Bildung von sogenannten Schlüsselzellen (Einschluß von Bakterien in Vaginalepithelzellen) ist zu erkennen [35]. Beim Kaninchen kann man Antikörper gegen Gardnerella vaginalis gewinnen, mit Hilfe unterschiedlicher derartiger Antiseren lassen sich 87% der klinischen Isolate serotypisieren. Die Antikörper richten sich gegen unterschiedliche Proteine und möglicherweise auch ein Kohlenhydrat [23].

Gardnerella vaginalis ist in vitro mäßig empfindlich gegenüber Penicillin und Ampicillin: die minimalen Hemmkonzentrationen (MHK) liegen bei maximal 1 µg/ml. Tetracyclin erwies sich in derselben englischen Untersuchung als mit einer MHK von maximal 4 µm/ml noch weniger wirksam, die MHK-Werte von Quinolonen, unter anderem Ciprofloxacin, lagen zum Teil jenseits von 8 µg/ml [16]. Die minimalen Hemmkonzentrationen von Metronidazol (1-(2-Hydroxiethyl)-2-methyl-5-nitroimidazol) selbst liegen zwischen 4 und 32 µg/ml, die des Hydroxi-Metaboliten 1-(2-Hydroxiethyl)-2-hydroximethyl-5-nitromidazol) zwischen 0,5 und 2 und die des Säure-Metaboliten zwischen 32 und 128 µg/ml [32]. Hinweise auf die Existenz von Resistenzplasmiden bei Gardnerella vaginalis gibt es bislang nicht.

Den ursprünglichen Untersuchungen von Gardner und Dukes im Jahre 1955 [13] zufolge fand sich der später als Gardnerella vaginalis bezeichnete Keim in 92% der Patientinnen mit der heute als bakterielle Vaginose bezeichneten Erkrankung, nicht aber bei Kontrollpersonen ohne dieses Krankheitsbild. Seit den Untersuchungen von Hill et al. im Jahre 1984 [18] weiß man aber, daß Gardnerella vaginalis auch dann in der Scheide angetroffen werden kann, wenn eine bakterielle Vaginose nicht vorliegt, wobei die Keimdichten freilich wesentlich niedriger liegen. Auch in der Harnröhre von Männern, die in einer STD-Ambulanz betreut werden, kommt Gardnerella vaginalis regelmäßig vor, bei einer englischen Untersuchung lag die Quote bei 11,4%, wobei Heterosexuelle mit 14,5% wesentlich häufiger besiedelt gefunden wurden als Homosexuelle (4,5%). Im Präputialraum und im Rektum ließ sich Gardnerella vaginalis in dieser Population nicht nachweisen. Erscheinungen einer Urethritis waren mit dem Befall der Harnröhre nicht verbunden [8].

Bacteroides-Spezies und sonstige anaerobe Stäbchen- und Kokken-Bakterien

Neben Gardnerella vaginalis scheint anderen Bakterien im Zusammenhang mit der Entstehung und Unterhaltung einer bakteriellen Vaginose wesentliche Bedeutung zuzukommen. So ließen sich in der schon angeführten Tübinger Studie nicht nur bei 100% der Fluor-Sprechstunden-Patientinnen mit bakterieller Vaginose Gardnerella vaginalis nachweisen, sondern auch in 33% Bacteroides-Arten, in 5% Peptokokken, in 12% Peptostreptokokken [21]. Speziell Bacteroides-Arten fanden sich signifikant häufiger (p < 0,01) bei Fluor-Patientinnen mit bakterieller Vaginose als bei den übrigen. Ähnliche Befunde waren bereits zuvor in den USA von der Gruppe um Spiegel [39] erhoben worden. Bei 17 Patientinnen mit bakterieller Vaginose fand sich nicht nur 17mal Gardnerella vaginalis sondern auch 13mal Bacteroides und 6mal Peptococcus. In einer Gruppe normaler Kontrollpersonen fanden sich Bakterien dieser Genera nur bei zwei respektive einem von 21 Untersuchten. Unter den Bacteroides-Arten fand sich am häufigsten *Bacteroides capillosus,* danach B. bivius, B. disiens, B. asaccharolyticus, nämlich in 47, 24, 18, 6% der Patientinnen, nicht näher charakterisierte Bacteroides-Spezies fanden sich bei 18%, irgend ein Keim des Genus Bacteroides fand sich in 76%. Peptokokken irgendeiner Spezies fanden sich in 36%, Peptococcus prevotii bzw. Peptococcus asaccharolyticus in jeweils 18% [39]. Während in der normalen Vaginalflüssigkeit vorwiegend Milchsäure gefunden wurde, fanden sich bei der Gas-Flüssigkeits-chromatographischen Aufarbeitung von Scheidensekret bei bakterieller Vaginose vermehrt Bernsteinsäure, Essigsäure, Buttersäure und Propionsäure, wobei die Bildung von Essigsäure mit der Anwesenheit von Gardnerella vaginalis in Verbindung zu bringen war, die von Bernsteinsäure mit der von Bacteroides-Arten und die von Buttersäure und Essigsäure mit der Anwesenheit von Peptokokken-Arten. Es stellte sich heraus, daß ein vergleichsweise hoher Anteil von Bernsteinsäure im Verhältnis zu Milchsäure in Vaginalflüssigkeit einen Indikator für die bakterielle Vaginose darstellt. Die angeführten Unterschiede in der Häufigkeit der verschiedenen Keime bei Patienten mit bakterieller Vaginose und bei Kontrollpersonen waren insoweit signifikant, als in der untersuchten Gesamtpopulation nicht nur Gardnerella vaginalis signifikant häufiger bei Patientinnen vorkam (die absoluten Zahlen lagen bei 52 von 53 respektive 25 von 60 Frauen), sondern auch, als bei Patientinnen mit bakterieller Vaginose signifikant häufiger Buttersäure-bildende Peptokokken und Bernsteinsäure-bildende Bacteroides-Arten anzutreffen waren. Lactobazillen fanden sich demgegenüber signifikant seltener als bei gesunden Frauen. Spiegel und Mitarbeiter [39] leiten aus ihren Befunden die Auffassung ab, wonach Anaerobier zumindest auch eine wesentliche Rolle bei der bakteriellen Vaginose spielen, möglicherweise indem sie das Scheidenmilieu zum Alkalischen hin verschieben, was erst eine wesentliche Vermehrung von Gardnerella vaginalis erlaubt.

Was auch wesentlich für die Bedeutung der in Rede stehenden Anaerobier für die bakterielle Vaginose spricht, ist die verglichen mit Gardnerella vaginalis wesentlich höhere In-vitro-Empfindlichkeit gegenüber Metronidazol und seinen Metaboliten. In diesem Zusammenhang sei nochmals auf die Ergebnisse von Ralph und Amatnieks [32] hingewiesen, wonach die meisten Stämme von Bacteroides fragilis eine minimale Hemmkonzentration von höchstens 1 bzw. 2 µg/ml für Metronidazol bzw. seinen Hydroxi-Metaboliten aufweisen. In diesem Zusammenhang muß freilich angemerkt werden, daß speziell Bacteroides fragilis wohl keine größere Rolle bei der bakteriellen Vaginose zukommt. Von daher verdienen eingehende Untersuchungen von Hill und Ayers [17] größtes Interesse, wonach die Metronidazol-, Penicillin- und Imipenem-MHK-

Werte für B. capillosus zwischen 1,0 und 4,0, 0,125 und 64 resp.
0,031 und 0,062 liegen, die entsprechenden Werte für B.bivius
zwischen 0,5 und 4,0, 4,0 und 64 resp. $\leq$ 0,015 und 125, die für
Peptococcus asaccharolyticus zwischen 0,5 und 1,0, $\leq$ 0,015 und
0,25 resp. $\leq$ 0,015 und 0,031 [17].

Zusammenfassend läßt sich aufgrund dieser Befunde feststellen: Gramnegative stäbchenförmige Anaerobier aus dem
Genitaltrakt weisen eine minimale Hemmkonzentration von
Metronidazol von höchstens 4 µg/ml auf, dies steht wesentlich
höheren Werten bei Gardnerella vaginalis gegenüber.

Mobiluncus-Spezies

Komma-förmige Mikroorganismen wurden im Scheidensekret
erstmals bereits 1895 von Krönig beobachtet [25]. Die erste Isolierung gelang Curtis 1913 [27]. Die Assoziation von gebogenen
anaeroben Bakterien, sogenannten curved rods, mit der bakteriellen Vaginose kann insbesondere aufgrund der Untersuchungen von Spiegel [40] heute als gut etabliert gelten. Im
Gram-Präparat der Vaginalflüssigkeit von Patientinnen mit
bakterieller Vaginose fanden sich bei 31 von 61 Frauen gram-
variable bzw. gramnegative gebogene, stäbchenförmige Mikroorganismen, nicht aber bei 42 gesunden Kontrollpersonen. Bei
sechs der 31 Patientinnen mit positivem Präparat ließen sich
anaerobe Keime anzüchten, die sich als beweglich, Oxydase-
negativ erwiesen, vor allem Bernsteinsäure bildeten und Stärke
zu hydrolisieren vermochten. Entsprechende Erreger konnten
auch bei sieben weiteren Frauen mit bakterieller Vaginose isoliert werden, nicht aber bei Kontrollpersonen. Obwohl die
Mehrzahl der Isolate eine minimale Hemmkonzentration von
Metronidazol $\geq$ 8 µg/ml aufwies, ließen sie sich bei den Patientinnen mit einer Gabe von wenigstens 2 g Metronidazol eradizieren [40]. Einem Vorschlag von Spiegel und Roberts [38] folgend werden diese Mikroorganismen heute einem eigenen Genus mit der Bezeichnung *Mobiluncus* zugerechnet. Es handelt
sich dabei um anaerobe bewegliche gebogene Stäbchenbakterien mit einer Vielzahl von Flagellen, die in der Nähe der
Enden angeordnet sind und vielschichtigen Gram-variablen
Zellwänden. Keime des Genus Mobiluncus bilden Bernstein-

säure und Essigsäure, sie werden von Kaninchenserum stimuliert und haben einen Guanin-Zytosin-Gehalt von 49 bis 52 Mol%.

Den Hauptvertreter des Genus stellt *Mobiluncus curtisii* dar, dieses 1,7 µm lange Gram-variable Stäbchen wird von Arginin stimuliert und bildet Ornithin, Citrullin und Ammoniak aus Arginin. Vermag Mobiluncus curtisii durch dünnen (0,25%-igen) Agar zu wandern und verläuft der Nitrat-Test negativ, so handelt es sich um Mobiluncus curtisii subsp. curtisii. Ist jeweils das Gegenteil der Fall, so liegt Mobiluncus curtisii subsp. holmesii vor. Abzutrennen gilt es die Spezies *Mobiluncus mulieris*. Hierbei handelt es sich um größere (2,9 µm lange), gram-negative, kommaförmige Stäbchen, die aus Glykogen Säure zu bilden vermögen und sich im CAMP-Test als positiv erweisen. Zwischenzeitlich konnten Mobiluncus-Spezies nicht nur in der Vagina, sondern auch im Rektum von Frauen mit bakterieller Vaginose gefunden werden [15].

Klinik

Wie bereits betont, hat die praktische Befassung mit Patienten mit bakterieller Vaginose lange unter der mangelnden Charakterisierung dieser Erkrankung gelitten. Vor dem Hintergrund der Untersuchungen von Amsel et al. [2] erscheint aber gerade das klinische Bild heute als klar geschnitten. Eine bakterielle Vaginose liegt vor, wenn sich *drei* der folgenden *vier Kriterien* erfüllt finden:
— pH der Vaginalflüssigkeit oberhalb 4,5;
— dünner, homogen erscheinender vaginaler Ausfluß von milchartiger Konsistenz, nicht flockig oder klumpig, wobei die Menge von wenig bis reichlich schwanken kann;
— Entwicklung von fischigem Amin-Geruch bei Zugabe von 10%iger Kalilauge zu einem Tropfen Vaginalsekret;
— Anwesenheit von Schlüsselzellen im Naßpräparat.

Bei diesen sogenannten „clue cells" handelt es sich um abgeschilferte Vaginalepithelzellen, deren Cytoplasma gestippt bzw. granulär erscheint und deren Begrenzung aufgrund der Anwesenheit einer Vielzahl von Bakterien kaum wahrgenommen werden kann.

Ein weiteres Kriterium kann auch in dem Nachweis abnormer Amine durch chromatographische Untersuchungen gesehen werden, angesichts der Komplexität des Nachweises und der hohen Sensitivität und Spezifität der vorgenannten Kriterien bleibt diese Untersuchung aber wissenschaftlichen Fragestellungen vorbehalten.

Die Beschwerden der Patientinnen gehen somit nicht konstitutiv in die Diagnosestellung ein, erscheinen die Beschwerden doch als zu uncharakteristisch für die in Rede stehende Erkrankung. In der vorgenannten Untersuchung gaben 46% der Patientinnen mit bakterieller Vaginose abnormen Ausfluß, abstoßenden Scheidengeruch oder eine Reizung der Vulva an, entsprechende Angaben machten 32% der Frauen in der Kontrollgruppe. Die größte Trennschärfe kommt noch dem Kriterium *unangenehmer Scheidengeruch* zu, wurde er doch von 38% der Patientinnen mit bakterieller Vaginose aber nur von 10% der gesunden Kontrollpersonen angegeben. Unter Irritation wird in diesem Zusammenhang Juckreiz oder Brennen oder Schmerz in der Scheide verstanden sowie eine der Scheide zugeordnete Dyspareunie.

Bei Patientinnen mit bakterieller Vaginose finden sich vergleichsweise gehäuft Angaben über vorangehende sexuelle Aktivität, eine frühere Trichomonaden-Infektion, den Einsatz von Kontrazeptiva, speziell Intrauterin-Pessaren [2]. Insgesamt läßt sich feststellen, daß das Krankheitsbild zwar häufig von Patientin wie Arzt nicht als besonders schwerwiegend empfunden wird, daß es für viele Patientinnen aber doch eine wesentliche Beeinträchtigung darstellt, was sich oft erst bei eingehender Befassung mit der Patientin herausstellt.

Nicht übersehen werden darf auch die Möglichkeit extravaginaler Infektionen durch die Erreger, die bei dieser Erkrankung gefunden werden. Exemplarisch sei auf Gardnerella vaginalis hingewiesen. Wird doch ein Zusammenhang zwischen der Gegenwart dieses Keimes im weiblichen Genitaltrakt und Frühgeburtlichkeit bzw. postpartalen Komplikationen bei Schwangeren gesehen [12]. Bezüglich möglicher sonstiger Erkrankungen durch Gardnerella vaginalis sei auf die kürzlich erschienene Übersicht von Johnson und Boustouller [24] verwiesen. Speziell beim Mann wird Gardnerella vaginalis auch bei Patienten einer STD-Klinik in der Regel nicht mit Krankheitserscheinungen assoziiert [8]. Immerhin wurde Gardnerella vaginalis aber auch schon mit der sogenannten abakteriellen Cystitis des Mannes in Verbindung gebracht [1].

Diagnostik

Klinische Erfassung

Bei der Untersuchung auf bakterielle Vaginose werden Abstriche mit Baumwollwatteträgern aus dem seitlichen und hinteren Scheidengewölbe gewonnen. Zunächst wird mit einem pH-Indikator-Papier der Scheiden-pH ermittelt. Dann werden die bakteriologischen Medien beimpft. Anschließend wird auf entsprechende Weise gewonnenes Material in zwei Tropfen physiologischer Kochsalzlösung auf einem Glasobjektträger eingebracht, danach wird mikroskopisch auf Schlüsselzellen untersucht. Material von demselben Watteträger wird in zwei Tropfen 10%iger Kalilauge auf einen Glasobjektträger aufgebracht und auf fischigen Amingeruch geprüft. Nach Eindecken mit einem Deckgläschen kann anschließend eine mikroskopische Untersuchung auf Hefen mit Hilfe desselben Präparates erfolgen. Will man die prävalierenden Amine Putrescin und Cardaverin nachweisen, so bietet sich die Dünnschichtchromatographie an [6].

Gardnerella vaginalis
Die Anzüchtung von Gardnerella vaginalis auf Schokoladenagar ist möglich. Man kann dazu GC-Agar (Becton, Dickinson, Heidelberg, D) mit 1% IsoVitaleX-Anreicherung (Becton, Dickinson) und 5% erhitztem Schafblut einsetzen. Generell wird nach der Beimpfung des Mediums bei 37 °C in 5%iger CO_2-Atmosphäre bebrütet und nach 48 sowie 72 Stunden abgelesen. Gardnerella vaginalis gibt sich in Form stecknadelkopfgroßer Kolonien ohne Grünverfärbung des Nährbodens zu erkennen. Eine wesentlich höhere Sensitivität als dem Schokoladenagar kommt aber Spezialmedien zu, wie sie von Totten und Mitarbeitern [41] angegeben wurden: es handelt sich dabei um Selektiv- und Differentialmedien mit zwei Schichten von

menschlichem Blut sowie mit oder ohne Tween 80 (HBT- bzw. HB-Medium). Das HB-Medium besteht aus einer unteren Schicht von 7 ml CNA-Agar (Columbia-Agar mit Colistin- und Nalidixin-Säure der Firma Becton, Dickinson, Heidelberg, D) mit 2 µg/ml Amphotericin B sowie 14 ml einer oberen Schicht entsprechender Zusammensetzung aber einschließlich 5% menschlichem Blut.

Bei dem HBT-Medium enthalten beide Schichten zusätzlich 1% Proteose-Pepton No. 3 (Difco, Detroit, Mich.) sowie 0,0075% Tween 80 (Becton, Dickinson). Auf diesen Medien imponiert Gardnerella vaginalis als kleine weiße Kolonien mit β-Hämolyse. Im Kulturpräparat zeigen sich jeweils pleomorphe, Gram-variable Stäbchen. Für eine definitive Spezies-Identifikation bedarf es weiterer Untersuchungen wie auf Katalase-Negativität, Fermentation von Stärke, nicht aber Mannitol. Zur Prüfung der Zuckervergärung eignet sich ein Medium mit 1% Proteose-Pepton No. 3 (Difco), 0,3% Fleischextrakt (Becton, Dickinson), 0,5% Kochsalz und 1% Andrade-Indikator. Das Medium ist mit Natronlauge auf einen pH von 7,3 einzustellen, der zu untersuchende Zucker in einer Endkonzentration von 1% beizugeben. Nach Piot et al. [31] gilt es darüberhinaus die Hemmzone um ein Papierblättchen mit 50 µg Metronidazol, ein Blättchen mit 1 mg Galle und Blättchen mit 150 µg Nitrofurantoin bzw. 1 mg Sulfonamid-3er-Kombination zu untersuchen. Die letztgenannten beiden Untersuchungen werden auf Columbia-Agar (Becton, Dickinson) und 5% menschlichem Blut (einschichtig) durchgeführt, die beiden erstgenannten auf einem weiteren Spezialmedium, dem PSD-Agar [10].

Dieses Pepton-Agar-Dextrose-Medium läßt sich als Bouillon auch für die Makrodikutionstestung der Antibiotika-Aktivität gegenüber Gardnerella vaginalis heranziehen. Das Inokulum soll bei ungefähr 10^6 koloniebildenden Einheiten je ml liegen, inkubiert wird bei 37 °C in einem Anaeroben-Inkubator mit 85% Stickstoff, 10% Wasserstoff und 5% Kohlendioxyd über 48 Stunden [33] [32].

Eine Alternative in der Diagnostik von Gardnerella vaginalis scheint ein Enzym-gebundener Immunosorbens-Test darzustellen, der sich auf polyklonale Antikörper gegen Gardnerella vaginalis (NTCC 10915) stützt [4]. Der Vorteil des Verfahrens scheint in einer verglichen mit der Kultur möglicherweise höheren Sensitivität zu bestehen sowie in der raschen Verfügbarkeit der Ergebnisse.

Bacteroides-Spezies und sonstige anaerobe Stäbchen- und Kokken-Bakterien

Bezüglich der Diagnostik von anaeroben gramnegativen Stäbchenbakterien, wie sie in der Scheide vorkommen, besteht noch keine einhellige Auffassung. Dies gilt zum einen für die Anzüchtung, vor allem aber für die Spezies-Identifizierung. Wie bei Gardnerella vaginalis ist prinzipiell eine quantitative Untersuchung des klinischen Materials anzustreben. Anders als bei Gardnerella vaginalis gibt es aber nicht den bei dieser Spezies als relevant angesehenen Grenzwert von 10^7 Koloniebildenden Einheiten je ml. Geeignet zur Anzüchtung — möglichst mit mehreren parallelen Platten — erscheint Hirn-Herz-Infusions-Medium (B3, Difco, Detroit, Mich.) mit 2% Agar, 5% defibriniertem Schafblut und 2% Proteosepepton No. 3 (Difco) (Beimpfung nach 24stündiger Präreduzierung). Abgelesen wird nach sechs oder sieben Tagen der Inkubation in einer Anaeroben-Kammer bei 35 bis 37 °C. Als strikte Anaerobier sind solche Keime anzusehen, die bei Subkultur in Gegenwart von Luft oder Kohlendioxid nicht wachsen [39].

Zur Identifizierung der einzelnen Spezies wird von vielen das Anaeroben-Labormanual des Virginia Polytechnic Institute herangezogen [19]. Einen guten Überblick über die unterschiedlichen verfügbaren Klassifikations-Methoden und -Schemata sowie einen Vorschlag für ein vereinfachtes Schema zur Identifikation klinischer Isolate von gramnegativen anaeroben Bazillen bietet die Arbeit von Duerden und Mitarbeitern [9].

Mobiluncus-Spezies

Der kulturelle Nachweis von anaeroben, gramlabilen bzw. gramnegativen, kommaförmigen Stäbchen galt lange Zeit als überaus problematisch. Heute empfiehlt sich in Sonderheit der Einsatz von Selektivmedien unter Rückgriff auf die Technik der Kälteanreicherung [36]. Das Untersuchungsmaterial sollte mit einem Baumwoll-Watteträger aus dem seitlichen und hinteren Scheidengewölbe gewonnen werden und dessen Spitze dann ein kleines Stückchen in den Nährboden eines geeigneten Transportmediums hineingestoßen werden (5 mm oder weniger; empfohlen wird das Anaeroben-Transportmedium der Firma Anaerobe Systems, Santa Clara, Calif.). Anschließend sollte das Transportmedium für gut 12 Stunden bei 4 bis 5 °C — also im Kühlschrank — aufbewahrt werden.

Zur Anzüchtung selbst empfiehlt sich der parallele Einsatz unterschiedlich konzipierter Selektivmedien. Das sogenannte Rlk-Medium besteht aus CNA-Agar (Becton, Dickinson, Heidelberg, D.) mit 0,6% Hefeextrakt und 2% Pepton, zudem enthält es 5% Kaninchen- oder Schafblut sowie 48 µg Naladixinsäure und 20 µg Tinidazol je ml. Das sogenannte SA-Medium enthält neben CNA-Agar 1,6% Kaninchen- oder Schafblut, 2% Kaninchenserum, 48 µg Tinidazol je ml und 20 µg Nalidixinsäure je ml. Die Bebrütung erfolgt unter anaeroben Bedingungen über fünf Tage, es zeigen sich dann konvexe, glänzende und durchscheinende Kolonien von maximal 1 mm Durchmesser. Die aufwendige Spezies-Identifikation orientiert sich an den Empfehlungen von Spiegel und Roberts [38].

Die Prüfung der Antibiotika-Empfindlichkeit kann sich auf den Mikrodilutionstest stützen. Als Medium dient die Wilkins-Schalgren-Bouillon (Difco, Detroit, Mich.) mit 1% löslicher Stärke (Difco), 2% Kaninchenserum (Gibco, Madison, Wis.). Beimpft wird nach Präreduktion der Medien mit Keimen einer 48 Stunden alten Subkultur, die derart suspendiert werden, daß sich ein Inokulum von 10^6 koloniebildenden Keimen je ml ergibt. Bebrütet wird unter anaeroben Bedingungen bei 35 °C über 48 Stunden [37].

Therapie

Zur Behandlung der bakteriellen Vaginose empfiehlt sich in erster Linie *Metronidazol,* speziell nach dem Schema 2 x 500 mg peroral pro die über sieben Tage. Bezüglich der Problematik des Einsatzes von Metronidazol sei auf die entsprechende Einlassung im Kapitel über Trichomaden-Infektionen verwiesen. Als weniger wirksame Alternative wird von den Centers for Disease Control (Atlanta, Ga.) [5] Ampicillin bzw. Amoxicillin peroral — 4 x täglich in einer Einzeldosis von 500 mg über sieben Tage gegeben — benannt, speziell für schwangere

Frauen oder Patientinnen, bei denen Metronidazol kontraindiziert ist. Reines Gardnerella vaginalis-Keimträgertum von Frau oder Mann wird von den Centers for Disease Control expressis verbis nicht als Indikation für eine antibakterielle Chemotherapie angesehen. Der von mancher Seite gemachte Vorschlag, auch den Partner einer Patientin mit bakterieller Vaginose zu behandeln, wird zum gegenwärtigen Zeitpunkt abgelehnt, da auf diese Weise einer unveröffentlichten Studie aus Seattle zufolge die Häufigkeit eines Rezidivs bei der Patientin nicht gesenkt werden kann [20].

Für die Anwendung von Metronidazol in einer Tagesdosis von 50 bis 1200 mg über fünf bis sieben Tage finden sich in der Literatur Heilungsraten von bis zu 25% [28]. In der Tübinger Studie [21] konnten 81 von 89 Patientinnen mit bakterieller Vaginose mit 2 x 400 mg Metronidazol peroral über fünf Tage geheilt werden. In einer etwas älteren randomisierten, offenen Vergleichsstudie [29] wurden fast alle Patientinnen mit Metronidazol (2 x 500 mg über sieben Tage) zunächst (klinisch wie mikrobiologisch in bezug auf Gardnerella vaginalis) geheilt, ein Rezidiv bei der Nachkontrolle zwei bis fünf Wochen nach Therapie fand sich in etwa 16%. Unter 4 x 500 mg über sieben Tage oder 2 x 100 Doxycyclin über dieselbe Zeit fanden sich bei kurz- wie langfristiger Betrachtung, subjektiv wie objektiv, wesentlich schlechtere Ergebnisse. In einer neueren Studie bei Patienten mit Gardnerella vaginalis-assoziierter bakterieller Vaginose erwiesen sich 2 x 400 mg Metronidazol über sieben Tage als fast durchweg wirksam, während Oxytetrazyklin (2 x 500 mg über sieben Tage) nur bei der Hälfte der behandelten Patienten wirkte [3]. Metronidazol erwies sich in Sonderheit auch als zuverlässig in der Eradikation von Gardnerella vaginalis. Therapiestudien zur Beeinflussung der Mobiluncus-assoziierten bakteriellen Vaginose liegen bislang nur in sehr begrenztem Rahmen vor. Den orientierenden Untersuchungen von Spiegel et al. [40] zufolge vermögen sowohl Ampicillin respektive Amoxycillin als auch Metronidazol den Erreger zu eradizieren, das letztgenannte Medikament erwies sich somit auch als gut wirksam, obwohl die MHK-Werte der meisten Stämme ≥ 8 µg/ml lagen, Werte, die bei den meisten Menschen bei oraler Aufnahme von 400 mg höchstens nur für sehr kurze Zeit im Serum erreicht werden [11]. Möglicherweise wirkt

Metronidazol somit auch auf Mobiluncus wie auf Gardnerella vaginalis nicht direkt, sondern über Beeinflussung der anaeroben Begleitflora [40].

Literatur

[1] Abercrombie GF et al (1978) Corynebacterium vaginale urinary-tract infection in a man. Lancet i: 766

[2] Amsel R et al (1983) Nonspecific vaginitis. Diagnostic criteria and microbial and epidemiologic association. Amer J Med 74: 14 .

[3] Balsdon MJ et al (1980) Corynebacterium vaginale and vaginitis: A controlled trial of treatment. Lancet i: 501

[4] Bratos MA et al (1986) Diagnosis of Gardnerella vaginalis infection by an enzyme-linked immunosorbent assay. Eur J Clin Microbiol 5: 46

[5] Centers for Disease Control (1986) 1985 STD treatment guidelines. J Amer Acad Dermatol 14: 707

[6] Chen KCS et al (1982) Biochemical diagnosis of vaginitis: Determination of diamines in vaginal fluid. J Infect Dis 145: 337

[7] Curtis AH (1913) A motile curved anaerobic bacillus in uterine discharges. J Infect Dis 12: 165

[8] Dawson SG et al (1982) Male carriage of Gardnerella vaginalis. Brit J Vener Dis 58: 243

[9] Duerden BE et al (1980) A scheme for the identification of clinical isolates of gramnegative anaerobic bacilli by conventional biological tests. J Med Microbiol 13: 231

[10] Dunkelberg WE Jr, McViegh I (1969) Growth requirements of Haemophilus vaginalis. Antonie van Leeuwenhoek J Microbiol Serol 35: 129

[11] Easmon CSF et al (1982) Pharmacokinetics of metronidazole and its principle metabolites and the activity against Gardnerella vaginalis. Brit J Vener Dis 58: 246

[12] Eschenbach DA et al (1984) Bacterial vaginosis during pregnancy: An association with prematury and post-partum complications. Scand J Urol Nephrol 86 [Suppl]: 213

[13] Gardner HL, Dukes CD (1955) Haemophilus vaginalis vaginitis. Amer J Obstetr Gynecol 69: 962

[14] Greenwood JR, Pickett MJ: Transfer of Haemophilus vaginalis, Gardner and Dukes, to a new genus, Gardnerella: G. vaginalis (Gardner and Dukes) comb. nov. Int J System Bacteriol 30: 170

[15] Hallen A et al (1988) Rectal occurence of mobiluncus species. Genitourin Med 64: 273

[16] Hart CA et al (1984) Activity of ciprofloxacin against genital tract pathogens. Brit J Vener Dis 60: 316

[17] Hill GB, Ayers UM (1985) Antimicrobial susceptibilities of anaerobic bacteria isolated from female genital tract infections. Antimicrob Agents Chemother 27: 324

[18] Hill GB et al (1984) Bacteriology of the vagina. Scand J Urol Nephrol 86 [Suppl]: 23

[19] Holdeman LV et al (1977) Anaerobic Laboratory Manual. Blacksburg, Virginia

[20] Hoyme UB, Eschenbach DA (1985) Bakterielle Vaginose. Mikrobiologie, Diagnostik, Therapie und Komplikationen. Dtsch Med Wochenschr 110: 349

[21] Hoyme UB et al (1984) Mikrobiologische Befunde beim Fluor vaginalis. Geburtsh Frauenheilk 44: 796

[22] Ison CA et al (1982) Comparison of culture and microscopy in the diagnosis of Gardnerella vaginalis infection. J Clin Pathol 35: 550

[23] Ison CA et al (1987) Development and evaluation of a schema for serotyping Gardnerella vaginalis. Genitourin Med 63: 196

[24] Johnson AP, Boustouller YL (1987) Extra-vaginal infection caused by Gardnerella vaginalis. Epidem Inf 98: 131

[25] Krönig I (1985) Über die Natur der Scheidenkeime, speziell über das Vorkommen anaerober Streptokokken im Scheidensekret Schwangerer. Zbl Gynekol 19: 409

[26] Leopold S (1953) Heretofore undiscribed organism isolated from the genito-urinary system. US Armed Forces Med J 4: 263

[27] Mardh PA, Taylor-Robinson D (1984) Bacterial vaginosis. Almqvist and Wiksell, Stockholm

[28] Peeters M, Piot P (1985) Adhesion of Gardnerella vaginalis to vaginal epithelial cells: Variables affecting adhesion and inhibition by metronidazole. Genitourin Med 61: 391

[29] Pheifer TA et al (1978) Nonspecific vaginitis. Role of Haemophilus vaginalis and treatment with metronidazole. N Engl J Med 298: 1429

[30] Piot P et al (1984) Biotypes of Gardnerella vaginalis. J Clin Microbiol 20: 677

[31] Piot P et al: Identification of Gardnerella (Haemophilus) vaginalis. J Clin Microbiol 15: 19

[32] Ralph ED, Amatnieks YE (1980) Relative susceptibilities of Gardnerella vaginalis (Haemophilus vaginalis), Neisseria gonorrhoeae, and Bacteroides fragilis to metronidazole and its two major metabolites. Sex Transm Dis 7: 157

[33] Ralph ED et al (1979) Inhibition of Haemophilus vaginalis (Corynebacterium vaginale) by metronidazole, tetracyclin, and ampicillin. Sex Transm Dis 6: 199

[34] Reyn A et al (1966) An electronmicroscope study of thin sections of Haemophilus vaginalis (Gardner and Dukes) and some possibly related species. Canad J Microbiol 12: 1125

[35] Scott TG et al (1987] In vitro adhesiveness and biotype of Gardnerella vaginalis strains in relation to the occurence of clue cells in the genital discharges. Genitourin Med 63: 47

[36] Smith HJ, Moore HB (1988) Isolation of Mobiluncus species from clinical specimens by using cold enrichment and selective media. J Clin Microbiol 26: 1134

[37] Spiegel CA (1987) Susceptibility of Mobiluncus species to 23 antimicrobial agents and 15 other compounds. Antimicrob Agents Chemother 31: 249

[38] Spiegel CA, Roberts M (1984) Mobiluncus gen. nov. Mobiluncus curtisii subsp. curtisii sp. nov., Mobiluncus curtisii subsp. holmesii subsp. nov. ad Mobiluncus mulieris sp. nov., Curved rods from the human vagina. Int J Syst Bacteriol 34: 177

[39] Spiegel CA et al (1980) Anaerobic bacteria in nonspecific vaginitis. N Engl J Med 303: 601

[40] Spiegel CA et al (1983) Curved anaerobic bacteria in bacterial (nonspecific) vaginosis and their response to antimicrobial therapy. J Infect Dis 148: 817

[41] Totten PA et al (1982) Selective differential human blood bilayer media for isolation of Gardnerella (Haemophilus) vaginalis. J Clin Microbiol 15: 141

[42] Zinneman K, Turner GC (1963) The taxonomic position of „Haemophilus vaginalis" (Corynebacterium vaginale). J Path Bacteriol 85: 213

4 Morbus Reiter

Synonyma

M. Reiter (MR), Conjunctivo-urethro-synoviales Syndrom, Arthritis urethritica, nicht-gonorrhoische Urethritis und Conjunctivitis mit Arthritis, Post-Dysenterie-Arthritis, venerische Arthritis, infektiöse Uro-Arthritis.

Definition

Das Reiter-Syndrom (RS) ist charakterisiert durch die klinische Trias i) Arthritis ii) Urethritis iii) Conjunctivitis, wobei die Symptome gleichzeitig oder hintereinander in verschiedenen Kombinationen und variabler Ausprägung vorkommen können [15].

Ätiologie

Die genaue Ätiologie des RS ist letztlich nicht bekannt, dürfte jedoch auf einer hereditären Prädisposition und gewissen Trigger-Mechanismen (Auslösefaktoren) beruhen.

Hereditäre Prädispositionen

Für eine Erbanlage zur Entwicklung des RS spricht die hohe Häufigkeit der Erkrankung innerhalb betroffener Familien sowie die enge Assoziation des RS zu dem Histocompatibilitätsantigen HLA-B27, das bei mehr als 70% der Erkrankten, aber nur bei 10% gesunder Personen exprimiert wird [2, 6, 14]. Das Risiko eines HLA-B27-positiven Menschen, an RS zu erkranken, ist 100mal höher als für HLA-B27-negative Personen. Das Vorhandensein von HLA-B27 prädisponiert auch für die Entstehung von Spondylitis, akuter Uveitis und für die Entwicklung schwerer Verlaufsformen anderer Errkankungen [7, 14, 17) und kann somit auch als prognostischer Parameter dienen.

Triggermechanismen

Bei gegebener genetischer Prädisposition kann das RS durch eine Infektion mit verschiedenen genitalen und intestinalen Keimen ausgelöst werden; man hat daher früher zwischen „venerischen" und „dysenterischen" Formen unterschieden.

Als *genital vorkommende Triggererreger* sind hauptsächlich *N. gonorrhoeae* und *C. trachomatis* bekannt [8, 14, 16, 20]. In 1–2% der Fälle von nicht-gonorrhoischer Urethritis (NGU) treten arthritische Veränderungen auf, die auch als SARA (sexually acquired reactive arthritis) [8] bezeichnet werden. In 35% der Fälle entwickelt sich das Vorbild des M. Reiter. SARA selbst könnte als monosymptomatische Form des RS verstanden werden. Obwohl C. trachomatis bei Patienten mit SARA nicht häufiger isoliert wird als bei unkomplizierter nicht-gonorrhoischer Urethritis (NGU) [14, 16], weisen doch zahlreiche Befunde auf die mögliche Rolle von Chlamydien in der Auslösung des RS hin [11, 12, 19, 22, 24, 25].

Klinik (Abb. 30–33)

Das RS tritt hauptsächlich bei jungen Männern, seltener bei Frauen auf, der Häufigkeitsgipfel des Erkrankungsbeginns liegt zwischen 25 und 30 Jahren. Es ist klinisch durch variable Kombinationen von Symptomen der Gelenke, der Augen und der Haut bzw. Schleimhäute charakterisiert, die häufig nach einer Urethritis oder Diarrhoe entstehen (Tabelle 1). Die klinischen Symptome kommen kaum alle zum gleichen Zeitpunkt vor, manche können konsekutiv in Erscheinung treten oder auch so schwach ausgeprägt sein, daß sie nicht erkannt werden oder überhaupt fehlen.

Urogenitale Entzündungen

Nicht-gonorrhoische (selten auch gonorrhoische) Urethritis wird bei etwa 90% der männlichen und in über 30% aller weiblichen Patienten mit RS beobachtet, tritt aber auch bei sexuell nicht aktiven Kindern auf.

Arthritis

Arthritische Symptome beginnen meist in distalen, belasteten Gelenken. Kniegelenksergüsse, asymmetrische Polyarthritis und Dactylitis („Würstchenfinger") sind häufig. Bei der „venerischen" Form des RS wird eine Sacroiliitis in vielen Fällen gemeinsam mit Urethritis, Prostatitis und Salpingitis beobachtet.

Mucocutane Manifestationen

Die *Balanitis circinata* ist die häufigste mucocutane Manifestation des RS und präsentiert sich als meist schmerzlose, serpiginöse, oft erosiv-ulceröse Entzündung der Glans penis. Bei Frauen wurden ähnliche Läsionen an der Vulva beobachtet [15]. An Handflächen und/oder Fußsohlen treten psoriasiforme, teils pustulöse, hyperkeratotische Läsionen auf. Erosivulceröse Veränderungen am harten Gaumen, der Zunge, an den Lippen und im Pharynx sind so wie die bräunlichen Verdickungen der Nägel selten.

Andere Manifestationen (sehr selten)

Transiente benigne cardiovasculäre Symptome mit Veränderungen des EKG; neurologische Komplikationen (Polyradikulitis, Neuritis, Meningoencephalitis); generalisierte Lymphknotenschwellung; Thrombophlebitis; Amyloidose.

Laborveränderungen

Für RS spezifische *Laboruntersuchungen* existieren nicht. Meist ist die Blutkörperchensenkungsgeschwindigkeit erhöht, ohne aber einen Zusammenhang mit der klinischen Aktivität der Erkrankung erkennen zu lassen. Bisweilen treten Leukocytose, antinukleäre Antikörper, C-reaktives Protein und zir-

<table>
<tr><td colspan="2">Tabelle 1. Klinische Manifestationen des Reiter-Syndroms</td></tr>
<tr><td>Cutane Symptome
12%</td><td>psoriasiforme, hyperkeratotische und pustulöse Läsionen an Handflächen und Fußsohlen und Stamm</td></tr>
<tr><td>Orale Symptome
10–15%</td><td>entzündliche Plaques und Ulcera im Bereich der gesamten Mund- und/oder Rachenschleimhaut</td></tr>
<tr><td>Augen-Symptome
10–15%</td><td>milde, transiente Conjunctivitis
akute Uveitis</td></tr>
<tr><td>Genitale Symptome
85–90%</td><td>Urethritis; Balanitis erosiva et circinata</td></tr>
<tr><td>Gelenks-Symptome
80%</td><td>polyarticuläre Synovitis; Polyarthritis meist distaler Gelenke; Sacroiliitis</td></tr>
<tr><td>Systemische Symptome
(sehr selten)</td><td>neurologische Symptome
Peri-, Myo-, Endocarditis; Aortitis; Amyloidose; Pleuritis; Pneumonie; Lymphadenopathie</td></tr>
</table>

kulierende Immunkomplexe auf, die aber ebensowenig charakteristisch sind wie Leukocytenreste enthaltende Makrophagen (sogenannte „Reiter-Zellen").

Verlauf

Die akute Phase des RS heilt meist auch ohne Therapie spontan ab. Etwa 18% der RS-Patienten leiden Monate bis jahrelang unter Rezidiven [3]; etwa 2/3 der Rezidivfälle verspüren Symptome noch 6 Jahre nach dem Erstauftreten. Die Rezidive zeigen klinisch bisweilen das Vollbild des RS, verlaufen aber häufiger monosymptomatisch. RS als Todesursache ist außerordentlich selten als Folge der Aortitis, Amyloidose oder auch von Nebenwirkungen der Behandlung.

Therapie

1. Kausale Therapie

Liegt eine Gonorrhoe, nicht gonorrhoische Urethritis oder Enteritis als mögliche auslösende Ursache des RS vor, sollte nach der bakteriologischen Abklärung der Keim durch geeignete antibiotische Therapie eliminiert werden. Auch wenn es dadurch nicht sofort zum Sistieren der Symptome kommt, kann die frühzeitige antibiotische Behandlung die Dauer und Intensität der Erkrankung günstig beeinflussen [9].

2. Symptomatische Therapie

Nicht-steroidale Antiphlogistica in enteraler, selten parenteraler Verabreichung sind die Säulen der symptomatischen Therapie. Immunsuppressiva sollen nur in schwersten Fällen und möglichst erst im höheren Lebensalter und unter strenger Indikationsstellung Anwendung finden (z. B. Methotrexat oder Azathioprin).

Corticosteroide zeigen meist wenig Effekt! Sie sollten, wenn überhaupt, nur unter besonderen Umständen und nur für kurze Zeit eingesetzt werden.

Retinoide und Photochemotherapie haben bei Haut- bzw. Schleimhauterscheinungen gute Erfolge gezeigt.

Literatur

[1] Arnett FC et al (1976) Incomplete Reiter's syndrome: discriminating features and HLA-B27 in diagnosis. Ann Intern Med 84: 8

[2] Brewerton DA et al (1973) Reiter's disease and HLA-B27. Lancet ii: 996

[3] Calin A: Reiter's syndrome (1981) In: Kelly WN et al (eds) Textbook of Rheumatology. Saunders, Philadelphia, p 1033

[4] Csonka GW (1988) The cause of Reiter's syndrome. Br Med J 1: 1088

[5] Ford DK, da Roza DM, Schulzer M (1982) The specifity of synovial mononuclear cell responses to microbiological antigens in Reiter's syndrome. J Rheumatol 9: 561–567

[6] Friis J, Svejgaard A (1974) Salmonella arthritis and HLA-B27. Lancet 1: 1350

[7] Harris JR et al (1975) HLA-27 and W10 in Reiter's syndrome and non-specific urethritis. Acta Derm Venereol 55: 127–130

[8] Keat AC et al (1978) Role of Chlamydia trachomatis and HLA-B27 in sexually acquired reactive arthritis. Br Med J 1: 605

[9] Keat AC et al (1979) The clinical features and HLA-associations
     of reactive arthritis associated with non-gonococcal urethritis. Q
     J Med 48: 323
[10] Keat AC (1982) HLA-linked disease susceptibility and reactive
     arthritis. J Infect 5: 227
[11] Keat A et al (1983) Chlamydial infection in the etiology of
     arthritis. Br Med Bull 39: 168
[12] Keat A et al (1987) Chlamydia trachomatis and reactive arthritis:
     The missing link. Lancet 1: 72
[13] Kousa M (1978) Clinical observations on Reiter's disease with
     special reference to the venereal and nonvenereal etiology: a
     follow-up study. Acta Derm Venereol [Suppl] 81, 58: 1
[14] Kousa M et al (1978) Frequent association of chlamydial infection
     with Reiter's syndrom. Sex Transm Dis 5: 57
[15] Lassus A, Lousa M (1981) Reiter's disease. In: Harris JRW (ed)
     Recent advances in sexually transmitted diseases. Vol 2.
     Churchill Livingstone, London, p 187
[16] Martin DH et al (1984) Chlamydia trachomatis infections in men
     with Reiter's syndrome. Ann Intern Med 100: 207
[17] McClusky OE, Lordon RE, Arnett FP (1974) HLA-B27 in Reiter's
     syndrome and psoriatic arthritis: A genetic factor in disease
     susceptibility and expression. J Rheumatol 1: 263
[18] Paronen I (1948) Reiter's disease. A study of 344 cases observed
     in Finland. Acta Med Scand [Suppl] 130: 112
[19] Schumacher HR et al (1986) Ultrastructural identification of
     chlamydial antigens in synovial membrane in acute Reiter's
     syndrome. American Rheumatism Association Meeting, New
     Orleans 196; Arthr Rheum [Suppl] 22: abstr 115
[20] Siboulet A, Galistin P (1962) Arguments in favour of a virus
     aetiology of non-gonococcal urethritis illustrated by three cases
     of Reiter's disease. Br J Vener Dis 38: 209
[21] Smith DE et al: Experimental bedsonial arthritis. Arthritis
     Rheum 16: 21
[22] Storz J (1967) Psittacosis agents as a cause of polyarthritis in cattle
     and sheep. Vet Med Rev 2/3: 125
[23] Thambar IV et al (1977) Circinate vulvitis in Reiter's syndrome.
     Br J Vener Dis 53: 260
[24] Thomas BJ et al (1976) Simplified serologic test for antibodies to
     Chlamydia trachomatis. J Clin Microbiol 4: 6
[25] Vilppula AH et al (1981) Chlamydial isolations and serology in
     Reiter's syndrome. Scand J Rheumatol 10: 181

5 Virale Infektionen

5.1 Infektionen durch humane Papillomviren (HPV)

Humane Papillomviren sind eine Subklasse der Papova-Viren (papilloma-polioma-vacuolating viruses) und umfassen eine heterogene Gruppe von über 50 Genotypen. Sie induzieren verschiedene benigne epitheliale Proliferationen der Haut und Schleimhäute des Respirations- und Genitaltraktes sowie der Analregion, die klinisch als Papillome oder Warzen auftreten. Im Genitaltrakt sind Condylomata acuminata die häufigsten HPV-induzierten Veränderungen. Das zunehmende Interesse an den HPV ist einerseits auf die weite Verbreitung der Infektionen, andererseits auf eine mögliche Assoziation der Erreger mit malignen epithelialen Veränderungen, besonders der weiblichen Genitalorgane, zurückzuführen. Dabei scheint den einzelnen Virus-Genotypen unterschiedliche onkogene Potenz zuzukommen. Vor allem HPV 16 und 18 werden mit malignen Neoplasien assoziiert und in einem hohen Prozentsatz in prämalignen sowie in malignen cervicalen Veränderungen festgestellt. In rund 90% des Cervicalcarcinoms ist es möglich, HPV-Genotypen molekularbiologisch nachzuweisen. Die Kenntnis der klinischen Erscheinungsformen einer HPV-Infektion und die Typisierung der einzelnen Genotypen sind somit möglicherweise auch für die Krebsvorsorge und für prognostische Aussagen über maligne Entartung HPV-induzierter Veränderungen von großer Bedeutung.

Erreger

Die humanen Papillomviren gehören mit einer Größe von 55 nm zu den kleinsten humanpathogenen Viren. Ihr Genom ist ein doppelsträngiges DNA-Molekül mit 8000 Nukleotiden, das von einem Kapsid, nicht jedoch von einer Virushülle umgeben ist. Lange Zeit wurde angenommen, daß es sich lediglich um ein Warzenvirus handelt. In den letzten Jahren konnten jedoch zahlreiche unterschiedliche *Genotypen* der humanen Papillomviren differenziert werden, die in Größe und Basengehalt sehr ähnlich sind, sich jedoch in der Sequenz ihrer Basenpaare unterscheiden. Sie weisen einen Tropismus zu epithelialen Zellen, eine Wirts- sowie einzelne Genotypen eine Lokalisationsspezifität auf.

HPV sind in unterschiedlicher Menge in Haut- und Schleimhautläsionen vorhanden. In den Verrucae vulgares werden sie meist in großer Zahl gefunden, während sie in Verrucae plantares und in den spitzen Condylomen nur in geringem Ausmaß nachweisbar sind.

Ein besonderes Charakteristikum der Papillomviren ist ihre Vermehrungsfähigkeit ausschließlich in differenzierten, verhornenden Keratinozyten. Reife Viruspartikel sind daher nur in Kernen des Stratum spinosum und granulosum nachweisbar, niemals im Stratum basale. Die primäre Infektion findet jedoch in den Basalzellen statt. Eine Vermehrung der HPV in vitro war bisher nicht möglich, da Keratinocyten-Kulturen kaum verhornen [19].

1. Condylomata acuminata (Abb. 34, 35)

Synonyme
Spitze Warzen, genitale Warzen, venerische Warzen, Feigwarzen.

Definition
Condylomata acuminata sind papillomatöse, benigne Tumoren im Urogenital-, Perianal- und Perinealbereich, denen eine Infektion mit einem Virus der HPV (Typ 6, 11, 16, 18 und 31) zugrundeliegt.

Epidemiologie
Condylomata acuminata treten am häufigsten bei jungen, sexuell aktiven Erwachsenen auf. Sie werden vorwiegend durch den Geschlechtsverkehr übertragen, daher entspricht

die Altersverteilung auch jener anderer STD. Die Inkubationszeit beträgt einige Wochen bis Monate, wobei auch eine jahrelang unbemerkte Infektion in Form von flachen Warzen an Glans oder Cervix sowie andere subklinische Erscheinungsformen möglich sind [17]. Häufig sind Condylomata acuminata mit anderen STD assoziiert. In Screening-Untersuchungen konnte festgestellt werden, daß bis zu zwei Drittel der Partner von Patienten mit Condylomen ebenfalls diese Veränderungen aufweisen.

Klinik
Condylomata acuminata treten meist als verrucöse, hautfarbene Papeln auf, die solitär oder konfluierend „blumenkohlartig" angeordnet sind und beim Mann meist am Sulcus coronarius, Frenulum, Glans und Penisschaft, Anal- und Perianalbereich (gehäuft bei Homosexuellen), bei der Frau häufig am Introitus vaginae, Labium minus und majus, seltener Vagina und Cervix (deren Besiedlung sollte bei vulvären Condylomata acuminata ausgeschlossen werden) lokalisiert sind. Die Größe der einzelnen Tumoren ist unterschiedlich (1 mm bis mehrere Zentimeter).

Komplikationen
Eine maligne Transformation genitaler Warzen ist extrem selten und als verrucöses Carcinom (Buschke-Löwenstein) beschrieben. Der *Buschke-Löwenstein-Tumor* ist ein Plattenepithelcarcinom geringer Malignität, dem vermutlich eine HPV-Infektion zugrundeliegt [9]. In diesem Tumor konnten zwar das Virusgenom, jedoch nicht die Viruspartikel selbst nachgewiesen werden. Das den Condylomata acuminata ähnliche histologische Bild ist durch die Penetration tieferer Schichten mit breiten epithelialen Strängen gekennzeichnet, und dies erklärt auch die hohe Rezidivneigung nach wenig invasiven Eingriffen.

2. Flache condylomatöse Veränderungen

— an Cervical- und Vaginalschleimhaut (Condylomata plana)

Erst vor rund 10 Jahren wurden in flachen, leukoplakieartigen Effloreszenzen an der Cervix uteri und der Vaginalschleimhaut das HPV-Genom sowie HPV-Strukturproteine identifiziert. Diese Läsionen können mit 3%iger Essigsäure sichtbar gemacht und kolposkopisch betrachtet werden. Die Veränderungen werden als „subklinische Papillomvirusinfektion" angesehen, die mit freiem Auge nicht zu erkennen ist.

— an der Haut der Urogenital- und Analregion (bowenoide Papeln).
  Bowenoide Papeln sind flache condylomatöse Veränderungen, die meist als flach erhabene, einzelstehende oder beetartige Papeln mit matter Oberfläche im Bereich von Urogenital- und Analregion imponieren [7].

3. Pigmentierte papulöse Effloreszenzen (pigmentierte bowenoide Papeln)

Diese treten im Bereich der Vulva, des Penisschaftes sowie inguinal und perineal auf und unterscheiden sich klinisch und histologisch deutlich von Condylomata acuminata. Auch in diesen Veränderungen konnten vereinzelt Virusgenomtypen nachgewiesen werden.

Histologie der HVP-Infektionen im Genitalbereich

1. Condylomata acuminata

Es besteht eine beträchtliche Papillomatose, Akanthose und meist Parakeratose. Die infizierten Epidermalzellen im Stratum corneum sind durch perinukleäre Vakuolisierung im Bereich der oberen Zellschichten gekennzeichnet, in denen durch die PAP-Färbung (Peroxidase-Antiperioxidase) das HPV-Antigen sichtbar gemacht werden kann („Koilocyten"). Es finden sich meist zahlreiche Mitosen, jedoch keine weiteren Zeichen einer Malignität. Nach Podophyllin-Therapie werden neben atypischen Mitosen auch andere Zellveränderungen („Podophyllin-cells") beobachtet, die eine maligne Entartung vortäuschen können.

2. Flache condylomatöse Veränderungen

In den flachen condylomatösen Veränderungen erscheint die Epidermis nur gering akanthotisch verdickt, Koilocyten sind nur vereinzelt sichtbar, Papillomatose fehlt meist. Finden sich vermehrt Melanocyten bei sehr ähnlichem histologischen Bild, imponieren diese Veränderungen klinisch als pigmentierte, papulöse Effloreszenzen *(pigmentierte bowenoide Papeln)*.

Läsionen mit ausgeprägter Koilocytose sind meist nur milde Atypiezeichen (Stadium 1–2) zu beobachten, während bei ausgeprägter Atypie (Stadium 3) Koilocyten oft fehlen.

Humane Papillomviren und ihre Bedeutung für die Entstehung genitaler Malignome

Ernstzunehmende Hinweise existieren für die Induktion der *cervikalen intraepithelialen Neoplasie* (CIN; cervicale Dysplasie; Carcinoma in situ) und damit des *Carcinoma cervicis uteri* durch humane Papillomviren. Als Argumente, die für die Auslösung der genannten prämalignen und malignen Veränderungen durch HVP sprechen, werden unter anderem angeführt:

- Die für eine HPV-Infektion typischen Koilocyten werden in bis zu 70% cervicaler Abstriche und Biopsien aus CIN gefunden [14, 16].
- Das humane Papillomvirusantigen und auch das Genom wurde in einem hohen Prozentsatz aus CIN-Proben nachgewiesen [12, 18, 20].
- Frauen von Partnern mit Condylomen im Penisbereich sind einem erhöhten Risiko einer CIN-Entwicklung ausgesetzt. Rund ein Drittel der Partnerinnen entwickeln cervicale Läsionen [2].
- HPV-Genotypen sind bereits in einem hohen Prozentsatz in prämalignen Läsionen nachgewiesen worden (Larynxpapillom, genitale Warzen, Epidermodysplasia verruciformis, Buschke-Löwenstein-Tumor, bowenoides Carcinom) [5, 21].
- HPV 16 und 18 werden in einem hohen Prozentsatz in cervicalen und vulvären Präkanzerosen sowie in malignen Veränderungen nachgewiesen, nicht jedoch bei Patienten mit normalem Pap-Abstrich (Tabelle 1 und 2).

Tabelle 1. *Nachweis von HPV$_{16}$ und HPV$_{18}$ in prämalignen und malignen genitalen Veränderungen*

normaler PAP-Abstrich	0,0%
Condylomata acuminata	6,1%
flache Condylome	16,7%
Carcinoma in situ	53,8%
Cervix-Carcinom	57,4%

— Durch in-situ-Hybridisierung wurde eine besondere Affinität von HPV 16 und HPV 18 zu malignen Veränderungen in der Cervix uteri festgestellt. Die Bedeutung dieser beiden Virustypen für die cervicale Carcinogenese wird auch durch den Einbau der viralen DNA in das *Genom* der Cervix-Epidermalzelle selbst unterstützt. Im Gegensatz dazu befindet sich die virale DNA in benignen Warzen und dysplastischen Veränderungen *episomal,* also nicht in der DNA lokalisiert. Durch die Integration der HPV 16 und 18-DNA in die Carcinomzelle wird die „early region" der DNA unterbrochen. Dies könnte eine wichtige Rolle bei der malignen Zelltransformation spielen.

Tabelle 2. *HPV-Typen im Cervixcarcinom [5, 10, 12]*

HPV 16	50%
HPV 18	20%
HPV 33	4%
HPV 11	2%
HPV 31	2%
HPV 35	2%
Andere oder keine	20%

In einigen Fällen werden auch mehr als ein Genotyp eines humanen Papillomvirus im Cervixcarcinom nachgewiesen [1, 3]. Es kann angenommen werden, daß noch mehr Virustypen in genitalen Carcinomen zu identifizieren sind.

Trotz des Vorliegens zahlreicher Einzelbefunde ist die Rolle der HPV bei der Entstehung des Cervixcarcinoms noch unklar; eine Wirkung dieser Viren zumindest als Kofaktoren für die maligne Transformation ist aber wahrscheinlich.

Diagnose von HPV-Infektionen

Das klinische Bild der anogenitalen Condylomata acuminata ist meist so typisch, daß sich ein Erregernachweis erübrigt. Ein solcher ist in flachen und pigmentierten Läsionen wesentlich bedeutsamer.

Das Virus kann elektronenmikroskopisch und immuncytochemisch, das Genom molekularbiologisch nachgewiesen werden. Eine in-vitro-Kultivierung von HPV ist bisher nicht möglich.

1. Ultrastrukturelle Diagnose

Bei der ultrastrukturellen Beurteilung von HPV-Läsionen werden virale Partikel im Kern oberflächlicher Epidermalzellen identifiziert. Im Gegensatz zu verrucösen Hautveränderungen sind in Condylomata acuminata nur wenige Papillomviren vorhanden. Condylomata acuminata mit Koilocytose Typ 2 scheinen mehr reife Viruspartikel zu beinhalten als andere Läsionen. In Haut- und Schleimhautveränderungen, die kein Viruskapsidantigen enthalten, sowie in malignen anogenitalen Läsionen ist der elektronenmikroskopische Nachweis von HPV nicht möglich.

2. Immuncytochemischer Nachweis mittels Peroxidase-Antiperoxidase-Technik (PAP)

Bei der PAP-Technik werden kommerziell erhältliche Antikörper gegen HPV eingesetzt, die gruppenspezifisch gegen jene Antigene gerichtet sind, die in allen Papillomviren vorhanden sind. Die PAP-Technik ist im Vergleich zum elektronenmikroskopischen Nachweis sensitiver und weniger aufwendig. Mit dieser Technik können auch im Paraffin-Schnitt Papillomviren nachgewiesen werden. Dieser Test eignet sich als Screening-Untersuchung zum Nachweis von viralem Kapsid-Antigen, nicht jedoch von viraler DNA in prämalignen und malignen Veränderungen. Da die HPV-Partikelbildung lediglich in dem sich nicht mehr teilenden und differenzierenden Gewebe stattfindet, werden virale Antigene nur in den oberflächlichen keratinisierenden Teilen der Papillome beobachtet [8].

3. Hybridisierung

Molekularbiologische Techniken haben für die HPV-Forschung neue Möglichkeiten eröffnet [11]. Die HPV-spezifische DNA kann mittels Southern Blot-Hybridisierung im Tumorgewebe nachgewiesen werden [15]. Hierbei wird nach der Extraktion der viralen DNA aus dem Tumorgewebe das Genom durch Restriktionsenzyme in typenspezifische DNA-Fragmentmuster zerteilt. Die Fragmente werden auf Nitrozellulosemembranen transferiert und mit einer radioaktiv markierten Sonde einer bekannten HPV-DNA hybridisiert. Dieser aufwendige Genomnachweis ist in der in-situ-Hybridisierung exfoliativer Zellen der Cervix vereinfacht möglich. Der Genomnachweis im cervicalen Abstrich stellt eine nicht-invasive Methode der HPV-DNA-Typisierung dar und eignet sich auch für Screening-Untersuchungen [20].

4. Polymerase chain reaction (PCR)

Mit dieser Gen-Amplifizierungstechnik ist es gelungen, kleinste Mengen der HPV-DNA nachzuweisen. Mittels der PCR ist es gelungen, auch bei klinisch unauffälligen Frauen HPV-Genotypen in einem hohen Prozentsatz zu isolieren.

Therapie von HPV-Infektionen

Die Therapie von HPV-Infektionen soll stets mit folgenden Maßnahmen kombiniert werden, um Rezidive (die häufig sind) möglichst zu vermeiden.

1. Beseitigung von prädisponierenden Faktoren wie Phimose, Fisteln und Hämorrhoiden sowie bakteriellen und mykotischen Superinfektionen.
2. Untersuchung auf andere sexuell übertragbare Erkrankungen wegen der hohen Koinzidenz.
3. Genaue Inspektion des Patienten: alle Frauen mit extern lokalisierten Condylomata acuminata sollen auch cervical und vaginal untersucht werden. Eine cervicale Dysplasie kann mittels einer Papanicolaou-Färbung ausgeschlossen werden. Eine kolposkopische Untersuchung, eine Rektoskopie bei perianalen Condylomen sowie eine Urethroskopie bei Veränderungen am Meatus urethrae sind empfehlenswert.
4. Aufklärung des Patienten über den Übertragungsmodus.

5. Untersuchung des Sexualpartners, um „Ping-Pong-Infektionen" zu vermeiden.

6. Genaue Nachbeobachtung des Patienten. Rezidive sind einerseits wegen des Auftretens subklinischer Infektionen, andererseits wegen der Persistenz von viralem Genom in klinisch normal erscheinender Haut in unmittelbarer Nähe von Condylomata acuminata häufig [4, 11].

Tabelle 3. *Therapiemaßnahmen bei HPV-induzierten Papillomen*

1.	Konservativ lokal: Podophyllin, Podophyllotoxin, Kantharidin, Colchicin, Bleomycin, 5-Fluoruracil, Salpetersäure, Interferon.
2.	Konservativ systemisch: Interferon, Inosiplex
3.	Chirurgisch: Excision, Kryochirurgie, Elektrokauterisation, Curettage, Laser-Chirurgie.

Therapeutische Möglichkeiten

— Podophyllin (20–25%ig in Alkohol).
  Podophyllin ist das Harz der Wurzel von „Podophyllinum peltatum". Die Hauptwirkung der extern zu verwendeten Tinktur beruht auf einer Hemmung der Mitose in der Metaphase mit cytotoxischem Effekt. Bei keratinisierten Läsionen ist die Wirksamkeit herabgesetzt. Die Podophyllin-Lösung wird vorsichtig auf die einzelnen Veränderungen durch den Arzt appliziert und soll nach 4–6 Stunden abgewaschen werden. Lokale Nebenwirkungen in Form von Schmerzen, Ödem und Ulcerationen sind durch starke Konzentration oder lange Einwirkung verursacht. Um die Nebenwirkung möglichst gering zu halten, soll die behandelte Fläche pro Sitzung nicht mehr als 2 cm^2 betragen. Gastrointestinale Schmerzen, periphere Neuropathie, Tachykardie und akute renale Insuffizienz sowie Zytopenie sind beobachtet worden [13]. Popophyllin ist teratogen und sollte in der Schwangerschaft nicht verwendet werden.

- Chirurgische Entfernung.
  Solitäre Herde an Penis und Vulva können kryotherapeutisch, durch Elektrokaustik oder chirurgisch entfernt
  werden.
- Immunmodulatoren.
  Immunmodulatoren wie etwa Interferon und Inosiplex
  wurden bereits in zahlreichen klinischen Studien angewandt [6]. Eine eindeutige Therapieempfehlung kann allerdings noch nicht abgegeben werden.

Literatur

[1] Boshart M (1984) A new type of papilloma-virus DNA, its
    presence in genital cancer biopsies and in cell lines derived from
    cervical cancer. EMBO J 3: 1151
[2] Campion MJ et al (1985) Increased risk of cervical neoplasia in
    consorts of men with penile condylomata acuminata. Lancet i:
    943
[3] Dürst M et al (1983) A new type of papillomavirus DNA from a
    cervical carcinoma and its prevalence in genital cancer biopsies
    from different geographic regions. Proc Natl Acad Sci USA 80:
    3812
[4] Ferenczy A et al (1985) Latent papillomavirus and recurring
    genital warts. N Engl J Med 313: 784
[5] Gissmann L (1984) Papillomaviruses and their association with
    cancer in animals and in man. Cancer Surv 3: 161
[6] Gross G (1984) Zur Behandlung von Viruswarzen mit Inosiplex.
    Akt Dermatol 10: 197
[7] Gross G (1985) Papillomavirus infection of the anogenital region:
    correlation between histology, clinical picture and virus type.
    Proposal of a new nomenclature. J Invest Dermatol 85: 147
[8] Jenson AB et al (1980) Immunological relatedness of papillomaviruses from different species. J Natl Cancer Inst 64: 495
[9] Kao GF, Graham JH, Helwig EB (1982) Carcinoma cuniculatum
    (verrucous carcinoma of the skin). Cancer 49: 2395
[10] Lutzner MA (1983) The human papillomaviruses. Arch Dermatol 119: 631
[11] Macnab JCM (1986) Human papillomavirus in clinically and
    histologically normal tissue of patients with genital cancer. N
    Engl J Med 315: 1052

[12] Mc Cance DJ et al (1983) Presence of human papillomavirus DNA sequences in cervical intraepithelial neoplasia. Br Med J 287: 784–788

[13] Margolis S (1982) Therapy for Condylomata acuminata: A review. Rev Infect Dis 4: 829

[14] Meisels A, Fortin R (1976) Condylomatous lesions of the cervix and vagina. I. Cytologic patterns. Acta Cytol (Baltimore) 20: 505

[15] Orth G, Favre M, Croissant O (1977) Characterization of a new type of human papillomavirus that causes skin warts. J Virol 24: 108

[16] Purola E, Savia E (1977) Cytology of gynecologic Condylomata acuminata. Acta Cytol 21: 26

[17] Rosenberg SK (1985) Subclinical papilloma viral infection of male genitalia. Urology 26: 554

[18] Schneider A et al (1985) Papillomavirus infection of the lower genital tract: detection of viral DNA in gynaecological swabs. Int J Cancer 35: 443

[19] Taichman LB, Breitburd F, Croissant O, Orth G (1984) The search for a culture system for papillomavirus. J Invest Dermatol 83: 2

[20] Wagner D (1984) Identification of human papillomavirus in cervical swabs by deoxyribonucleic acid in situ hybridization. Obstet Gynecol 64: 767

[21] Zur Hausen H (1977) Human papillomaviruses and their possible role in squamous cell carcinomas. Current Topics Microbiol Immunol 78: 1

5.2 *Herpes genitalis*

Definition

Herpes genitalis ist die Infektion mit *Herpes simplex-Virus* (HSV) im genitalen Bereich. Herpes simplex-Virus-Infektionen zählen zu den häufigsten infektiösen Erkrankungen des Menschen. In industrialisierten Ländern ist der Herpes genitalis die wichtigste Ursache genitaler Ulcerationen [12]. Die klinischen Manifestationen umfassen leichte, kaum merkbare Verlaufsformen bis zu schweren generalisierten Erkrankungen bei nicht-immunkompetenten Personen.

Epidemiologie

Bereits vor 2 Jahrhunderten wurde eine sexuelle Transmission des HSV vermutet, wegen der hohen Zahl inapparenter Infektionen jedoch nicht allgemein akzeptiert. Klinische und epidemiologische Studien haben bestätigt, daß das Herpes simplex-Virus auch genital oder orogenital übertragen werden kann [16]. Das Risiko, eine genitale HSV-Infektion durch den Kontakt mit einem akut erkrankten Partner zu akquirieren, wird auf 60—80% geschätzt [22]. Bedingt durch den Transmissionsmodus tritt die Primärinfektion des Herpes im Genitalbereich häufig nach der Pubertät mit dem Beginn sexueller Kontakte auf und erreicht seine höchste Inzidenz im 2. und 3. Lebensjahrzehnt [16].

Es wird angenommen, daß in den USA 5—20 Millionen Personen mit dem Problem eines rezidivierenden Herpes genitalis konfrontiert sind [14]. In Großbritannien sind 11% aller STD durch Herpes simplex-Virus bedingt und die Zahl genitaler Herpes-Fälle nahm in den letzten Jahren rascher zu als die anderer sexuell übertragbarer Erkrankungen [25]. Mit höherem sozioökonomischen Status steigt die relative Häufigkeit von genitalen Herpes-Infektionen [29].

Von besonderem epidemiologischen Interesse sind asymptomatische Virusausscheider. Das HSV ist bei völliger Symptomfreiheit aus Speichel, Cervix und Vagina isoliert worden [1, 2, 10, 21] (Tabelle 1). Auch bei asymptomatischen männlichen Personen konnte das HSV in 15% im Prostatasekret und Vas deferens nachgewiesen werden [6]. Ob asymptomatische Virusträger eine mögliche Infektionsquelle für den Sexualpartner oder das Neugeborene darstellen, ist noch nicht geklärt [17].

Erreger

Das HSV wird in die Gruppe der Herpesviren gereiht (Tabelle 2). Es kann entsprechend seinem Genom und den klinischen Manifestationsarten in 2 Typen klassifiziert werden. Der *Typ 1*

Tabelle 1. *Asymptomatische HSV-Ausscheidung [12]*

Speichel	2 bis 10%
Vagina, Cervix	14 bis 24%
Urethra	
Prostata	möglich (unterschiedliche Berichte)
Sperma	

Tabelle 2. *Herpes-Viren*

Humane Herpes-Viren

1. Herpes simplex-Virus (HSV)
   Erreger von mococutanen und visceralen Herpes simplex-Infektionen

2. Varicella-Zoster-Virus (VZV)
   Erreger von Varicellen und Herpes zoster

3. Cytomegalie-Virus (CMV)
   Erreger der Cytomeglie

4. Epstein-Barr-Virus (EBV)
   Erreger der infektiösen Mononukleose, Burkitt-Lymphom

5. Humanes Herpes-Virus Typ 6 (HHV 6)
   Exanthema subitum?

ist vorwiegend für orolabiale, pharyngeale, oculäre und cerebrale Herpes-Infektionen verantwortlich zu machen, während
der *Typ 2* in erster Linie Läsionen im Genitalbereich und Infektionen beim Neugeborenen hervorruft. Lange Zeit wurde angenommen, daß Herpes im Genitalbereich ausschließlich durch
HSV 2 ausgelöst wird. Es kann aber aufgrund zahlreicher Untersuchungen angenommen werden, daß bis zu 50% der Erstinfektionen im Genitalbereich durch HSV 1 verursacht werden
[4, 13]. Das Virus hemmt die DNA-Synthese in der betroffenen
Zelle. Neben der Bildung des viralen Genoms werden auch
zahlreiche virale Polypeptide und Enzyme, u. a. die virale Thy-
midinkinase, synthetisiert.

Rezidivmechanismus

Das HSV gelangt nach primärer Infektion zentripetal über die
peripheren sensorischen Nerven zum dazugehörigen Ganglion
[8] und bleibt dort in „latentem" Zustand. Wahrscheinlich wird
die Virusreplikation im Ganglion vom intakten Immunsystem
kontrolliert [23].

Für den bisher nicht völlig geklärten Pathomechanismus
der Latenz scheint das Zusammenspiel mehrerer Faktoren, wie
etwa die zelluläre und humorale Immunabwehr des Patienten,
besondere biologische Eigenschaften des Virus und präexisten-
te Antikörper eine wesentliche Rolle zu spielen. Während die
humorale Immunabwehr keinen wesentlichen Einfluß auf die
Virusreaktivierung haben dürfte, scheinen klinische Studien,
die über besonders schwere Verlaufsformen von genitalen
HSV-Infektionen bei AIDS-Patienten berichten, die Bedeutung der zellulären Immunität zu unterstreichen [26]. Trigger-
mechanismen, die imstande sind, die lokale, evt. auch systemische Immunitätslage herabzusetzen wie z. B. emotionale
Streßsituationen, intensive ultraviolette Bestrahlung, Traumen
und die Menses, können den Rezidivmechanismus in Gang
setzen. HSV 1 und HSV 2-Infektionen unterscheiden sich in
ihrer Rezidivneigung: HSV 2-induzierte genitale Infektionen
rezidivieren häufiger (60%) als HSV 1-bedingte (14%) [12].

Klinik

1. Primärinfektion

Die Primärinfektion im Erwachsenenalter verläuft üblicherweise mit ausgedehnter lokaler Symptomatik und wird von systemischen Krankheitszeichen wie Fieber, Neuralgien und Miktionsbeschwerden begleitet. Die Abheilung der Läsionen ist im Vergleich zu Rezidiven meist verzögert [20].

Primärer Herpes genitalis bei Frauen

Nach einer Inkubationszeit von 3–7 Tagen treten Prodromalzeichen (Paraesthesien, juckende und brennende Sensationen, neuralgiforme Beschwerden im Rücken- und Hüftbereich) auf. Sie werden bald von Bläscheneruption im äußeren (Labien, Vulva, Perineum) sowie inneren Genitalbereich (Vaginalmucosa, Cervix) begleitet, die rasch erodieren und zu Sekundärinfektionen neigen. Herde im äußeren Genitalbereich verursachen eine meist schmerzhafte inguinale Lymphadenitis. Effloreszenzen im Cervicalbereich weisen eine erhöhte Bereitschaft zu leichten Blutungen auf und werden infolge der geringen Schmerzempfindung bisweilen nicht bemerkt. Selten tritt eine Dysurie und Urethralstriktur als Hinweis auf eine Infektion der Urethra und Mucosa auf [11]. Die Abheilung der cutanen Erscheinung tritt innerhalb von 2–4 Wochen mit einer Restitutio ad integrum ein.

Primärer Herpes genitalis bei Männern (Abb. 37)

Die Läsionen treten am häufigsten an Glans, Praeputium und Penisschaft sowie im Sulcus coronarius auf. Selten betroffen ist der Scrotal- und Glutealbereich und die Urethra, wo mit Komplikationen in Form von Urethritis, Cystitis und eventuell auch Prostatitis gerechnet werden muß [3]. Eine Assoziation mancher Fälle der nicht-venerischen sklerosierenden Lymphangitis mit dem genitalen Herpes ist möglich [30].

Die herpetische Proktitis wird relativ häufig bei Homosexuellen beobachtet. Die individuellen Beschwerden der Patienten sind dabei beträchtlich, da im Analbereich erosive Läsionen besonders schmerzhaft sind und von anorektalem Fluor, Tenesmen und Obstipation begleitet werden. Eine Diagnose anhand der Klinik ist nicht immer mit Sicherheit möglich [9]. Besonders bei nicht immunkompetenten Personen werden extensive perianale herpetische Läsionen und herpetische Proktitiden beobachtet [27].

2. Rezidive

Die Rezidive einer genitalen HSV-Infektion sind häufig in demselben Dermatom lokalisiert und werden durch die oben erwähnten Prodrome eingeleitet und verlaufen leichter als die Primäraffektion. Die Rezidivintervalle werden im Laufe des Krankheitsgeschehens meist länger.

Diagnose

Die üblicherweise einfach klinisch zu diagnostizierende Herpes-Läsion kann manchmal bei atypischer Lokalisation oder bei Vorliegen eines seltenen Erscheinungsbildes zu einem klinisch-diagnostischen Problem werden. Dann ist eine Laboratoriumsdiagnose notwendig, wofür verschiedene Verfahren zur Verfügung stehen, die sich in Spezifität, Sensitivität sowie dem technischen und zeitlichen Aufwand unterscheiden [28]. Wesentlich für den Aussagewert einer Labormethode ist der Zeitpunkt der Virusisolierung von der Herpes-Läsion: während aus frischen Bläschen in 94% Herpes-Viren nachgewiesen werden können, gelingt dies aus verkrusteten Arealen nur noch in 27% [15].

1. Lichtmikroskopische Untersuchung von Gewebeproben und Blaseninhalt

Der einfache zytologische Nachweis mehrkerniger Riesenzellen mit intranukleären Zelleinschlüssen unter Verwendung z. B. der Giemsa-Färbung weist bei einer Erstinfektion eine

Trefferquote von 80%, bei Rezidiven von 50% auf. Neben dem Nachteil der geringen Sensitivität sind die Veränderungen nicht Herpes simplex-Virus-spezifisch, sodaß diese Nachweismethode von geringem diagnostischen Wert ist [7].

2. Elektronenmikroskopischer Nachweis (Abb. 38)

Herpes-Viren können mittels Negativkontrastierung durch Phosphorwolfram-Säure innerhalb kurzer Zeit elektronenoptisch dargestellt werden.

3. Kultivierung des HSV

Die Kultivierung von Herpes-Viren durch Überimpfung von Patientenmaterial auf Zellkulturen ist eine bewährte, sensitive Methode des Herpes-Virusnachweises, der allerdings mit einem größeren Arbeits- und Zeitaufwand verbunden ist. Zellveränderungen in Form eines zytopathogenen Effektes treten je nach Zelltyp 1–3 Tage nach der Inokulation auf, sodaß ein Ergebnis erst nach 2–3 Tagen zu erwarten ist [24].

4. Immunologische Methoden (Abb. 39)

Eine Identifizierung des HSV und dessen Typen im Anschluß an die Isolierung in der Gewebekultur oder im Abstrichpräparat ist durch spezifische Antiseren möglich. Diese können in verschiedenen Immunassays wie im Neutralisationstest, Immunfluoreszenztest, indirekten Hämagglutinationstest oder in der ELISA-Technik eingesetzt werden. Seit der Entwicklung typenspezifischer monoklonaler Antikörper besteht nun auch die Möglichkeit diese nicht nur für die Serotypisierung in der Gewebekultur, sondern auch für einen direkten Nachweis im Abstrichpräparat einzusetzen [18, 19].

5. Antikörpernachweis

Der Antikörpernachweis von komplementbindenden oder neutralisierenden Antikörpern ist nur dann für eine frische Infektion beweisend, wenn eine Serokonversion oder ein Titeranstieg um das Vielfache nachgewiesen werden können. Allerdings korreliert ein hoher Antikörpertiter in über 90% mit einem positiven Virusnachweis.

6. Molekularbiologische Verfahren

Molekularbiologische Techniken, wie die Restriktionsenzymanalyse der viralen DNA und die Hybridisierung, können nicht nur zur Typisierung des HSV 1 und HSV 2, sondern auch zum Nachweis identischer Stämme der einzelnen Typen herangezogen werden. Diese Verfahren werden für wissenschaftliche Zwecke eingesetzt und sind derzeit von geringem praktischen Wert.

Therapie

Folgende Forderungen sollten an ein antivirales Therapeutikum gestellt werden:
— Rasche Abheilung der Herpes-Läsionen unter Reduzierung der Schmerzsymptomatik,
— Reduktion des Komplikationsrisikos,
— Verhinderung einer Latenzentwicklung nach der Primärinfektion
— Verhinderung weiterer Rezidive bei bereits bestehender Latenz,
— Senkung der Transmissionsgefahr auf Partner und Neugeborenes.

Verschiedene Therapiemethoden zielen darauf ab, die Virusvermehrung durch Blockade der DNA-Synthese zu verhindern oder das Virus selbst zu zerstören. Außerdem wurde immer wieder versucht, durch Immunmodulation der Virusvermehrung entgegenzuwirken. In letzter Zeit hat sich hauptsächlich ein Medikament zur Therapie herpetischer Infektionen bewährt.

9-(2-Hydroxyethoxymethyl)guanin — *Acyclovir* — wird selektiv durch HSV-infizierte Zellen phosphoryliert und ist damit als kompetitiver Hemmstoff der viralen DNA-Polymerase wirksam. Acyclovir hat sich sowohl bei HSV 1- als auch HSV 2-Infektionen bewährt und kann auch die Latenz des Virus verhindern, wenn es spätestens 96 Stunden nach der Erstinfektion verabreicht wird. Acyclovir ist aber nicht imstande, das Virus aus dem Körper im Latenzstadium selbst zu eliminieren. Tabelle 3 gibt eine Übersicht über die Anwendung von Acyclovir.

Bei genitalem Herpes simplex findet man meist mit der Lokaltherapie (5%-ige Salbe) das Auslangen und erreicht damit eine Verkürzung des Krankheitsverlaufes bzw. bei sehr frühzeitiger Gabe eine Verhinderung der Bläscheneruption.

Tabelle 3. *Therapieempfehlung bei Herpes genitalis (nach 5)*

1.	Immunsupprimierte Personen
	Akute Erst-HSV-Infektion oder Rezidiv:
	i. v. oder orales Acyclovir
	Kombination mit lokalem
	Acyclovir möglich
	Suppression des Herpes-Rezidives
	i. v. oder orales Acyclovir
	täglich zur Prophylaxe eines
	Rezidivs während Risikoperioden
	(etwa kurz nach einer Transplantation)
2.	Immunkompetente Personen
	Erstinfektion eines Herpes genitalis
	orales Acyclovir
	i. v. Verabreichung wird bei schwerer
	Lokalsymptomatik und bei Auftreten von
	neurologischen Komplikationen
	empfohlen. Kombination mit lokalem
	Acyclovir möglich.
	Rezidiv eines Herpes genitalis
	Lokaltherapie mit Acyclovir
	oder anderen Therapeutika.
	Systemische Acyclovir-Therapie
	nur bei schwerem Rezidiv
	empfehlenswert.
	Suppression des Herpes-Rezidivs
	Tägliche Acyclovir-
	Verabreichung kann die Rezidiv-
	rate reduzieren. Eine Lang-
	zeitprophylaxe ist nicht
	empfehlenswert.
3.	Dosierung von Acyclovir:
	i. v. 2,5–5,0 mg/kg Körpergewicht
	oral: 5 x 1 Tablette à 200 mg,
	evt. 3 x 1 Tablette à 400 mg.

Die Verhinderung des für den Patienten oft sehr belastenden häufig rezidivierenden Herpes genitalis ist nach bisherigem Wissen nur duch eine permanente orale Acyclovir-Gabe möglich. Es ist bisher nicht vollständig bewiesen, daß selbst auch nach 12-monatiger Einnahme des Medikamentes die Rezidivfrequenz nach Absetzen von Acyclovir absinkt.

Andere Therapiemodalitäten

5-Jod-2-desoxyuridin (IDU) wurde mit Erfolg bei Keratoconjunctivitis eingesetzt, ist aber bei Hautmanifestationen wenig erfolgreich.

Cytosin-Arabinosid inhibiert ebenfalls die DNA-Polymerase und wurde hauptsächlich bei HSV-Encephalitis eingesetzt. Systemische HSV-Infektionen sprechen auf dieses Medikament kaum an, weil nicht genügend hohe intrazelluläre Spiegel erreicht werden.

Photodynamische Inaktivierung durch verschiedene Farbstoffe, z. B. Neutralrot, Methylenblau, Proflavin und nachfolgende UV-Bestrahlung haben sich trotz anfänglich guter Erfolge in großangelegten Doppelblindstudien als wenig effektiv erwiesen.

Immunstimulatoren wie Levamisol oder Interferon dürften von gewissem Wert sein. Endgültige Therapieempfehlungen können jedoch noch nicht abgegeben werden.

Literatur

[1] Adam E et al (1979) Persistence of virus shedding in asymptomatic women after recovery from Herpes genitalis. Obstet Gynecol 54: 171

[2] Adam E et al (1980) Asymptomatic virus shedding after Herpes genitalis. Amer J Obstet Gynecol 137: 827

[3] Adam E (1982) Herpes simplex virus infections. In: Glaser R, Gotlieb-Stematsky Y (eds) Human herpesvirus infections. Marcel Dekker, New York, Basel: p 1

[4] Corey L et al (1983) Genital Herpes simplex virus infections: clinical manifestations, course and complications. Ann Intern Med 98: 27

[5] Corey L, Spear PG (1986) Infections with Herpes simplex viruses. N Engl J Med 314: 749

[6] Deardourff SL et al (1974) Association between Herpes hominis type 2 and the male genitourinary tract. J Urol 112: 126

[7] Fife K, Corey L (1984) Laboratory diagnosis of sexually transmitted diseases: viral agents. In: Holmes KK et al (eds) Sexually transmitted diseases. McGraw Hill, New York, p 856

[8] Galloway DA et al (1979) Detection of Herpes simplex RNA in human sensory ganglia. Virology 95: 265

[9] Goldmeier D: Proctitis and Herpes simplex virus in homosexual men. Br J Vener Dis 56: 111

[10] Hatherley LI, Hayes K, Jack I (1980) Herpesvirus in an obstetric hospital: Asymptomatic virus excretion in staff members. Med J Aust 2: 273

[11] Hutfield DC (1966) History of herpes genitalis. Br J Vener Dis 42: 263

[12] Jarratt M (1983) Herpes simplex infection. Arch Dermatol 119: 99

[13] Klinghorn GR et al (1981) High incidence of genital HSV 1 isolation. 1st Sexually Transmitted Diseases World Congress, San Juan, Puerto Rico 1981: p 8

[14] Marlowe SI (1985) Medical management of genital herpes. Arch Dermatol 121: 467

[15] Moseley RC et al (1981) Comparison of viral isolation, direct immunofluorescence, and indirect immunoperoxidase techniques for the detection of genital Herpes simplex virus infection. J Clin Microbiol 13: 913

[16] Nahmias AJ et al (1969) Genital infection with type 2 herpes virus hominis. A commonly occurring venereal disease. Br J Vener Dis 45: 294

[17] Nahmias AJ, Alford C, Korones S (1970) Infection of the newborn with herpesvirus hominis. Adv Pediatr 17: 185

[18] Pereira L, Klassen T, Baringer JR (1981) Type-common and type-specific monoclonal antibody by Herpes simplex virus type 1. Infect Immun 29: 724

[19] Pereira L et al (1982) Serological analysis of Herpes simplex virus types 1 and 2 with monoclonal antibodies. Infect Immun 35: 363

[20] Raab B, Lorincz AL (1981) Genital Herpes simplex—concepts and treatment. J Dermatol 5: 249

[21] Rattay MC et al: Recurrent genital herpes among women: symptomatic and asymptomatic virus shedding. Br J Vener Dis 54: 262

[22] Rawls WE et al (1971) Genital herpes in two social groups. Am J Obstet Gynecol 110: 682

[23] Roizman B (1965) An inquiry into the mechanism of recurrent herpes infection of man. Perspect Virol 4: 283

[24] Schneeweis KE: Infektionen mit Viren der Herpesvirus-Gruppe. Münch Med Wochenschr 125: 1067

[25] Sexually transmitted disease. Surveillance 1979. Br J Med J 282: 155

[26] Sibrack CD et al (1982) Pathogenicity of acyclovir-resistent Herpes simplex virus type 1 from an immunodeficient child. J Infect Dis 146: 673

[27] Siegal FP et al (1981) Severe acquired immunodeficiency in male homosexuals, manifested ulcerative Herpes simplex lesions. N Engl J Med 305: 1439

[28] Stary A: Neuere diagnostische Methoden beim Herpes simplex. Z Hautkr 60: 1767

[29] Suimaya CV, Marx J, Ullis K (1980) Genital infections with Herpes simplex virus in a university student population. Sex Transm Dis 7: 16

[30] Van de Straak WJ (1977) Non-veneral sclerosing lymphangitis of the penis following Herpes progenitalis. Br J Dermatol 96: 679

5.3 Das Acquired Immunodeficiency Syndrome (AIDS)
Syndrom der erworbenen Immundefizienz

AIDS wurde als eigenständiges Krankheitsbild erstmals 1981 in den Vereinigten Staaten von Amerika beschrieben, dürfte aber bereits zumindest 10 Jahre vorher in Afrika entstanden sein. Ende 1988 waren der Weltgesundheitsorganisation über 100.000 Erkrankungsfälle bekannt; berücksichtigt man die Dunkelziffer, dürften weltweit zumindest über 500.000 Patienten am Vollbild AIDS erkrankt sein, 300.000–500.000 Menschen leiden an AIDS-Vorstufen und 5–10 Millionen Personen sind zwar symptomlos, aber mit dem Erreger infiziert. Die AIDS-Epidemie betrifft sowohl Industrie- als auch Entwicklungsländer und verursacht schwerwiegende medizinische, ökonomische, soziale und politische Probleme, die zum Teil auch heute noch nicht gelöst sind. Zwar wurde durch weltumspannende, konzentrierte Forschung der Erreger des AIDS in kurzer Zeit entdeckt, die Übertragungswege und die Pathogenese der Erkrankung erforscht sowie Ansätze für eine Behandlung gefunden. Eine kurative Therapie allerdings steht noch aus. Genaues Wissen um AIDS ist heute noch immer die einzige Chance, diese die gesamte Menschheit bedrohende Epidemie einzudämmen.

Definition

Die Definition des Krankheitsbildes AIDS ist von Bedeutung, um dem in vielen Ländern gesetzlich verankerten Meldewesen entsprechen zu können. Die Weltgesundheitsorganisation (WHO) hat jüngst [1] AIDS neu definiert. Der genaue Wortlaut dieser Definition ist im folgenden Originaltext festgehalten.

Acquired immunodeficiency syndrome (AIDS)
1987 revision of CDC/WHO case definition for AIDS

The definition of AIDS

The clinical and laboratory definition of AIDS has changed as
documentation of the wide spectrum of clinical manifestations due to
HIV has accumulated, and as specific laboratory tests to detect HIV
infection and immune deficiency have been developed.

The initial definition of AIDS was developed by the Centers for
Disease Control (CDC) of the US Public Health Service in 1982. This
definition was subsequently accepted by WHO in 1985.[1] However, use
of this definition requires extensive laboratory (culture and/or histolo-
gy) capability. Since most developing countries often lack adequate laboratory facilities, a definition of AIDS which would enable clinicians
to arrive at this diagnosis with maximum precision was needed. As a
result of a workshop held in Bangui, Central African Republic in 1985,
a WHO clinical definition of AIDS in Africa was developed.

AIDS cases reported to WHO are accepted if they meet either the
CDC/WHO definition or the WHO clinical definition.

In late 1987, the CDC definition was revised to place greater emphasis on HIV infection status, to include additional indicator diseases
and to accept presumptive diagnosis of some of the indicator diseases.
Following review by the WHO Collaborating Centres and the regional
offices, WHO has accepted the new definition. The impact of this new
CDC/WHO definition on reported cases of AIDS to WHO is unclear,
but is not expected to be large.

Major features of the 1987 CDC/WHO definition of AIDS

1. The initially specified diseases, if reliably diagnosed and other causes of immune deficiency are ruled out, are still accepted as a diagnosis of AIDS. Patients meeting this definition do not necessarily
   have laboratory evidence of an HIV infection (Section I. A and B
   below).
2. Increased emphasis is placed on HIV infection status as a conside-
   ration in the diagnosis of AIDS. For those patients with laboratory
   evidence of HIV infection, an additional 12 indicator diseases
   which are definitively diagnosed will be accepted as meeting the
   new expanded definition of AIDS. Major additions include dementia and the wasting syndrome: "slim disease" (Section II.A below).
3. For those patients with laboratory evidence of HIV infection, the
   new definition permits some of the specified indicator diseases to
   be presumptively diagnosed (Section II.B below).
4. For surveillance purposes, a diagnosis of AIDS is generally not accepted if laboratory test results are negative for HIV infection.
   However, some provisions are specified for the diagnosis of

AIDS in some patients for whom laboratory test results for HIV infection are negative (Section III below).

1987 revision of CDC/WHO case definition for AIDS surveillance purposes

For national reporting, a case of AIDS is defined as an illness characterized by one or more of the following "indicator" diseases, depending on the status of laboratory evidence of HIV infection, as shown below.

I. Without laboratory evidence regarding HIV infection

If laboratory tests of HIV were not performed or gave inconclusive results (see Appendix I) and the patient had no other cause of immunodeficiency listed in Section I.A below, then any disease listed in Section I.B indicates AIDS if it was diagnosed by a definitive method (see Appendix II).

A. Causes of immunodeficiency that disqualify diseases as indicators of AIDS in the absence of laboratory evidence for HIV infection

1. High-dose or long-term systemic corticosteroid therapy or other immunosuppressive/cytotoxic therapy ≤ 3 months before the onset of the indicator disease.
2. Any of the following diseases diagnosed ≤ 3 months after diagnosis of the indicator disease: Hodgkin's disease, non-Hodgkin's lymphoma (other than primary brain lymphoma), lymphocytic leukaemia, multiple myeloma, any other cancer of lymphoreticular or histiocytic tissue, or angioimmunoblastic lymphadenopathy.
3. A genetic (congenital) immunodeficiency syndrome or an acquired immunodeficiency syndrome atypical of HIV infection, such as one involving hypogammaglobulinaemia.

B. Indicator diseases diagnosed definitively (see Appendix II)

1. Candidiasis of the oesophagus, trachea, bronchi, or lungs.
2. Cryptococcosis, extrapulmonary.
3. Cryptosporidiosis with diarrhoea persisting >1 month.
4. Cytomegalovirus disease of an organ other than liver, spleen, or lymph.nodes in a patient >1 month of age.

5. Herpes simplex virus infection causing a mucocutaneous ulcer that persists > 1 month; or bronchitis, pneumonitis, or oesophagitis for any duration affecting a patient > 1 month of age.
6. Kaposi's sarcoma affecting a patient < 60 years of age.
7. Lymphoma of the brain (primary) affecting a patient < 60 years of age.
8. Lymphoid interstitial pneumonia and/or pulmonary lymphoid hyperplasia (LIP/PLH complex) affecting a child < 13 years of age.
9. *Mycobacterium avium* complex or M. *kansasii* disease, disseminated (at a site other than or in addition to lungs, skin, or cervical or hilar lymph nodes).
10. *Pneumocystis carinii* pneumonia.
11. Progressive multifocal leukoencephalopathy.
12. Toxoplasmosis of the brain affecting a patient > 1 month of age.

II: With laboratory evidence for HIV infection

Regardless of the presence of other causes of immunodeficiency (I.A.), in the presence of laboratory evidence of HIV infection (see Appendix I), any disease listed above (I.B.) or below (II.A or II.B) indicates a diagnosis of AIDS.

A. Indicator diseases diagnosed definitively (see Appendix II)

1. Bacterial infections, multiple or recurrent (any combination of at least 2 within a 2-year period) of the following types affecting a child < 13 years of age:
   septicaemia, pneumonia, meningitis, bone or joint infection, or abscess of an internal organ or body cavity (excluding otitis media or superficial skin or mucosal abscesses), caused by *Haemophilus, Streptococcus* (including pneumococcus), or other pyogenic bacteria.
2. Coccidioidomycosis, disseminated (at a site other than or in addition to lungs or cervical or hilar lymph nodes)
3. HIV encephalopathy (also called "HIV dementia", "AIDS dementia", or "subacute encephalitis due to HIV") (see Appendix II for description).
4. Histoplasmosis, disseminated (at a site other than or in addition to lungs or cervical or hilar lymph nodes).
5. Isosporiasis with diarrhoea persisting > 1 month.
6. Kaposi's sarcoma at any age.
7. Lymphoma of the brain (primary) at any age.

8. Other non-Hodgkin's lymphoma of B-cell or unknown immunological phenotype and the following histological types.
   a. small noncleaved lymphoma (either Burkitt or non-Burkitt type);
   b. immunoblastic sarcoma (equivalent to any of the following, although not necessarily all in combination: immunoblastic lymphoma, large-cell lymphoma, diffuse histiocytic lymphoma, diffuse undifferentiated lymphoma, or high-grade lymphoma).

   Note: Lymphomas are not included here if they are of T-cell immunological phenotype or their histological type is not described or is described as "lymphocytic," "lymphoblastic," "small cleaved," or "plasmacytoid lymphocytic".

9. Any mycobacterial disease caused by mycobacteria other than *M. tuberculosis*, disseminated (at a site other than or in addition to lungs, skin, or cervical or hilar lymph nodes).

10. Disease caused by *M. tuberculosis,* extrapulmonary (involving at least 1 site outside the lungs, regardless of whether there is concurrent pulmonary involvement).

11. *Salmonella* (nontyphoid) septicaemia, recurrent.

12. HIV wasting syndrome (emaciation, "slim disease") (see Appendix II for description).

B. Indicator diseases diagnosed presumptively
(by a method other than those in Appendix II)

Note: Given the seriousness of diseases indicative of AIDS, it is generally important to diagnose them definitely, especially when therapy that would be used may have serious side effects or when definitive diagnosis is needed for eligibility for antiretroviral therapy. Nonetheless, in some situations, a patient's condition will not permit the performance of definitive tests. In other situations, accepted clinical practice may be to diagnose presumptively based on the presence of characteristic clinical and laboratory abnormalities. Guidelines for presumptive diagnoses are suggested in Appendix III.

1. Candidiasis of the oesophagus.

2. Cytomegalovirus retinitis with loss of vision.

3. Kaposi's sarcoma.

4. Lymphoid interstitial pneumonia and/or pulmonary lymphoid hyperplasia (LIP/PLH complex) affecting a child $<$ 13 years of age.

5. Mycobacterial disease (acid-fast bacilli with species not identified by culture), disseminated (involving at least 1 site other than or in addition to lungs, skin, or cervical or hilar lymph nodes).
6. *Pneumocystis carinii* pneumonia.
7. Toxoplasmosis of the brain affecting a patient >1 month of age.

III. With laboratory evidence against HIV infection

With laboratory test results negative for HIV infection (see Appendix I), a diagnosis of AIDS for surveillance purposes is ruled out *unless:*

A. all the other causes of immunodeficiency listed above in Section I.A are excluded; *AND*
B. the patient has had either:
   1. *Pneumocystis carinii* pneumonia diagnosed by a definitive method (see Appendix II); *OR*
   2. a. any of the other diseases indicative of AIDS listed above in Section I.B diagnosed by a definitive method (see Appendix II); *AND*
      b. T-helper/inducer (CD4) lymphocyte count $< 400/\text{mm}^3$.

Appendix I

Laboratory evidence for or against HIV infection

1. For infection:

When a patient has disease consistent with AIDS:
   a. a serum specimen from patient ≥ 15 months of age, or from a child < 15 months of age whose mother is not thought to have had HIV infection during the child's perinatal period, that is repeatedly reactive for HIV antibody by a screening test (e. g., enzyme-linked immunosorbent assay [ELISA]), as long as subsequent HIV-antibody tests (e. g., Western blot, immunofluorescence assay), if done, are positive;*OR*
   b. a serum specimen from a child < 15 months of age, whose mother is thought to have had HIV infection during the child's perinatal period, that is repeatedly reactive for HIV antibody by screening test (e. g., ELISA), plus increased serum immunoglobulin levels and at least 1 of the following abnormal immunological test results: reduced absolute lymphocyte count, depressed CD4 (T-helper) lymphocyte count, or decreased CD4/CD8 (helper/suppressor) ratio, as long as subsequent antibody tests (e. g., Western blot, immunofluorescence assay), if done, are positive;

OR
c. a posivite test for HIV serum antigen; *OR*
d. a positive HIV culture confirmed by both reverse transscriptase detection and a specific HIV-antigen test or *in situ* hybridization using a nucleic acid probe; *OR*
e. a positive result on any other highly specific test for HIV (e. g., nucleic acid probe of peripheral blood lymphocytes).

2. *Against infection:*

A nonreactive screening test for serum antibody to HIV (e. g., ELISA) without a reactive or positive result on any other test for HIV infection (e. g., antibody, antigen, culture), if done.

3. *Inconclusive (neither for nor against infection):*

a. a repeatedly reactive screening test for serum antibody to HIV (e. g., ELISA) followed by a negative or inconclusive supplemental test (e. g., Western blot, immunofluorescence assay) without a positive HIV culture or serum antigen test, if done; *OR*
b. a serum specimen from a child < 15 months of age, whose mother is thought to have had HIV infection during the child's perinatal period, that is repeatedly reactive for HIV antibody by a screening test, even if positive by a supplemental test, without additional evidence for immunodeficiency as described above (in 1.b) and without a positive HIV culture or serum antigen test, if done.

Appendix II

Definitive diagnostic methods for diseases indicative of AIDS

Diseases	Definitive diagnostic methods
Cryptosporidiosis	
Cytomegalovirus	
Isosporiasis	
Kaposi's sarcoma	
Lymphoma	
Lymphoid pneumonia or hyperplasia	Microscopy (histology or cytology).
Pneumocystis carinii pneumonia	
Progressive multifocal leukoencephalopathy	
Toxoplasmosis	

Candidiasis	Gross inspection by endoscopy or autopsy or microscopy (histology or cytology) on a specimen obtained directly from the tissues affected including scrapings from the mucosal surface, not from a culture.
Coccidioidomycosis Cryptococcosis Herpes simplex virus Histoplasmosis	Microscopy (histology or cytology), culture, or detection of antigen in a specimen obtained directly from the tissues affected or a fluid from those tissues.
Tuberculosis Other mycobacterioses Salmonellosis Other bacterial infection	Culture.
HIV encephalopathy* (dementia)	Clinical findings of disabling cognitive and/or motor dysfunction interfering with occupation or activies of daily living, or loss of behavioural developmental milestones affecting a child, progressing over weeks to months, in the absence of a concurrent illness or condition other than HIV infection that could explain the findings. Methods to rule out such concurrent illness and conditions must include cerebrospinal fluid examination and either brain imaging (computed tomography or magnetic resonance) or autopsy.
HIV wasting syndrome*	Findings of profound involuntary weight loss > 10% of baseline body weight plus either chronic diarrhoea (at least 2 loose stools per day for ≥ 30 days) or chronic weakness and documented fever (for ≥ 30 days, intermittent or constant) in the absence of a concurrent illness or condition other than HIV infection that could explain the findings (e.g., cancer, tuberculosis, cryptosporidiosis, or other specific enteritis).

    * For HIV encephalopathy and HIV wasting syndrome, the methods of diagnosis described here are not truly definitive, but are sufficiently rigorous for surveillance purposes.

Appendix III

Suggested guidelines for presumptive diagnosis of diseases indicative of AIDS

Diseases	**Presumptive diagnosis criteria**
Candidiasis of oesophagus	a. Recent onset of retrosternal pain on swallowing, **AND** b. oral candidiasis diagnosed by the gross appearance of white patches or plaques on an erythematous base or by the microscopic appearance of fungal mycelial filaments in an uncultured specimen scraped from the oral mucosa.
Cytomegalovirus retinitis	A characteristic appearance on serial ophthalmoscopic examinations (e.g., discrete patches of retinal whitening with distinct borders, spreading in a centrifugal manner, following blood vessels, progressing over several months, frequently associated with retinal vasculitis, haemorrhage, and necrosis). Resolution of active disease leaves retinal scarring and atrophy with retinal pigment epithelial mottling.
Mycobacteriosis	Microscopy of a specimen from stool or normally sterile body fluids or tissue from a site other than lungs, skin, or cervical or hilar lymph nodes, showing acid-fast bacilli of a species not identified by culture.
Kaposi's sarcoma	A characteristic gross appearance of an erythematous or violaceous plaque-like lesion on skin or mucous membrane. (**Note:** Presumptive diagnosis of Kaposi's sarcoma should not be made by clinicians who have seen few cases of it.)
Lymphoid interstitial pneumonia	Bilateral reticulonodular interstitial pulmonary infiltrates present on chest X-ray for ≥ 2 months with no pathogen identified and no response to antibiotic treatment.

Pneumocystis   a. A history of dyspnea on exertion or non-
carinii   productive cough of recent onset (within
pneumonia   the past 3 months); **AND**
                   b. chest X-ray evidence of diffuse bilateral
                   interstitial infiltrates or gallium scan evi-
                   dence of diffuse bilateral pulmonary disea-
                   se; **AND**
                   c. arterial blood gas analysis showing an ar-
                   terial pO_2 of $<$ 70 mm Hg or a low respirato-
                   ry diffusing capacity ($<$ 80% of predicted
                   values) or an increase in the alveolar-
                   arterial oxygen tension gradient; **AND**
                   d. no evidence of a bacterial pneumonia.

Toxoplasmosis   a. Recent onset of a focal neurological ab-
of the brain   normality consistent with intracranial dise-
                   ase or a reduced level of consciousness;
                   AND
                   b. brain imaging evidence of a lesion having
                   a mass effect (on computed tomography or
                   nuclear magnetic resonance) or the radio-
                   graphic appearance of which is enhanced
                   by injection of contrast medium; **AND**
                   c. serum antibody to toxoplasmosis or
                   successful response to therapy for toxoplas-
                   mosis.

Der Oberste Sanitätsrat der Republik Österreich hat die WHO-
Definition ins Deutsche übersetzt und überarbeitet. Der für
Österreich gültige Text:

Revision der Falldefinition von AIDS für Meldezwecke (1987)

Für Meldezwecke wird AIDS bei bestehendem Labornachweis (siehe
Anhang I) für das Vorliegen einer HIV-Infektion, unabhängig von
etwaigen anderen Ursachen für einen Immundefekt, als eine Krankheit definiert, welche charakterisiert ist durch eine oder mehrere der
unter A und B nachfolgend angeführten Erkrankungen.

A) Definitiv diagnostizierte Indikatorerkrankungen

1. Candidiasis von Ösophagus, Trachea, Bronchien oder Lungen
2. Extrapulmonale Kryptokokkose
3. Kryptosporidiose mit Diarrhoe, länger als ein Monat persistierend
4. Zytomegalievirus-Erkrankung eines anderen Organs als Leber, Milz oder Lymphknoten bei einem Patienten der älter als ein Monat ist
5. Herpes simplex Virusinfektion als Ursache für ein mukokutanes Ulkus, das länger als ein Monat persistiert oder Bronchitis, Pneumonie oder Ösophagitis unbestimmter Dauer bei einem Patienten, der älter ist als ein Monat
6. Kaposi-Sarkom in jedem Alter
7. Pneumocystis carinii Pneumonie
8. Lymphom des Gehirns (primär in jedem Alter)
9. Andere Non Hodgkin-Lymphome von B-Zellen oder unbekannten immunologischen Phänotyp sowie von den folgenden histologischen Typen:
   a) entweder Burkitt- oder Nicht-Burkitt-Typ
      (siehe ICD-O, onkologische histologische Typen)
   b) immunoblastischer Typ
10. Jede disseminierte, durch andere Mykobakterien als M. tuberculosis verursachte mykobakterielle Erkrankung (an anderer Lokalisation oder zusätzlich zu Lungen-, Haut-, zervikalen oder Hiluslymphknoten)
11. Erkrankungen, verursacht durch Mycobacterium tuberculosis (an wenigstens einer anderen Lokalisation, außer den Lungen, ohne Rücksichtnahme auf gleichzeitige pulmonale Beteiligung)
12. Bei Kindern unter 13 Jahren
    Lymphoide interstitielle Pneumonie und/oder pulmonale lymphoide Hyperplasie (LIP/PLH-Komplex)

    Multiple oder wiederkehrende bakterielle Infektionen, und zwar jede Kombination von mindestens 2, welche innerhalb einer Periode von 2 Jahren liegen:
    Septikämie, Pneumonie, Meningitis, Knochen- oder Gelenksinfektion oder Abszeß eines inneren Organs oder einer Körperhöhle (ausgeschlossen Otitis media oder oberflächlicher Haut- oder Pilzabszeß) verursacht durch Haemophilus, Streptokokkus (inklusive Pneumokokkus) oder andere pyogene Bakterien
13. Disseminierte Kokzidioidomykose (an anderer Lokalisation oder zusätzlich zu Lungen-, zervikalen oder Hiluslymphknoten)

14. HIV-Enzephalopathie (auch „HIV-Demenz", „AIDS-Demenz"
    oder „subakute Enzephalitis als Folge von HIV" genannt).
    Genaue Definition siehe Anhang II
15. Disseminierte Histoplasmose (andere Lokalisation oder zusätz-
    lich zu Lungen-, zervikalen oder Hiluslymphknoten)
16. Isosporiasis mit Diarrhoe, länger als ein Monat persistierend
17. Wiederkehrende Salmonellenseptikämie (nontyphoid)
18. HIV-Auszehrungssyndrom (Kachexie, "slim disease"). Siehe An-
    hang II für genaue Definition

**B) Verdachtsdiagnose einer Indikatorserkrankung (die Erstellung
der Verdachtsdiagnose erfolgt mit einer anderen Methode als
der in Anhang II beschriebenen)**

1. Candidiasis des Ösophagus
2. Cytomegalovirus Retinitis mit Sehverlust
3. Kaposi-Sarkom
4. Lymphoide interstitielle Pneumonie und/oder pulmonale lymphoide Hyperplasie (LIP/PLH-Komplex) bei Kindern unter 13
   Jahren
5. Disseminierte mykobakterielle Erkrankungen aufgrund säure-
   fester Bakterien, die nicht durch Kulturen spezifiziert werden
   können, (an anderer Lokalisation oder zusätzlich zu Lungen-,
   Haut-, cervikalen oder Hiluslymphknoten)
6. Pneumocystis carinii Pneumonie
7. Toxoplasmose des Gehirns bei Patienten, die älter als ein Monat
   sind

Anmerkung:
Es ist im allgemeinen wichtig, die Indikatorerkrankungen von AIDS
definitiv zu diagnostizieren, insbesondere wenn die Therapie ernsthafte Nebenwirkungen aufweist, oder wenn eine definitive Diagnose
für die geeignete antiretrovirale Therapie notwendig ist.

Fallweise kann jedoch der klinische Zustand eines Patienten die
definitive Sicherung der Diagnose unmöglich machen, andererseits
kann eine anerkannte klinische Erfahrung, die sich sowohl auf das
Auftreten von charakteristischen klinischen Erscheinungen, als auch
auf Laboratoriumsparameter stützt, zur Vermutungsdiagnose herangezogen werden. Richtlinien für Vermutungsdiagnosen sind in Anhang III zusammengestellt.

Gelingt ein Labornachweis für eine HIV-Infektion nicht, kann die
Diagnose AIDS für Meldezwecke ausgeschlossen werden, außer:

1. Wenn alle anderen Ursachen für einen Immundefekt ausgeschlossen werden können und
2. der Patient entweder
   eine Pneumocystis carinii Pneumonie durchgemacht hat, welche
   mit einer definitiven Methode diagnostiziert wurde (siehe An-
   gang II), oder
   eine andere Erkrankung, welche auf AIDS hinweist, durchgemacht hat, welche mit einer definitiven Methode diagnostiziert
   wurde (siehe Anhang II) und
3. die T-Helfer/Induktor (CD4)Lymphozytenzahl niedriger als
   400/mm³ ist.

Labornachweis einer HIV-Infektion

Für das Vorliegen einer HIV-Infektion bei einem Patienten
spricht:
a) wenn eine Serumprobe eines Patienten älter als 15 Monate oder
   eines Kindes, jünger als 15 Monate, dessen Mutter während der
   perinatalen Periode keinen Hinweis auf HIV-Positivität hatte, in
   einem Suchtest (ELISA) sowie in einem zweiten Suchtest
   (ELISA, Immunofluoreszenztest, . . .) und im Westernblot positiv
   ist, oder
b) eine Serumprobe eines Kindes, jünger als 15 Monate, dessen
   Mutter in der perinatalen Periode als HIV-positiv galt, einen positiven HIV-Screening-Test (ELISA) sowie einen zweiten positiven
   Screening-Test (ELISA, Immunofluoreszenztest, . . .) und erhöhte Serumimmunglobulinwerte aufweist, sowie wenigstens einen
   der nachfolgenden pathologischen immunologischen Tests:
   reduzierte absolute Lymphozytenzahl
   reduzierte CD4 (T-Helper)-Lymphozytenzahl
   herabgesetzte CD4/CD8 (Helper/Suppressor)-Ratio,
   oder
c) ein positiver Serumantigentest auf HIV vorliegt, oder
d) eine positive HIV-Kultur bestätigt, sowohl durch Reverse Transkriptase Nachweis als auch durch in situ Hybridisierung mittels
   einer Nukleinsäuresonde vorliegt, oder
e) ein positives Ergebnis eines anderen für HIV hochspezifischen
   Tests vorliegt, wie z. B.
   Anwendung einer Nukleinsäuresonde an Lymphozyten des peripheren Blutes.

Gegen eine HIV-Infektion spricht, wenn keiner der vorgenannten
HIV-Nachweise gelingt.

Definitive diagnostische Methoden für Erkrankungen, welche auf AIDS hinweisen:

Kryptosporidiose
Cytomegalievirus
Isosporiasis
Kaposi-Sarkom
Lymphom
Lymphoide Pneumonie
  oder Hypoplasie
Pneumocystis carinii
  Pneumonie
Progressive multifokale
  Leukenzephalopathie
Toxoplasmose
	Mikroskopie (Histologie
	oder Zytologie)

Candidiasis	Grobe Untersuchung durch Endoskopie oder Autopsie oder mikroskopisch (Histologie oder Zytologie) einer Probe direkt vom kranken Gewebe (mit Schleimhautanteil) nicht nur einer Kultur
Kokzidioidomykose Kryptokokkose Herpes simplex Virus Histoplasmose	Mikroskopie (Histologie oder Zytologie), Kultur oder Feststellen von Antigenen in einer Probe, welche direkt vom erkrankten Gewebe oder aus einer Flüssigkeit dieses Gewebes gewonnen wurde
Tuberkulose andere Mykobakteriosen Salmonellose andere bakterielle Infektionen	durch Kultur

Definition HIV-Enzephalopathie (AIDS-Demenz)

Klinische Zeichen einer kognitiven und/oder motorischen Dysfunktion, die zu einer Beeinträchtigung in Beruf und Alltagsleben führen, oder

bei Kindern das wochen- bis monatelange Ausbleiben der normalen Entwicklungsstufen im Verhalten ohne daß eine gleichzeitige Erkrankung oder andere Störung als eine HIV-Infektion als Erklärung für die klinischen Zeichen in Frage kommt.

Methoden zum Ausschluß solcher gleichzeitiger Erkrankungen und Störungen müssen eine Liquoruntersuchung und entweder Gehirnabbildung (Computertomographie oder Kernspintomographie) oder Autopsie beinhalten.

HIV-Auszehrungs-Syndrom
Starker unfreiwilliger Gewichtsverlust von mehr als 10% des Normalgewichtes, zusätzlich entweder chronische Diarrhoe (mindestens 2 ungeformte Stühle pro Tag über einen Zeitraum von mehr als 30 Tagen) oder chronische Schwäche und nachgewiesenes Fieber (länger als 30 Tage, wechselnd oder anhaltend) in Abwesenheit einer gleichzeitigen Erkrankung oder anderen Störung als einer HIV-Infektion als Erklärung für die klinischen Zeichen (z. B. Krebs, Tuberkulose, Kryptosporidiose oder andere spezifische Enteritiden).

Anmerkung:
Die hier beschriebenen Methoden zur Diagnose von HIV-Enzephalopathie und HIV-Auszehrungs-Syndrom sind nicht wirklich definitiv, aber derzeit ausreichend für Meldezwecke.

Empfohlene Richtlinien für Vermutungsdiagnose von Erkrankungen, welche auf AIDS hinweisen:

Candidiasis des Ösophagus	a) vor kurzem eingetretene retrosternale Schmerzen beim Schlucken und b) orale Candidiasis, diagnostiziert durch das Feststellen von mit dem freien Auge sichtbaren weißen Flecken oder Plaques auf erythematöser Basis oder durch den mikroskopischen Nachweis von fungalen Myzelfilamenten in einem nicht kultivierten Abstrich der Mundschleimhaut
Zytomegalievirus Retinitis	Charakteristisches Auftreten bei aufeinanderfolgenden Augenuntersuchungen (diskrete weiße Flecken der Retina mit deutlichen Grenzen, die sich zentrifugal den Blutgefäßen folgend ausbreiten) über einige Monate hindurch zunehmend, häufig verbunden mit retinaler Vaskulitis, Hämorrhagie und Nekrose. Das Abklingen der aktiven Erkrankung hinterläßt Narben auf der Retina und eine Atrophie mit fleckiger retinaler Pigmentepithelbildung.

Mykobakteriose	Der mikroskopische Nachweis säurefester Stäbchen aus einer Stuhlprobe, einer sonst sterilen Körperflüssigkeit oder eines Gewebes von anderer Herkunft als Lunge, Haut, zervikalen oder Hilus-Lymphknoten, welche nicht identifiziert wurden.
Kaposi-Sarkom	Charakterisiert durch das Auftreten eines mit dem Auge sichtbaren Erythems oder einer blauen plaqueähnlichen Läsion auf Haut oder Schleimhautmembranen. (Präsumptive Diagnosen von Kaposi-Sarkom sollten nicht von Ärzten gemacht werden, welche erst wenige Fälle davon gesehen haben).
Lymphoide interstitielle Pneumonie	Beidseitige retikulonoduläre interstitielle pulmonale Infiltrate, sichtbar im Thoraxröntgen für länger als zwei Monate ohne Identifizierung eines pathogenen Agens und ohne Ansprechen auf antibiotische Behandlung
Pneumocystis carinii Pneumonie	a) seit kurzem bestehende Belastungsdyspnoe oder nicht produktiver Husten (innerhalb der letzten 3 Monate), und b) Nachweis im Thoraxröntgen von beidseitigen diffusen interstitiellen Infiltraten oder Nachweis in der Galliumszintigraphie einer diffusen bilateralen pulmonalen Erkrankung und c) arterielle Blutgasanalysen, welche einen arteriellen pO_2 von weniger als 70 mm Hg oder eine niedrige respiratorische Diffusionskapazität (weniger als 80% des Normwertes) oder ein Ansteigen des alveolären arteriellen Sauerstoffspannungsgradienten zeigen und d) kein Nachweis einer bakteriellen Pneumonie

Toxoplasmose des Gehirns	a) seit kurzem bestehendes neurologisches Herdgeschehen im Zusammenhang mit einer intrakranialen Erkrankung oder eine herabgesetzte Bewußtseinslage, und
	b) Nachweis durch Abbildung im Computertomogramm oder Kernspintomogramm einer Massenläsion oder eines Defekts, welcher durch Kontrastmittelinjektion sichtbar gemacht wird, und
	c) Serumantikörpernachweis für Toxoplasmose oder Ansprechen auf Toxoplasmosetherapie

Äquivalente Termini und Internationale Klassifikation von Krankheits-Codes für AIDS-indizierende Lymphome.

Die folgenden Termini und Codes beschreiben AIDS-indizierende Lymphome bei Patienten mit nachgewiesenen HIV-Antikörpern (Teil II A.8 der AIDS-Definition). Viele dieser Termini sind obsolet oder untereinander äquivalent.

ICD-9-CM (1978)

Codes	Termini
200.0	Retikulosarkom Lymphom (maligne): histiocytär (diffuses) Retikulumzellen-Sarkom: Pleomorpher Zelltyp oder nicht anders spezifiziert
200.2	Burkitt-Tumor oder Lymphom malignes Lymphom, Burkitt-Typ

ICD-0 (Onkologische histologische Typen 1976)

9600/3	Malignes Lymphom, undifferenzierter Zelltyp, Non-Burkitt oder nicht anders spezifiziert
9601/3	Malignes Lymphom, Stammzelltyp Stammzellymphom

9612/3		Malignes Lymphom, Immunoblastischer Typ Immunoblastisches Sarkom, Immunoblastisches Lymphom oder Immunoblastisches Lymphosarkom

9632/3		Malignes Lymphom, Zentroblastischer Typ diffus oder nicht anders spezifiziert, oder Germinoblastisches Sarkom: diffus oder nicht anders spezifiziert

9633/3		Malignes Lymphom, follikulare Zentrumszelle, nicht gefurcht
		diffus oder nicht anders spezifiziert,

9640/3		Retikulosarkom, nicht anders spezifiziert, malignes Lymphom, histiocytär: diffus oder nicht anders spezifiziertes Retikulo-Zellsarkom, nicht anders spezifiziertes malignes Lymphom, Retikulo-Zelltyp

9641/3		Retikulosarkom, pleomorpher Zelltyp, malignes Lymphom, histiocytär, pleomorphes Retikulozellsarkom,
		pleomorpher Zelltyp

9750/3		Burkitt-Lymphom oder Burkitt-Tumor, malignes Lymphom, undifferenziert, malignes Lymphom vom Burkitt-Typ, lymphoblastisch, Burkitt-Typ

Herkunft des Virus

AIDS dürfte in Zentralafrika zumindest seit 1970 vorkommen. Tiefgefrorene Sera aus Uganda und Zaire, welche zu einem späteren Zeitpunkt nachuntersucht wurden, zeigten Seropositivität gegen HIV bereits 1969 und 1970. Dies und das Vorkommen eines HIV-ähnlichen Virus in afrikanischen grünen Affen deutet auf die Entstehung von AIDS in Afrika hin.

Epidemiologie und Infektionsmodus

Jüngste Publikationen der WHO [1] zeigen, daß zur Zeit weltweit über 130.000 Personen an AIDS erkrankt sind (Abb. 40), 300.000–500.000 Menschen bereits frühe Symptome einer HIV-Infektion aufweisen und 5–10 Milionen Menschen mit dem HI-Virus infiziert sind und sich noch im Stadium der klinischen Latenz befinden. Bis 1991 rechnet die WHO mit mindestens 1 Million AIDS-Kranker. Mit Ausnahme Afrikas war seit Beginn der AIDS-Pandemie der Erreger in bestimmten Risikogruppen vorherrschend (Abb. 41). Die Kenntnis des Übertragungsmodus des HIV führt zum Verständnis der Epidemiologie von AIDS:

Das HIV wurde aus Blut, Samen, Knochenmark, Tränenflüssigkeit, Speichel, Urin, Liquor cerebrospinalis, Lymphknoten, Faeces, Hirn, Haut sowie aus den Sekreten der Cervix, Vagina und Urethra isoliert [23, 45, 47].

Erreger

Der Erreger des AIDS wurde nahezu gleichzeitig von zwei Forschergruppen um Montagnier in Frankreich und Gallo in den USA entdeckt, die das Virus ursprünglich als Lymphadenopathie-assoziiertes Virus (LAV) bzw. als humanes T-Zellen-lymphotropes Virus III (HTLV III) bezeichneten. Heute ist der von der WHO festgelegte Terminus Humanes Immundefizienz-Virus (HIV) gebräuchlich. Innerhalb der letzten Jahre wurde das HIV genauestens untersucht, und damit sind die Voraussetzungen für ein Verständnis der Pathogenese des AIDS geschaffen worden. Heute beginnt man die Molekularbiologie des Virus besser zu verstehen. Aufgrund der derzeitigen Kenntnisse und der enormen Variabilität des Virus in ein und demselben Individuum ist es äußerst unsicher, ob jemals ein Impfstoff gegen HIV eingesetzt werden kann [24]. Wesentlich optimistischer können die Entwicklungsmöglichkeiten auf dem Gebiet der Chemotherapie und Chemoprophylaxe eingeschätzt werden.

Das HIV gehört zur Gruppe der Retroviren, die in das Kernmaterial (DNA) der infizierten Zelle eingebaut, somit ein fixer Bestandteil der befallenen Zelle selbst werden und damit zu persistierenden Infektionen führen. Das Virus befällt eine Reihe verschiedener Zellen (z. B. Blutzellen, Gehirnzellen, Langerhanszellen in der Haut, etc.) und wirkt selektiv auf jene cytotoxisch, die an ihrer Oberfläche eine hohe Dichte des T_4-Antigens aufweisen. Die T_4-Zellen, welchen im Immunsystem gleichsam die Rolle eines „Dirigenten" zukommt, werden somit durch HIV zerstört, und dies hat letztlich den Zusammenbruch der gesamten immunologischen Abwehrfunktionen zur Folge.

Das HIV zerstört nicht nur das Immunsystem, es entzieht sich auch selbst den körpereigenen Abwehrmechanismen: die *Oberflächenproteine* des Virus, vor allem das gp41 und gp120, induzieren zwar die spezifischen Antikörper im Infizierten, diese sind aber nicht in der Lage, die Bindung des Virus an die Zielzelle und deren Zerstörung zu verhindern. Hier besteht eine gewisse Parallelität zur Syphilis: auch bei dieser Infektionskrankheit werden zahlreiche Antikörper produziert, die in den serologischen Syphilistesten leicht nachzuweisen sind, aber nicht vollständig protektiv wirken. Das HIV benötigt zur Vermehrung ein Enzym, welches imstande ist, Ribonukleinsäure in Desoxyribonukleinsäure zu metabolisieren, und als *reverse Transkriptase* bezeichnet wird. Dieses Enzym ist in der Wirtszelle nicht vorhanden und wird vom Virus selbst produziert. Eine Hemmung der reversen Transkriptase kann die Virusvermehrung blockieren und daher ist dieses Enzym der Angriffspunkt antiviraler Agentien, wie z. B. *Azidothymidin* (AZT, Zidovudin). Andere, derzeit leider noch theoretische Möglichkeiten, HIV therapeutisch zu beeinflussen, liegen z. B. in einer Hemmung der Integrase (ein Enzym, das die Integration der viralen DNA in die zelluläre DNA steuert) sowie in einer Beeinflussung virusspezifischer Gene bzw. Genprodukte. Infektionen werden nahezu ausschließlich durch den Geschlechtsverkehr und direkten Kontakt mit infiziertem Blut sowie von der Mutter auf den Fötus (transplacentar), möglicherweise auch durch Muttermilch übertragen [50]. Der Übertragungsmodus der HIV-Infektion ist außerordentlich ähnlich jenem der Hepatitis B-Infektion, wobei die Infektionsgefährdung bei HIV allerdings vergleichsweise gering ist: bei Hepatitis B ist die Chance einer Infektion mit dem Hepatitis B-Virus (HBV) bei etwa 6–30% von Nadelstichverletzungen gegeben; bei HIV liegt diese Zahl unter 1% [5]. Eine Ansteckung mit dem HIV durch die üblichen sozialen Kontakte (z. B. Händeschütteln; Husten; Niesen; gemeinsames Benutzen einer Wohnung, WC, Bad, Sauna etc.; Sprechen, über Türschnallen, usw.) ist praktisch ausgeschlossen.

Die Statistiken über die Häufigkeit von HIV-Infektionen in westlichen Industriestaaten zeigen ein deutliches Überwiegen des männlichen Geschlechtes (Männer : Frauen = 14 : 1) bedingt durch die hohe Durchseuchungsrate *männlicher Homosexueller*. Nicht die Ausprägung zur Homosexualität selbst stellt ein Risiko für die Infektion mit dem HI-Virus dar, sondern das *sexuelle Verhalten:* die hohe Promiskuität in der Gruppe männlicher Homosexueller sowie die risikoreichen Sexualpraktiken sind die wesentlichen Ursachen für das häufige Vorkommen der HIV-Infektion bei Homosexuellen und damit die Erklärung für das oben angeführte Geschlechtsverhältnis in westlichen Industriestaaten.

Bisexuelle sind eine große Gefahr für das „Ausbrechen" der Infektion in die heterosexuelle Bevölkerung und damit auch in die Gruppe der Frauen. Erste Anzeichen dafür wurden bereits aus den USA berichtet. In vielen afrikanischen Staaten spielt Homosexualität und i. v. Drogenkonsum keine wesentliche Rolle; die heterosexuelle Promiskuität ist aber außerordentlich hoch, weil sie gesellschaftlich nicht oder nur wenig diskriminiert wird. Das HIV breitet sich daher in den beiden Bevölkerungsgruppen gleich rasch aus; das Geschlechtsverhältnis für die Häufigkeit der HIV-Infektion beträgt somit in diesen Ländern etwa 1:1.

Verlauf der HIV-Infektion

Die Inkubationszeit des AIDS ist außerordentlich variabel und bis heute noch nicht vollständig bekannt. Sicher ist, daß Symptome einer HIV-Infektion bis mehr als sieben Jahre nach der Ansteckung auftreten können [12, 28]. Transfusionsbedingtes AIDS weist eine mittlere Inkubationszeit von 52 Monaten auf.

Bisher ist noch immer nicht völlig geklärt, ob jede Infektion mit dem HI-Virus auch tatsächlich zur Erkrankung AIDS führt. Vor wenigen Jahren noch nahm man an, daß nur 4-19% HIV-Positiver tatsächlich Symptome entwickeln [8, 15, 25]. Heute gibt es gewichtige Stimmen (z. B. Gallo, persönliche Mitteilung), die behaupten, daß tatsächlich alle HIV-Infizierten irgendwann, z. T. nach extrem langer Inkubationszeit, an AIDS erkranken werden.

Von großer Bedeutung für die Erstellung einer Prognose für den HIV-Infizierten, aber auch für die Bestimmung des günstigsten Zeitpunktes einer antiviralen Therapie wären sichere *Prognose-Parameter.* Zur Zeit deuten folgende Parameter auf eine schlechte Prognose, d. h. Entwicklung von symptomatischem AIDS, hin [37]:

o niedrige T-Helfer-Zellzahl
o hohe T-Suppressor-Zellzahl
o niedrige Titer von Anti-HIV-Antikörpern
o Fehlen bzw. Verschwinden von Antikörpern gegen p24-Protein
o hohe Titer von Anti-Cytomegalievirus (CMV)-Antikörpern
o hohe Neopterin-Ausscheidung im Harn [22]
o Sexualverkehr mit Personen, die das Vollbild von AIDS entwickeln
o Abnahme bzw. Verschwinden der generalisierten Lymphknotenschwellung.

Serologie der HIV-Infektion

Der Nachweis von Antikörpern gegen den Erreger des Acquired Immunodeficiency Syndroms (AIDS), das *Human immunodeficiency virus* (HIV = HTLV III/LAV) ist weltweit für die Überprüfung von Blutkonserven und -produkten, für die Durchführung epidemiologischer Studien, die Beratung von Risikogruppen, die Erkennung Infizierter (z. B. Prostituierter) und damit für den Schutz von Kontaktpersonen von außerordentlicher Bedeutung. Möglicherweise könnten in Zukunft serologische Methoden auch für die Beurteilung der Prognose von HIV-Infektionen herangezogen werden.

Die tödliche Gefahr einer AIDS-Infektion erfordert eine sichere, möglichst fehlerfreie serologische Diagnostik. Dafür stehen heute bereits zahlreiche Testsysteme zur Verfügung. Grundsätzlich ist zwischen *Screening-Tests* und *Bestätigungsreaktionen* zu unterscheiden. Screenings-Tests (meist wird dafür die ELISA-Technik eingesetzt) gestatten Massenuntersuchungen, sind relativ preisgünstig und weisen eine außerordentlich hohe Sensitivität — nahezu 100% — auf. Falsch negative Reaktionen sind nicht zu erwarten, falsch positive

Ergebnisse allerdings kommen vor. Ein positives Resultat im Screening-Test muß daher mit Bestätigungsreaktionen überprüft werden.

Beim *Western-Blot-Test* (Abb. 42) werden zahlreiche einzelne virale Antigene auf einen Nitrozellulose-Streifen überbracht und dann mit dem Serum der zu untersuchenden Person behandelt. Die Western-Blot-Technik gestattet somit den Nachweis verschiedener Anti-HIV-Antikörper (Abb. 42), dessen Durchführung, vor allem aber Interpretation Erfahrung erfordert [41] und daher nur von Laboratorien durchgeführt werden sollte, die nicht nur über die technischen Einrichtungen, sondern auch über das notwendige „know how" verfügen.

Entsprechend den Empfehlungen des „Obersten Sanitätsrates" sollen in Österreich stets 2 Bestätigungsreaktionen durchgeführt werden, wovon eine der Western-Blot sein muß. Neben der Western-Blot-Technik wird derzeit hauptsächlich die *Immunfluoreszenz* (Abb. 43) mittels HIV-infizierter Zellen und FITC-markierter Anti-HIV-Konjugate verwendet. Immunfluoreszenzverfahren sind technisch zwar relativ einfach und rasch durchzuführen, die Beurteilung im Fluoreszenzmikroskop allerdings erfordert große Erfahrung und sollte daher nur von entsprechend geschultem und vor allem geübtem Personal vorgenommen werden.

Die Erfahrung lehrt, daß die Sicherheit serologischer Befunde besonders bei sogenannten „Problemsera" nicht allein in der Perfektion eines einzigen Testes, sondern in der Durchführung eines „Testprofiles" aus mehreren technisch miteinander nicht verwandten Verfahren gelegen ist.

Bei unklaren Befunden soll eine nochmalige Blutabnahme erfolgen, um die serologische Diagnose des betroffenen Patienten abzusichern und um Erfahrungen mit dem biologischen Verhalten der Antikörper gegen HIV zu sammeln. Darüber hinaus wäre zu erwägen, ein eindeutig positives Resultat durch die Untersuchung einer zweiten Blutprobe zu überprüfen. Die nachgewiesene Infektion mit dem HIV führt zu einschneidenden Veränderungen im Leben eines Menschen. Der Patient hat daher Anrecht darauf, von jeder denkbaren Art des menschlichen Versagens (z. B. Serumvertauschung, Fehler beim Ausfertigen des Befundes, usw.) geschützt zu werden.

Der Zeitraum zwischen Infektion und dem ersten Auftreten nachweisbarer Antikörper im Serum wird als *seronegative Phase* bezeichnet. Diese dauert meist 5–8 Wochen. In Einzelfällen wurden Antikörper gegen HIV auch schon nach 3 Wochen, selten auch erst nach Ablauf von 8 Wochen bis zu 14 Monaten nachgewiesen. Da die HIV-Serologie im Blutspendewesen zur Absicherung von Blutkonserven eine wesentliche Rolle spielt, kommt der seronegativen Phase besondere Bedeutung zu. Auch bei genauester Antikörper-Testung wird es daher nicht möglich sein, HIV-Infektionen über Blutkonserven ganz zu vermeiden. Man hat sich daher bemüht, das Virus selbst aus dem Blut mittels einfach und rasch durchführbarer *Antigen-Teste* nachzuweisen; die Sensitivität dieses Verfahrens ist allerdings noch nicht optimal.

Antikörper gegen die verschiedenen viralen Antigene treten häufig nicht gleichzeitig auf und ihre Konzentration (Titer) im Serum verändert sich im Laufe der Infektion [2]: meist tritt der anti-envelope-Antikörper gp41 vor dem anti-core-Protein p24 auf und bleibt im Verlaufe der gesamten Infektion nahezu unverändert bestehen. Ein Absinken des p24-Titers im Serum bzw. dessen völliges Verschwinden ist häufig mit dem Ausbruch oder einer deutlichen Verschlechterung des Vollbildes der AIDS-Erkrankung vergesellschaftet und kann daher als prognostisch ungünstiges Zeichen gewertet werden.

Die klinischen Manifestationen des AIDS (vgl. Tabelle 1) sind mannigfaltig und betreffen nahezu jedes Organ. Es ist hier nicht möglich, alle Erscheinungsformen, ihre Differentialdiagnose und Therapie zu erwähnen. Im Folgenden wird daher eine naturgemäß unvollständige Beschreibung der häufigen und wichtigen klinischen Manifestationen gegeben, um dem an sexuell übertragbaren Krankheiten Interessierten einen Überblick über das voll ausgeprägte Krankheitsbild der HIV-Infektion zu bieten.

Klinik der HIV-Infektion

Pulmonale Manifestationen

Über 90% pulmonaler Symptome bei AIDS sind auf Infekte, unter 10% auf das Vorkommen eines pulmonalen M. Kaposi

Tabelle 1. *Stadieneinteilung der HIV-Infektion*
(nach Klassifikation der Centers for Disease Control, Atlanta, USA)

Stadium	I:	Akute Infektion
Stadium	II:	Asymptomatische Infektion (seropositiv)
Stadium	III:	Persistierende, generalisierte Lymphadenopathie
Stadium IV A:		Eines oder mehrere der folgenden Symptome (wenn sie nicht durch andere Erkrankungen erklärbar sind) o Fieber(länger dauernd als 1 Monat) o Gewichtsverlust (höher als 10% des Ausgangsgewichtes) o Diarrhoe (länger dauernd als 1 Monat)
Stadium IV B:		Neurologische Manifestationen
Stadium IV C:		1: chron. Cryptosporidiose, Toxoplasmose, extra-intestinale Strongyloidose, Isosporiasis, Candidiasis (Oesophagus, Bronchien, Lunge), Cryptococcose, Histoplasmose, Infektionen mit Mycobacterium avium, Cytomegalievirus, rezidivierender mucocutaner oder disseminierter H. simplex, progress. multifokale Leukoencephalopathie
	C:	2: Sekundäre Infektionen: rezidivierende Salmonellen-Bakteriämie, Nocardiose, Tuberculose, orale Candidiasis, H. zoster (multiple Dermatose), orale Haarleukoplakie
	D:	Sekundäre Malignome: Kaposi-Sarkom, non-Hodgkin-Lymphom, primär cerebales Lymphom
	E:	Andere Krankheitsbilder

zurückzuführen [33]. Der wesentlichste Erreger pulmonaler Infekte bei immundefizienten Patienten ist *Pneumocystis carinii*, die entweder isoliert oder auch in Gemeinschaft mit anderen bakteriellen, mykotischen oder viralen Keimen (z. B. Cytomegalie-Virus, Herpes simplex-Virus, Mycobacterien, Cryptococcus neoformans, Legionella) Pneumonie hervorruft.

Die Pneumocystis carinii-Pneumonie (PCP) entsteht durch die Unfähigkeit des AIDS-Patienten, den Mikroorganismus — ein Protozoon bzw. nach neuerer Auffassung ein hefeähnlicher Pilz —, welcher meist bereits in früher Kindheit acquiriert wird, immunologisch zu kontrollieren. Etwa 85% aller AIDS-Patienten entwickeln irgendwann einmal PCP.

Schweres Krankheitsgefühl, Fieber, Hustenanfälle ohne Auswurf, später bedrohliche Dyspnoe kennzeichnen das klinische Bild. In der überwiegenden Mehrzahl der Fälle findet man röntgenologisch diffuse, seltener unilaterale pulmonale Verschattungen. Die definitive Diagnose wird mittels pulmonologischer Untersuchungsmethoden wie Bronchoskopie, Bronchiallavage, transbronchialer, selten offener Lungenbiopsie gestellt. Das Protozoon kann dann histologisch oder mittels Versilberungsmethoden, Giemsa- oder Gram-Färbung nachgewiesen werden. Zur Therapie der PCP wird derzeit neben Anti-HIV-Therapeutika hauptsächlich *Trimethoprim-Sulfamethoxazol* (TS) (20 mg/kg Trimethoprim in 4 geteilten Dosen) oder Pentamidin-Isothionat (4 mg/kg/Tag) eingesetzt. Beide Medikamente sind etwa gleich wirksam mit den bekannten Nebenwirkungen. Unter TS wurden beim AIDS-Patienten auffallend häufige und besonders schwer verlaufende Arzneiexantheme beobachtet. Beim Versagen einer TS-Behandlung ist häufig Pentamidin noch wirksam und umgekehrt. Dapson-Trimethoprim und Difluormethylornithin [18, 26] wurden ebenfalls mit Erfolg eingesetzt. 57–75% der PCP-Fälle sprechen gut auf die angeführten Therapeutika an [21, 43], wenn die Pneumonie nicht schon soweit fortgeschritten ist, daß mechanische Beatmung notwendig wird. Eine Prophylaxe mit TS oder Pentamidin wird meist empfohlen.

Pulmonales Kaposi-Sarkom (KS)

Die Diagnose eines pulmonalen KS ist außerordentlich schwierig, weil die klinischen Symptome — Fieber, Husten, Dyspnoe — denen der infektiösen Lungenerkrankungen außerordentlich ähnlich und mit diesen in über der Hälfte der Fälle auch kombiniert sind [35]. Die exakte Diagnose des pulmonalen KS bei AIDS kann meist nur durch offene Lungenbiopsie gestellt werden.

Neurologische Manifestationen

Tabelle 2 gibt einen Überblick über verschiedene neurologische Manifestationen des AIDS. Diese treten meist bereits sehr früh im Krankheitsverlauf und bei weit mehr als einem Drittel der AIDS-Fälle auf. Die Ursache für den so häufigen Befall des Nervensystems dürfte vor allem im starken Neurotropismus von HIV gelegen sein. Die wesentlichsten neurologischen Komplikationen bei AIDS sind somit Veränderungen, die durch das HI-Virus selbst hervorgerufen werden bzw. auch durch cerebrale Toxoplasmose entstehen.

Tabelle 2. Neurologische Manifestationen des AIDS
(modifiziert nach 29)

Zentralnervensystem

Virale Infektionen
        Subacute Encephalitis
        Atypische aseptische Meningitis
        Herpes simplex-Encephalitis
        Progressive multifocale Leukoencephalopathie

Nicht-virale Infektionen
        Toxoplasmose
        Cryptococcose
        Candidiasis
        Atypische Mycobacteriose

Neoplasien
        Primäre Lymphome
        Sekundäre Lymphome
        Kaposi-Sarkom

Hirnnervensydrome
        Multiple Neuropathien durch chronische Entzündungen
        Multiple Neuropathien durch Lymphome
        Bell'sche Paralyse

Syndrome peripherer Nerven
        Chronisch inflammatorische Polyneuropathie
        Distale symmetrische Neuropathie
        Herpes zoster-Radikulitis

Cerebrale Toxoplasmose (CT) entsteht durch Reaktivierung latenter Cysten von Toxoplasma gondii infolge eines immunologischen Defizits. Die Erstinfektion mit Toxoplasmose ist außerordentlich häufig und findet meist bereits in der Kindheit statt. Cerebrale Toxoplasmose führt beim AIDS-Patienten zu lokalen Ausfällen je nach dem Sitz der Cysten, aber auch zu allgemeiner psychischer Dysregulation.

Die Diagnose der CT ist schwierig. Moderne Methoden der Computertomographie (eventuell mit anschließender Gehirnbiopsie) liefern die besten Ergebnisse. Das Fehlen von Anti-Toxoplasmose-IgG im Serum schließt CT meist aus. Die Untersuchung von Liquor cerebrospinalis ergibt nur unspezifische Befunde wie Eiweißerhöhung und Vermehrung der zellulären Bestandteile. CT wird meist mit Pyrimethamin und einem Sulfonamid behandelt; die Indikation dazu soll wegen der wahrscheinlich lebenslänglichen Therapie besonders sorgfältig gestellt werden.

Neurologische Symptome durch HIV selbst entstehen durch die destruierende Wirkung des Virus auf Nervenzellen. HIV wurde bereits frühzeitig im Gehirn von AIDS-Patienten entdeckt [42]; der Neurotropismus ist durch gemeinsame Zelloberflächenantigene von Nervenzellen und T_4-Lymphocyten erklärlich. HIV ist wahrscheinlich für ein heute noch nicht ganz durchforschtes Spektrum verschiedenster Symptome des ZNS und peripherer Nerven verantwortlich.

Gastrointestinale Manifestationen

Die überwiegende Mehrzahl der AIDS-Patienten leidet unter gastrointestinalen Symptomen, wie schwere bis schwerste Diarrhoen, Malabsorption und Gewichtsverlust, wofür in den meisten Fällen Infektionen, selten intestinaler M. Kaposi verantwortlich sind [9, 31]. Mycobacterium avium-intracellulare, Cryptosporidien, Giardia lamblia, Campylobacter, Candida, Herpes-Viren und Salmonellen sind die häufigsten Erreger. Cytomegalievirus-Infektionen des Darmes sind bei Homosexuellen häufiger als bei Heterosexuellen. Da auf klinischer Basis die Differentialdiagnose nicht vorgenommen werden kann, sind bakteriologische und virologische Stuhluntersuchungen ebenso wie endoskopische Verfahren (Sigmoidoskopie; Colonoskopie, etc.) mit Biopsien unerläßlich. Die Behandlung erfolgt nach dem die Symptome auslösenden Erreger.

Cutane Manifestationen (Abb. 44–49)

Eine große Anzahl verschiedenster Hautkrankheiten wurde bei AIDS-Patienten beschrieben und sicherlich ist das heutige Wissen um AIDS und Hauterscheinungen noch immer unvollständig [10, 11, 14, 46]. Es scheint auch hier eine Parallele zur Syphilis zu liegen, die bekanntlich fast jede Hauterkrankung und jeden Hautzustand imitiert. Tabelle 3 gibt einen Überblick über Dermatosen, die mit AIDS assoziiert sein können. Es ist hier nicht möglich, jedes einzelne Bild zu beschreiben; manchmal sind die Hauterscheinungen ähnlich, wenn nicht identisch mit jenen, die bei Nicht-AIDS-Patienten vorkommen (z. B. Herpes zoster, Skabies, Vasculitis, Psoriasis, etc.). Nicht selten treten Hauterscheinungen beim AIDS-Patienten in *atypischen Maximalvarianten* auf (z. B. disseminierte Mollusca contagiosa, nekrotisierender Herpes simplex, enorm pruriginöse Follikulitis, ausgeprägte Candidiasis der

Tabelle 3. *Mit AIDS assoziierte cutane Manifestationen (Modifiziert aus 14)*

Neoplasien
        M. Kaposi
        Lymphome (meist B-zellig)
        Carcinom
        Basaliom
        Melanom

Virale Infektionen
        Herpes simplex
        Herpes zoster
        Varicellen
        Mollusca contagiosa
        Oral hairy leukoplakia
        Epstein-Barr-Virus-Exantheme
        Condylomata acuminata

Bakterielle Infektionen
Abszesse
Follikulitis
Impetigo
Ecthyma
Ulcera (durch Pseudomonas)
Actinomycose
Tuberkulose
Syphilis
staphylogene epidermale Nekrolyse

Mykotische Infektionen
Candidiasis
Dermatophytose
Tinea versicolor
Alternariose
Cryptococcose
Histoplasmose
Sporotrichose
Scopulariopsis-Infektion

Protozoen-Infektionen
Cutane Amoebiasis

Arthropoden-Infektionen
Skabies
„Norwegische Skabies"

Vasculäre Erkrankungen
Vasculitis
Teleangiektasien
Nagelblutungen
Thrombocytopenische Purpura
Cutis marmorata
Hyperalgesien („Pseudothrombophlebitis")

Papulo-squamöse Dermatosen
Seborrhoische Dermatitis
Psoriasis
Pityriasis rosea

Orale Veränderungen
Perleche
Aphthen
Einfache und nekrotisierende Gingivitis

Haar- und Nagelveränderungen
        Verdünnung der Haare
        Vorzeitiges Ergrauen
        Alopecia areata
        Telogenes Effluvium
        Nageldeformationen
        Farbveränderungen der Nägel

Verschiedenes (u. a. im Rahmen der Grippe-ähnlichen Erstmani-
        festation der HIV-Infektion; medikamentös bedingt)
        Exantheme
        Erythrodermien
        Xerose
        Ichthyose
        Atopische Dermatitis
        Eosinophile pustulöse Follikulitis
        Pseudolymphome
        Granuloma anulare
        Pruritus
        Pyoderma gangraenosum
        Focale akantholytische Dermatose (Grover)
        Bullöses Pemphigoid
        Erythema elevatum et diutinum
        Urticaria

Mundhöhle und des Magen-Darm-Traktes, etc.). Einige wenige Dermatosen gibt es, die bisher nur bei AIDS beschrieben wurden (z. B. disseminierter Morbus Kaposi bei jungen Menschen, meist homosexuellen Männern und die *„oral hairy leukoplakia")*. Es erscheint jedenfalls heute nicht nur gerechtfertigt, sondern in hohem Maße auch notwendig, die HIV-Infektion sowie die syphilitische Infektion in die Differentialdiagnose fast aller Dermatosen miteinzubeziehen und entsprechend abzuklären.

Therapie des AIDS

Unter größten Anstrengungen und mit enormen finanziellen Mitteln wird weltweit nach einem Therapeutikum für AIDS geforscht, das imstande ist, das HI-Virus aus dem Körper zu eliminieren oder doch zumindest in der Replikation wirksam zu hemmen. Das ideale Arzneimittel sollte auch über längere

Zeit gut verträglich sein, eine hohe HIV-Spezifität aufweisen und die Blut-Liquor-Schranke passieren, um auch im ZNS vorhandene Viren zu beeinflussen. Die bisher vorhandenen Stoffe inhibieren die reverse Transkriptase, ein Enzym, welches virale RNA in doppelsträngige DNA umwandelt, die dann in die Wirtszelle integriert wird. Mehrere Substanzen wurden bereits entdeckt, die in vitro die gewünschten Effekte aufweisen (z. B. Suramin; HP-23; Phosphonoformat). Lediglich AZT *(Azidothymidin)* hat sich bisher weltweit in der Therapie des AIDS durchgesetzt. Sowohl in unkontrollierten, als auch in Placebo-kontrollierten Studien [13, 48] führte AZT (allerdings lediglich innerhalb limitierter Zeiträume) zur signifikanten Reduktion der Morbidität und Letalität von AIDS-Patienten mit Besserung auch neurologischer Parameter [49]. Eine übliche Dosierung stellen 6 x 200 mg/die dar. Die Toxizität von AZT [39] manifestiert sich vor allem in beträchtlichen Knochenmarkdepressionen. Bisher ist nicht sicher bekannt, welche Patientengruppe am meisten von AZT profitiert; manches spricht allerdings für einen *frühzeitigen Einsatz* des Medikamentes. Chemische Analoga von AZT werden derzeit in vitro und in vivo auch in Kombination mit AZT erprobt, und es dürfte sehr bald eine Verbesserung der antiviralen therapeutischen Möglichkeiten möglich sein.

Ein weiterer Ansatzpunkt zur Therapie des AIDS könnte in der Verwendung von Immunmodulatoren liegen. Interleukin 2, Interferone und Inosiplex wurden bereits ohne durchschlagenden Erfolg versucht. In jüngerer Zeit gelang es, eine Vaccine gegen ein anderes Retrovirus, das Katzen-Leukämie-Virus, herzustellen [16], und dies gibt Anlaß zur Hoffnung, daß auch einmal eine Vaccine gegen AIDS entwickelt werden kann. Eine große Schwierigkeit allerdings besteht in der großen phänotypischen Variabilität des Virus [15, 16] auch innerhalb ein und desselben Wirtes [20].

Prophylaxe des AIDS

Solange keine spezifische Prophylaxe gegen AIDS durch Impfung zur Verfügung steht, muß eine wirksame Vorbeugung die Verhinderung der Infektion zum Ziel haben. Es zeigt sich, daß dieses Ziel nur über eine Einschränkung gewisser Freiheiten (oder Freizügigkeiten?) zu erreichen ist. Wie sehr eine Gesellschaft bereit ist, gewohnte Freizügigkeiten zu reduzieren, hängt vom äußeren Druck ab, den die Erkrankung AIDS auf diese Gesellschaft ausübt. Die europäischen AIDS-Durchseuchungsraten liegen meist unter 1°/₀₀, und die Betroffenen befinden sich noch in Randgruppen, wie Homosexuelle oder i. v. Drogenabhängige. Der Druck auf die allgemeine Bevölkerung und damit auf deren politische Vertreter ist also noch relativ gering. Ein Ausbrechen des HI-Virus aus den genannten Risikogruppen in die allgemeine, vor allem weibliche Bevölkerung steht aber wahrscheinlich bevor. Es bleibt zu hoffen, daß dann der politische Druck nicht so groß wird, daß es zu Irrationalismus und damit nicht nur zur Einschränkung von Freizügigkeiten, sondern zu echtem Verlust von Freiheiten kommt.

Weltweit werden derzeit große Anstrengungen unternommen, eine Verhaltensänderung der Risikogruppen herbeizuführen. Zweifellos haben diese Aktivitäten bereits zu einer Verbesserung der Situation geführt. AIDS nimmt unter allen sexuell übertragbaren Erkrankungen eine *Sonderstellung* ein: die Inkubationszeit ist enorm lange (bis über 8 Jahre), der Betroffene ist während der Inkubationszeit infektiös, und die Erkrankung ist mit hoher Wahrscheinlichkeit tödlich. Es erscheint somit logisch, die Infektion bereits während der Inkubationszeit zu erkennen, dem Betroffenen bewußt zu machen, und damit einerseits einer Verbreitung der Infektion entgegenzuwirken und andererseits auch den Infizierten vor einem vorzeitigen Ausbruch der Erkrankung zu schützen. Dies ist vor allem durch ein Vermeiden zusätzlicher Infekte (z. B. gastro-intestinale Infekte; Geschlechtskrankheiten; Pyodermien; etc.), durch eine möglichst „gesunde", das Immunsystem nicht zusätzlich belastende Lebensweise, durch Vermeiden von immunologisch wirksamen Medikamenten, durch Schutz vor intensiver UV-Exposition (und Meiden von Solarium-Bestrahlung!) und möglicherweise auch durch Vermeiden gewisser Impfungen möglich. Die Hoffnung, die man in diese Maßnahmen setzt, ist, die Inkubationszeit möglichst so lange auszudehnen, bis vielleicht ein curatives Medikament gegen das HIV gefunden ist.

Literatur

[1] AIDS: A worldwide effort will stop it. WHO special programme on AIDS. January 1988

[2] Allain JP et al (1986) Serological markers in early stages of human immunodeficiency virus infection in hemophiliacs. Lancet 2: 1233

[3] Barre-Sinoussi F et al (1983) Isolation of a T-lymphotropic retrovirus from a patient at risk for acquired immunodeficiency syndrome (AIDS). Science 220: 868

[4] Brun-Vezinet F et al (1984) Prevalence of antibodies to lymphadenopathy-associated retrovirus in African patients with AIDS. Science 226: 453

[5] CDC (1985) Recommendations for preventing transmission of infection with human T-lymphotropic virus type III/lymphadenopathy-associated virus in the workplace. MMWR 34: 682

[6] Clavel F et al (1986) Isolation of a new human retrovirus from West African patients with AIDS. Science 233: 343

[7] Clumbeck N et al (1984) Acquired immunodeficiency syndrome in African patients. N Engl J Med 310: 492

[8] Curran JW et al (1985) The epidemiology of AIDS: current status and future prospects. Science 229: 1352

[9] Dworkin B et al (1985) Gastrointestinal manifestations of the acquired immunodeficiency syndrome: a review of 22 cases. Am J Gastroenterol 80: 774

[10] Farthing CF, Staughton RCD, Rowland Payne CME (1985) Skin disease in homosexual patients with acquired immune deficiency syndrome (AIDS) and lesser forms of human T-cell leukemia virus (HTLV-II) disease. Clin Exp Dermatol 10: 3

[11] Farthing CF, Brown SE, Staughton RCD (1986) A colour atlas of AIDS. Wolfe Medical Publications Ltd., London

[12] Feorino PM et al (1985) Transfusion-associated acquired immunodeficiency syndrome: evidence for persistent infection in blood donors. N Engl J Med 312: 1293

[13] Fischl MA et al (1987) The efficacy of azidothymidine (AZT) in the treatment of patients with AIDS and AIDS-related complex. N Engl J Med 317: 185

[14] Fisher BK, Warner LC, Matlow A: Cutaneous manifestations of the acquired immunodeficiency syndrome. In: Parish L, Gschnait F (eds) Sexually transmitted diseases. Springer New York 1988, p 284

[15] Francis DL et al (1985) The natural history of infection with the lymphadenopathy-associated virus human T-lymphotropic virus type III. Ann Int Med 103: 719

[16] Francis DP, Petriccipani JC (1985) The prospects for and

pathways toward a vaccine for AIDS. N Engl J Med 313: 1586
[17] Gallo RC, Wong-Staal F (1985) A human T-lymphotropic retrovirus (HTLV III) as the cause of the acquired immunodeficiency syndrome. Ann Int Med 103: 679
[18] Golden JA, Sjoerdsma A, Santi DV (1984) Pneumocystis carinii pneumonia treated with difluoromethylornithine. West J Med 141: 613
[19] Gschnait F et al (1987) HIV-(HTLV III/LAV)-Serologie: Erfahrungen anhand von mehr als 42.000 Testen. Wien Klin Wochenschr 15: 1
[20] Hahn BH et al (1986) Genetic variation in HTLV-III/LAV over time in patients with AIDS or at risk for AIDS. Science 232: 1548
[21] Haverkos HW (1984) Assessment of therapy for pneumocystis carinii pneumonia. Am J Med 76: 501
[22] Hutterer J: Neopterin as a discriminating and prognostic factor in AIDS and ARC patients. Wien Klin Wochenschr 99: 531
[23] Infectious Diseases Society of America (1986) Acquired immunodeficiency syndrome. J Infect Dis 154: 1
[24] Kunz C (1988) AIDS-Pathogenese-Update. In: Virusepidemiologische Information No. 1/1988
[25] Landesman SH, Ginzburg HM, Weiss SH (1985) The AIDS epidemic. N Engl J Med 312: 521
[26] Leoung GS et al (1986) Dapsone-trimethoprim for pneumocystis carinii pneumonia in the acquired immunodeficiency syndrome. Ann Int Med 105: 45
[27] Luik J et al (1986) A model-based approach for estimating the mean incubation period of transfusion-associated acquired immunodeficiency syndrome. Proc Nat Acad Sci USA 83: 3051
[28] Maloney MJ et al (1985) AIDS in a child 5 1/2 years after a transfusion (letter) N Engl J Med 312: 1256
[29] Matlow A, Fisher BK (1988) The acquired immunodeficiency syndrome. In: Parish L, Gschnait F (eds) Sexually transmitted diseases, Springer New York, p 263
[30] Medical letter (1986) Azidothymidine for AIDS. Med Lett 28: 107
[31] Meiselman MS, Cello JP, Margaretten W (1985) Cytomegalovirus colitis: report of the clinical, endoscopic, and pathological findings in two patients with the acquired immune deficiency syndrome, Gastroenterology 88: 171
[32] Mills J (1986) Pneumocystis carinii and toxoplasma gondii infections in patients with AIDS. Rev Inf Dis 6: 1001
[33] Murray JF et al (1984) Pulmonary complications of the acquired immunodeficiency syndrome: report of the National Heart, Lung and Blood Institute workshop. N Eng J Med 310: 1681

[34] Nahmias AJ et al (1986) Evidence for human infection with a HTVL III/LAV like virus in central Africa. Lancet i: 1279

[35] Ognibene FP, Steis RG, Macher AM (1985) Kaposi's sarcoma causing pulmonary infiltrates and respiratory failure in the acquired immunodeficiency syndrome. Ann Int Med 102: 471

[36] Piot P et al (1984) Acquired immunodeficiency syndrome in a heterosexual population in Zaire. Lancet 1: 65

[37] Polk BF et al (1987) Predictors of the acquired immunodeficiency syndrome developing in a cohort of seropositive homosexual men. N Eng J Med 316: 61

[38] Popovich M et al (1984) Detection, isolation and continuous production of cytopathic retroviruses (HTLV-III) from patients with AIDS and pre-AIDS. Science 224: 497

[39] Richman DD et al (1987) The toxicity of azidothymidine (AZT) in the treatment of patients with AIDS and AIDS-related complex: a double blind, placebo controlled trial. N Engl J Med 317: 192

[40] Saxinger WC et al (1985) Evidence for exposure to HTLV III in Uganda before 1973. Science 227: 1036

[41] Schmidt BL et al (1988) Serologie der HIV-Infektion: Erfahrungen an über 140.000 Testen, Wien Klin Wochenschr, in Druck

[42] Shaw GM et al (1985) HTLV III infection in brains of children and adults with AIDS encephalopathy. Science 227: 177

[43] Small CB et al (1985) The treatment of pneumocystis carinii pneumonia in the acquired immunodeficiency syndrome. Arch Int Med 145: 837

[44] Van de Perre P et al (1984) Acquired immunodeficiency syndrome in Rwanda. Lancet 2: 62

[45] Vogt WM et al (1986) Isolation of HTLV III/LAV from cervical secretions of women at risk for AIDS. Lancet 1: 525

[46] Warner LC, Fisher BK (1986) Cutaneous manifestations of the acquired immunodeficiency syndrome. Int J Dermatol 25: 337

[47] Wofsy CB et al (1986) Isolation of AIDS-related retrovirus from genital secretions of women with antibodies to the virus. Lancet 1: 527

[48] Yarchoan R et al (1986) Administration of 3'-azido-3'-deoxythymidine, an inhibitor of HTLV III/LAV replication, to patients with AIDS or AIDS-related complex. Lancet i: 575

[49] Yarchoan R, Berg G, Brouwers P (1987) Response of human-immunodefiency-virus-associated neurological disease to 3'-azido-3'-deoxythymidine. Lancet 1: 132

[50] Ziegler JB et al (1985) Postnatal transmission of AIDS-associated retrovirus from mother to infant. Lancet 1: 896

5.4 Andere Viruskrankheiten

5.4.1 Cytomegalie-Virus (CMV)-Infektionen

Erreger

Das CMV wird zur Gruppe der Herpes-Viren gerechnet, als Herpes-Virus Typ 5 klassifiziert und ist wie auch andere Viren dieser Gruppe imstande, latente, vorerst klinisch stumme Infektionen hervorzurufen [6]. Das Virus ist trotz Vorhandenseins nachweisbarer Antikörper in der Lage, sich zu vermehren. Es sind mehrere verschiedene Serotypen bekannt, deren Kenntnis aber klinisch bedeutungslos ist, weil es bisher noch nicht gelang, bestimmten Serotypen definierte Krankheitsbilder zuzuordnen.

Epidemiologie

CMV ist weltweit verbreitet. Für die Übertragung ist enger, intimer Kontakt bzw. der direkte Transfer von Körperzellen oder Körperflüssigkeiten notwendig. Das Virus wurde vor allem im Samen [4], der Scheidenflüssigkeit, im Urin, im Speichel, im Stuhl, in der Muttermilch und im Blut nachgewiesen. Die Risikogruppen für CMV-Infektionen sind, ähnlich wie bei vielen anderen sexuell übertragbaren Erkrankungen, vor allem junge, sexuell aktive, oft promiskuitiv lebende Personen beiderlei Geschlechts, hauptsächlich aber männliche Homosexuelle [1, 5]. Das Virus kann auch intrauterin von der Mutter auf den Foetus übertragen werden. Interessanterweise läßt sich CMV aus dem Cervicalkanal im ersten Drittel der Schwangerschaft seltener als im letzten Drittel nachweisen [9]. Der Grund hiefür könnte in einer Hemmung der CMV-Replikation in der Früh-, oder in einer verstärkten Vermehrung von CMV in der Spätschwangerschaft gelegen sein [9].

Pathogenese

Die Pathogenese und damit auch die klinischen Manifestationen der CMV-Infektion hängen ganz wesentlich mit der Immunabwehr des betroffenen Individuums zusammen. CMV führt beim immunologisch aktiven Menschen zu einer Fülle humoraler und zellulärer Abwehrmechanismen, von denen die zellulären für die immunologische Kontrolle der Erkrankung besonders wichtig sein dürften, wobei der menschliche Organismus aber in der Regel nicht in der Lage ist, das Virus gänzlich zu eliminieren. So können Foeten auch *pränatal* bei Vorhandensein mütterlicher Antikörper infiziert werden und damit kann eine Frau auch CMV auf mehrere ihrer Kinder übertragen. CMV dürfte bei der diaplazentaren Übertragung in mütterlichen Zellen lokalisiert sein, wo es für die humorale Immunabwehr unantastbar bleibt. Möglicherweise könnte der Fötus auch pervaginal durch das Sperma eines infizierten Mannes befallen werden. Die *perinatale Infektion* kann über Stuhl, Muttermilch, Harn, Speichel und Blut erfolgen. Eine Schwächung des Immunsystems kann jederzeit von der einfachen CMV-Infektion zur CMV-Erkrankung führen, und diese Schwächung der Abwehr kann durch das CMV selbst hervorgerufen werden. CMV befällt und schädigt nämlich u. a. T-Lymphocyten und Macrophagen, wobei es ähnlich wie das HI-Virus (aber wesentlich schwächer) selbst zu einer Störung der Immunabwehr führt [6].

Klinik

Die klinischen Manifestationen beim sonst gesunden *Erwachsenen* sind meist mild und zeigen sich oft als einfache fieberhafte Infekte, milde anikterische Hepatitis [11], interstitielle Pneumonie [3], Guillain-Barré-ähnliche Lähmungserscheinungen [7], thrombocytopenische Purpura und hämolytische Anämie [12]. Relativ häufig bei AIDS sind die *CMV-Retinitis* (ischämische Infarkte, häufig Netzhautablösung und Erblindung), perianale *CMV-Ulcera* (flache, erosive bis tiefreichende, wie ausgestanzte Geschwüre bei dekompensiertem Immundefekt), *CMV-Colitis und -Oesophagitis* (profuse, wässrige Diarrhoen; Abdominalkrämpfe; intestinale Ulcera; Darmperforationen). Die genannten Symptome können beim immunsupprimierten Patienten und insbesondere bei AIDS bis zur Maximalvariante jedes Krankheitsbildes gesteigert sein und führen dann nicht selten zum Tode. CMV-Infektionen spielen somit heute eine beträchtliche Rolle bei der medizinischen Überwachung von AIDS-Patienten sowie in der Transplantationsmedizin.

Pränatale CMV-Infektionen [2, 8] dürften von noch größerer Bedeutung sein als congenitale Störungen durch Röteln: in den USA sind 1% aller Neugeborenen mit CMV infiziert und trotz klinischer Erscheinungsfreiheit bei und kurz nach der Geburt entwickeln 10–20% dieser Kinder schwere Entwicklungsstörungen und Erkrankungen des Nervensystems.

Diagnose [10]

Die Labordiagnose der CMV-Infektion beruht grundsätzlich auf 2 Methoden:

Viruskultur auf Fibroblasten
Das zu untersuchende Material muß gut gekühlt (4 °C) möglichst rasch in das Labor gebracht werden, wo eine Viruskultur auf spezies-spezifischen Fibroblasten durchgeführt wird. Die Diagnose wird dann indirekt durch spezifische cytopathologische Veränderungen der Fibroblasten vorgenommen.

Serologische Verfahren
Komplement-Fixations-Test, indirekte Immunfluoreszenz, indirekte Hämagglutination und ELISA-Verfahren werden benützt. Der Nachweis der Serokonversion oder ein vierfacher Titeranstieg werden als diagnostisches Kriterium für eine frische Infektion gewertet.

Therapie
Die Therapie der CMV-Infektion wird nur bei klinischer Relevanz, besonders im Rahmen von Immundefekten (haupt-

sächlich bei AIDS) notwendig. Bewährt hat sich *Dihydroxypropoxymethylguanin (DHPG)*, ein Nukleosidanalogon, das hauptsächlich bei CMV-Retinitis eingesetzt wird sowie *Foscarnet (Phosphonoformat)*. *Anti-CMV-Hyperimmunglobulin* hat bei gleichzeitigem Vorliegen von AIDS nur geringe therapeutische Wirkung, wird aber bei CMV-Infektion im Rahmen von Transplantationen und in der Pädiatrie eingesetzt.

Literatur

[1] Drew WL et al (1981) Prevalence of cytomegalovirus infection in homosexual men. J Infect Dis 143: 188

[2] Hanshaw JB, Dudgeon JA (1978) Congenital cytomegalovirus. In: Hanshaw JB et al (eds) Viral diseases of the fetus and newborn. Saunders, Philadelphia, p 97

[3] Klemola E et al (1972) Pneumonia as a clinical manifestation of cytomegalovirus infection in previously healthy adults. Scand J Infect Dis 4: 7

[4] Lang DJ et al (1973): Cytomegalovirus in semen: persistence and demonstration in extracellular fluids. N Engl J Med 291: 121

[5] Lang DJ, Kummer F (1975) Cytomegalovirus in semen: observations in selected populations. J Infect Dis 132: 472

[6] Lang DJ (1984) Cytomegalovirus Infections. In: Holmes KK et al (eds) Sexually transmitted diseases. Mc Graw Hill, New York p 474

[7] Schmitz H, Enders G (1977) Cytomegalovirus as a frequent cause of Guillain-Barré-Syndrome. J Med Virol 1: 21

[8] Schoepfer K et al (1978) Congenital cytomegalovirus infection in newborn infants of mothers infected before pregnancy. Arch Dis Child 53: 536

[9] Stagno N et al (1975) Cervical cytomegalovirus excretion in pregnant and non pregnant women: suppression in early gestation. J Infect Dis 131: 522

[10] Stagno N et al (1980) Comparative study of diagnostic procedures for congenital cytomegalovirus infection. Pediatrics 65: 251

[11] Toghill PJ et al (1967) Cytomegalovirus hepatitis in adults. Lancet 1: 1351

[12] Zuelzer WW et al (1966) Etiology and pathogenesis of acquired hemolytic anemia. Transfusion 6: 438

5.4.2 Virale Hepatitis

Hepatitis A, vor allem aber Hepatitis B, können durch sexuellen Kontakt übertragen werden, und dieser Infektionsmodus spielt für die Epidemiologie der Hepatitis B-Virusinfektion wohl die größte Rolle [13].

Traditionsgemäß wird die virale Hepatitis, so wie andere Hepatitiden, im deutschen Sprachraum vom Internisten behandelt. Es werden hier aber kursorisch die wichtigsten Fakten über diese Erkrankungsgruppe abgehandelt, weil alle Ärzte, die sich mit sexuell übertragbaren Erkrankungen beschäftigen, bei ihren Patienten immer wieder auf Fälle mit viraler Hepatitis stoßen werden.

5.4.2.1 Hepatitis A

Erreger
Das Hepatitis A-Virus (HAV) ist ein RNA-Virus von 1,9–2,8 Megadalton Größe, hat einige Ähnlichkeiten mit dem Poliovirus und wird meist in die Gruppe der Picorna-Viren [4, 5, 13] eingereiht. HAV wird bereits 2–4 Wochen nach der Virusexposition in Stuhl und Galle entdeckt. Kurz vor Eintritt der klinischen Erkrankungssymptome wird das Virus massiv mit dem Stuhl ausgeschieden, bleibt aber dann noch 2–3 Wochen in den Faeces nachweisbar. Virämie besteht kurz vor und nach dem Beginn der Hepatitis [13].

Epidemiologie
Die Verbreitung des HAV basiert hauptsächlich auf faecaloraler Übertragung. Hepatitis A kann daher (wie auch andere enterale Mikroorganismen) durch Sexualpraktiken mit oralanalen Kontakten übertragen werden. Dies trifft hauptsächlich auf *männliche Homosexuelle* zu: in einer Studie aus Seattle [3] wird der Durchseuchungsgrad mit HAV bei Homosexuellen mit 30%, im Vergleich zu einer geeigneten Kontrollgruppe heterosexueller Personen mit nur 12% angegeben. Das Risiko der HAV-Infektion ist korrelierbar mit jüngerem Lebensalter, Anzahl der Sexualpartner und Dauer homosexueller Beziehungen.

Andere Studien belegen ebenso das erhöhte Risiko Homosexueller, an Hepatitis A zu erkranken [8, 9] und zeigen auch ein direktes Verhältnis auf zwischen dem HAV-Infektionsrisiko und der Häufigkeit syphilitischer Infektionen [11].

Weltweit wird Hepatitis A hauptsächlich auf nichtsexuellem Wege über faecal-orale Wege infolge schlechter hygienischer Bedingungen übertragen. In unterentwickelten Ländern sind HAV-Infektionen somit in der Kindheit am häufigsten, während in Industriestaaten Erwachsene betroffen werden [23]. Ausnahmsweise wird aber auch bei Kindern endemisch auftretende Hepatitis A in Kindergärten beobachtet. Von großer Bedeutung ist es, daß Kinder im Vorschulalter fast ausnahmslos symptomlos bleiben, obwohl HAV wie bei der Infektion des Erwachsenen mit den Faeces ausgeschieden wird [7]. HAV-Endemien in Kindergärten erfordern daher exakte diagnostische und prophylaktische Maßnahmen auch bei allen Kontaktpersonen (das sind hauptsächlich Familienmitglieder der betroffenen Kinder).

Klinik [13]

Die *Inkubationszeit* beträgt rund einen Monat (23 - 50 Tage). Die Erkrankung läuft bei älteren Menschen schwerer ab als bei Kindern und Jugendlichen. Die Symptome setzen meist plötzlich ein, seltener bestehen *Prodromi* in Form von Fieber, Krankheitsgefühl, Myalgien, Arthralgien, Exanthemen, Erbrechen und Durchfall. Die Diagnose wird meist mit dem Auftreten des Ikterus und des dunklen Urins gestellt. Die Blutsenkungsgeschwindigkeit ist (im Unterschied zur Hepatitis B) meist beschleunigt, IgM-Spiegel und Leberenzyme sind erhöht. Die überwiegende Mehrheit der Erkrankten weist etwa 6 Wochen nach Krankheitsbeginn wieder normale Transaminasen auf, etwa 10% der Infizierten benötigt zur Normalisierung der Leberwerte rund 3 Monate.

Die *Diagnose* einer Hepatitis A-Virusinfektion wird durch die klinischen Symptome in Verbindung mit der klassischen Serologie zum Nachweis von HAV-Antikörpern [15, 17] gestellt. Beweisend für eine rezente Infektion ist der Nachweis   o der Serokonversion
          o eines Anti-HAV-IgG-Titeranstieges
          o von Anti-HAV-IgM.

Prävention
Passive Immunisierung durch parenterale Gabe von Immunglobulin wird meist 1-2 Wochen vor einer zu befürchtenden Exposition verabreicht. Es scheint die passive Immunisierung aber auch kurz nach der HAV-Exposition noch wirksam zu sein, wodurch sich die Möglichkeit ergibt, Sexualpartner HAV-Infizierter und auch mit Kranken im gleichen Haushalt lebende Personen zu schützen [1].

5.4.2.2 Hepatitis B

Erreger [14, 21, 25]
Das Hepatitis B-Virus (HBV) besteht aus einer *äußeren Hülle* und einem *inneren Core.* Die äußere Hülle repräsentiert das *Herpes B-surface-Antigen (HBs Ag),* das aus Protein, Lipiden, Kohlenhydraten und Polypeptiden aufgebaut ist. Das innere Core stellt das *Hepatitis B-Core-Antigen (HBc Ag)* dar, das aus mehreren Polypeptiden besteht. Daneben existiert noch ein weiteres, chemisch abtrennbares Antigen, *HBe Ag.* Das Genom selbst besteht aus kleinen, circulär angeordneten DNA-Molekülen.

Epidemiologie
HBs Ag wurde in Blut, Speichel, Tränenflüssigkeit, Vaginalsekret und Samen infizierter Personen nachgewiesen, und es dürfte jede der genannten Körperflüssigkeiten unter bestimmten Bedingungen infektiös sein [13]. Hepatitis B als Folge von Bluttransfusionen kommt heute praktisch nicht mehr vor, weil Blutspender auf HBs Ag untersucht werden. Häufig ist Hepatitis B nach wie vor bei Personen, die im medizinischen Bereich arbeiten und sich (meist durch Nadelstichverletzungen) anstecken. Die nun zur Verfügung stehende spezifische Prophylaxe, aber auch die durch AIDS verbesserten bzw. wieder in Erinnerung gerufenen Hygienevorschriften haben in den letzten Jahren zu einem Rückgang der beruflich akquirierten Hepatitis B-Erkrankungen geführt.

HBV-Infektionen sind verständlicherweise ebenso wie HIV-Infektionen bei i. v. Drogenabhängigen und bei Personen mit zahlreichen Sexualpartnern — besonders bei *männlichen*

Homosexuellen – häufig [13]. Untersuchungen unter Homosexuellen in New York ergaben 4,6% als Hbs Ag-Träger und 51,1% als seropositiv für Anti-HBs [22]. Die Häufigkeit der HBV-Infektion bei Homosexuellen korreliert [ähnlich wie bei AIDS) mit der Zahl der Sexualpartner, der Dauer homosexuellen Verhaltens und der Häufigkeit receptiven rektalen Verkehrs [20, 24]. Im Unterschied zu (in der Mehrzahl heterosexuellen) Blutspendern wird bei HBs Ag-positiven Homosexuellen in signifikant vermehrtem Maße auch HBe Ag-Positivitiät gefunden und dies wiederum prädisponiert zu einer gesteigerten Infektiosität [2, 16].

Hepatitis B kann natürlich auch heterosexuell durch vaginalen Coitus übertragen werden, ebenso wie durch gemeinsames Benützen von Rasierklingen, Zahnbürsten, etc. Eine Ansteckung durch Speichel ist zumindest unwahrscheinlich.

Klinik

Etwa 2/3 aller HBV-infizierten Erwachsenen merken von der Infektion nichts, sie verläuft klinisch stumm, heilt in den allermeisten Fällen aus und hinterläßt lebenslängliche Immunität.

Die *Inkubationszeit* bei klinisch manifest Erkrankten beträgt etwa 1–4 Monate; Hepatitis B ist im Vergleich zu Hepatitis A eine ernste Infektion, die bei älteren Menschen meist bedrohlicher verläuft als bei jüngeren, bei etwa 1% der Betroffenen zu schweren Leberfunktionsstörungen führt, die wiederum bei fast 2/3 dieser Patienten zum Tode führen [13, 18].

Der klinisch manifesten Hepatitis B mit schwerem Krankheitsgefühl und Ikterus geht meist ein *Prodromalstadium* mit maculopapulösen oder urticariellen Effloreszenzen, Polyarthralgien bzw. echter Arthritis voraus, wobei die Transaminasen in der Regel bereits deutlich erhöht sind.

Persistente Infektionen kommen bei etwa 5–10% der HBV-Infektionen vor [12, 13], wobei wiederum etwa 1/3 dieser Patienten bei Leberbiopsien Zeichen chronisch-aktiver Hepatitis aufweisen, die spontan ausheilen oder in lebensbedrohliche Cirrhose übergehen kann. Persistente HBV-Infektionen sind nicht selten mit Immunerkrankungen, z. B. Panarteriititis nodosa, nekrotisierender Vasculitis, Glomerulonephritis und gemischter Kryoglobulinämie kombiniert.

Diagnose

Die Diagnose der Hepatitis B gründet sich auf die Klinik des Patienten, die erhöhten Lebertransaminasen, vor allem aber auf serologische Verfahren. Bei etwa 90% aller akut Erkrankten läßt sich HBs Ag aus dem Serum nachweisen, und damit ist die Diagnose weitgehend gesichert (Radioimmunoassay, ELISA-Verfahren und Hämagglutinationsteste stehen zur Verfügung). Alle HBs Ag-negativen Patienten, bei denen der Verdacht auf eine HBV-Infektion nicht ausgeschlossen werden kann, sollten auf das Vorliegen von *Anti-HBc* und *Anti-HBs* untersucht werden. Am aussagekräftigsten ist ein positives Untersuchungsergebnis auf *IgM-Anti-Hbc* [6, 13], weil Anti-HBc und Anti-HBs auch noch viele Jahre nach erfolgter Infektion persistieren können. Das Vorkommen von *HBe Ag* deutet auf besondere Infektiosität hin [2].

Prophylaxe

Passive Immunprophylaxe

Die Gabe von Hepatitis B-Immunglobulin schützt vor der Erkrankung, wenn es möglichst bald nach erfolgter HBV-Infektion gegeben wird. Einfaches Immunglobulin (Gamma-Globulin) offeriert zwar möglicherweise einen gewissen Schutz, aber nicht dieselbe Sicherheit wie Hepatitis B-Immunglobulin [19]. Die Durchführung einer passiven Immunprophylaxe bei Antikörper-negativen Personen erscheint nach percutaner-, Nadelstich- bzw. Schleimhaut-Exposition gegenüber HBs Ag-positivem Blut indiziert, ebenso wie bei Sexualpartnern von Patienten mit Hepatitis B und bei Neugeborenen von HBs Ag-positiven Müttern. Bei im gleichen Haushalt lebenden Personen, die keine sexuellen Beziehungen zum Infizierten haben, wird überlicherweise auf eine passive Immunprophylaxe verzichtet [13].

Aktive Immunprophylaxe

Aktive Immunprophylaxe durch Verwendung inaktiver Viren führt zu einem über 90%igen Schutz vor Hepatitis B-Infektionen durch Entwicklung von Immunität [10] infolge Anti-HBs- bzw. Anti-HBc-Antikörperproduktion. Die Vaccine

dürfte vor allem vor HBs-Subtypen, ob sie sexuell oder nicht
sexuell übertragen werden, schützen. Vor Durchführung der
aktiven Immunprophylaxe sollte man den HBV-Anti-
körperstatus kennen, weil für viele Patienten, die bereits eine
stille Infektion durchgemacht haben, die Impfung dann entbehrlich wird. Seit kurzem steht eine gentechnologisch gewonnene Vaccine zur Verfügung.

Literatur

[1] Advisory Committee on Immunization Practices: Immune
globulin for protection against viral hepatitis. MMWR (1977) 26:
425

[2] Alter HJ et al (1976) Type B hepatitis: the infectivity of blood
positive for e antigen and DNA polymerase after accidental
needlestick exposure. N Engl J Med 295: 909

[3] Corey L, Holmes KK: Sexual transmission of hepatitis A in
homosexual men. N Engl J Med 302: 435

[4] Coulepis AG et al (1981) Evidence, that the genome of hepatitis
A-virus consists of single stranded RNA. J Virol 37: 473

[5] Feinstone SM et al (1978) Characterization of HAV. In: Vyas G
et al (eds) Viral hepatitis. Franklin Institute Press, Philadelphia,
p 41

[6] Gerlich WH et al (1980) Diagnosis of acute and inapparent
hepatitis B virus infection by measurement of IgM antibody to
hepatitis B core antigen. J Infect Dis 142: 95

[7] Hadler SC et al (1980) Hepatitis A in day care centers: a
community wide assessment, N Engl J Med 302: 1222

[8] Hoybe G et al (1980) An epidemic of acute hepatitis A in male
homosexuals. Scand J Infect Dis 12: 241

[9] Jordan MC et al (1973) Spontaneous cytomegalovirus mononuc-
leosis: clinical and laboratory observations in nine cases. Ann
Intern Med 79: 153

[10] Krugman S (1982) The newly licensed hepatitis B vaccine:
Characteristics and indications for use. JAMA 247: 2012

[11] Kryger B et al (1982) Increased risk of infection with hepatitis A
and B viruses in men with a history of syphilis: relation to sexual
contacts. J Infect Dis 145: 23

[12] Lam KC et al (1981) Deleterious effects of prednisolone in HBs
Ag positive chronic hepatitis. N Engl J Med 304: 380

[13] Lemon SM (1984) Viral hepatitis. In: Holmes KK et al (eds)
Sexually transmitted diseases Mc Graw Hill, New York, p 479

[14] Lutwick LI, Robinson WS (1976) The virus of hepatitis type B. N Engl J Med 295: 1168
[15] Miller WJ et al (1975) Specific immune adherence assay for human hepatitis A antibody: application to diagnostic and epidemiologic investigations. Proc Soc Exp Biol Med 149: 254
[16] Perillo RP et al (1979) Hepatitis Bc antigen, DNA polymerase activity and infection of household contacts with hepatitis B virus. Gastroenterology 76: 1319
[17] Purcell RH et al (1976) A microtiter solid phase radio-immunoassay for hepatitis A antigen and antibody. J Immunol 116: 439
[18] Rakela N et al (1978) Hepatitis A virus infection in fulminant hepatitis and chronic active hepatitis. Gastroenterology 74: 879
[19] Redeker AG et al (1975) Hepatitis B immune globulin as prophylactic measure for spouses exposed to acute type B hepatitis. N Engl J Med 293: 1055
[20] Schreeder MT et al (1982) Hepatitis B in homosexual men: prevalence of infection and factors related to transmission. J Infect Dis 146: 7
[21] Shih JW et al (1980) Characterization of hepatitis B virus (dane particle). J Virol Methods 1: 47
[22] Smuness W et al (1975) On the role of sexual behavior in the spread of hepatitis B infection. Ann Intern Med 13: 489
[23] Smuness W et al (1977) The prevalence of antibody to hepatitis A antigen in various parts of the world. A pilot study. Am J Epidemiol 106: 392
[24] Smuness W et al (1981) Prevalence of hepatitis B "e" antigen and its antibody in HBs Ag carrier populations. Am J Epidemiol 113: 113
[25] Takamashi K et al (1975) Demonstration of hepatitis Be antigen in the core of dane particles. J Immunol 122: 275

6 Ektoparasitosen

6.1 *Pediculosis pubis* [1, 2, 9] (Abb. 50, 51)

Definition

Pediculosis pubis ist der Befall der Haut durch die Filzlaus.
Von den mehr als 400 verschiedenen Läusespezies sind 3
humanpathogene Arten bekannt: die *Kopflaus (Pediculus
humanus capitis)*, die *Kleiderlaus (Pediculus humanus vesti-
mentorum)* und die *Filzlaus (Pediculus humanus pubis oder
phthirus)*. Eine Infestation des Körpers mit der Filzlaus
erfolgt meist durch engen Kontakt mit einem infizierten Partner, daher zählt die Pediculosis pubis zu den sexuell übertragbaren Erkrankungen.

Erreger

Die Filzlaus besitzt einen platten und wesentlich breiteren
Körper als andere Lausarten und kann sich mit den hakenarti-
gen Krallen der großen Hinterbeine an den dickeren Haaren
der Regio pubis, der Axilla, des Bartes und der Augenbrauen
festklammern. Während des Entwicklungszyklus durchläuft
die Laus fünf verschiedene Stadien: Eier (Nissen), drei Larvenstadien, voll entwickeltes Tier. Aus den auf die Haare
geklebten Eiern entwickelt sich nach 5-10 Tagen die ovale
Nisse und nach dem Schlüpfen aus der Eimembran reift das
Tier in drei Larvenstadien, wobei es zahlreiche Blutmahlzei-
ten benötigt, um sich nach Erreichen des ausgewachsenen
Stadiums bereits nach 10 Tagen paaren zu können. Interessant ist der Mechanismus des Schlüpfens der Larve aus ihrem

Chitinpanzer: sie saugt dabei Luft an, welche über den Anus wieder ausgestoßen wird und schiebt sich somit durch den Luftüberdruck an ihrem Körperende selbst ins Freie. Die weibliche Laus legt pro Tag vier Eier. Die erwachsene Filzlaus ernährt sich durch Punktion von Hautkapillaren, wobei sie dunkelrote Faeces auf der Haut hinterläßt, und kann ohne Wirt nicht länger als 24 Stunden leben. Morphologisch besteht die Laus aus drei Teilen: Kopf (mit einem Augenpaar), Thorax (mit drei Beinpaaren) und Abdomen. Die Beinpaare münden in primitiven Greiforganen, mit denen sich die Laus am Haar festhält.

Epidemiologie

Die Filzlaus wird hauptsächlich durch sexuellen Kontakt übertragen. Die von der Pediculose betroffenen Personengruppen weisen epidemiologisch hinsichtlich Alter und Risikofaktoren ähnliche Charakteristika wie andere sexuell übertragbare Erkrankungen auf, allerdings sind gelegentlich auch andere Übertragungsarten möglich, z. B. über lose, mit Nissen befallene Betten oder Toilettebrillen. Pro Jahr werden in den USA über 3 Millionen Fälle von Lauserkrankungen behandelt, die meist infolge von Kopf- und Filzlausbefall auftreten.

Klinik

Wenige Tage nach dem Filzlausbefall tritt vorerst im Bereich der Schambehaarung, später und seltener auch an anderen behaarten Körperstellen, wie Bart, Augenbrauen sowie Wimpern starker Juckreiz auf. Besteht der Lausbefall bereits über längere Zeit, können ein gewisser Gewöhnungseffekt mit Abnahme subjektiver Symptome eintreten, oder aber auch eine Exacerbation durch beständiges Kratzen mit Entwicklung von Pyodermien und ausgedehnten Exkoriationen auftreten. Neben diesen Sekundärveränderungen und kleinen hellen Erythemen finden sich auch häufig 3—5 mm großen, bläuliche Flecken (Maculae caeruleae), die an der Stelle des

Lausbisses entstehen und auf durch den Lausspeichel chemisch veränderte Hämoglobinextravasate zurückzuführen sind.

Diagnose

Nach genauer Anamneseerhebung und Inspektion ist die Diagnose Pediculosis pubis durch den Erreger- oder Nissennachweis an den befallenen Körperstellen einfach zu stellen. Die *Nissen* werden von der Laus in den Winkel zwischen Haut und Haarschaft an das Haar geklebt. Aus der Distanz zwischen Hautoberfläche und Nissen können somit grobe Hinweise auf den Infektionszeitpunkt gewonnen werden. Die Nisse selbst ist etwa 0,8–1 mm groß und oval, und kann vom ungeübten Beobachter mit Hautschuppen verwechselt werden. Die *Läuse* sind manchmal nicht leicht zu entdecken, insbesondere wenn sie sich nicht bewegen. Durch ihren flachen Körperbau und ihre bräunliche Farbe sind sie Naevuszell-Naevi nicht unähnlich. Stets sollen die Axillen und auch die Augenbrauen mitinspiziert werden. Ein Verdacht auf Pediculosis pubis ergibt sich bei Vorliegen von genitalem Pruritus, ungeklärten Kratzeffloreszenzen in der Genital- und Unterbauchregion, sowie bei exanthematischen bläulichen Flecken am Stamm.

Differentialdiagnose

Durch die letzlich einfache und eindeutige Diagnose erübrigen sich differentialdiagnostische Überlegungen weitgehend. Die Taches bleues sind manchmal einem Exanthem bei *sekundärer Syphilis* ähnlich.

Therapie

Als Therapeutikum eigenen sich Pestizide, die alle Stadien des Parasiten erfassen. Zahlreiche Substanzen mit insektizider Wirkung sind bekannt:

- *Gamma-Hexachlorcyclohexan* als Emulsion und Gel, 0,3%.
  Durch Behinderung der Natriumionenpermeation wirkt
  die Substanz als Nervengift. Eine Woche nach erfolgter
  Behandlung soll eine Sicherheitstherapie durchgeführt
  werden. Ebenso ist eine Mitbehandlung des Partners unerläßlich.
- *Carbaryl* hemmt die Acetylcholinesterase und ist bei glei-
  cher insektizider Wirkung weniger toxisch als Gamma-
  Hexachlorcyclohexan.
- *Allethrin* stellt ein Kontaktgift für Insekten dar und führt
  bereits nach kurzer Einwirkungszeit zu einer völligen
  Beseitigung sämtlicher Lausstadien. Zur Stabilisierung
  muß Piperonylbutoxid zugesetzt werden.
- *Malathion* ist ein Cholinesterasehemmer und wird ähnlich
  wie Gamma-Hexachlorcyclohexan angewandt.

Grundsätzlich ist bei sachgerechter Anwendung der angeführten Mittel eine Entfernung der Nissen nicht notwendig,
weil der Nisseninhalt ebenfalls abgetötet wird. Sollte dies
dennoch erwünscht sein, empfehlen sich z. B. Waschungen
mit 1:5 bis 1:10 verdünnter warmer Speiseessiglösung und
anschließende Entfernung der Nissen mit dem Nissenkamm.

Eine Kontrolle des Patienten sollte nach 4–7 Tagen hauptsächlich aus psychologischen Gründen erfolgen, um einer
Parasitophobie und dem Gefühl, „unrein" zu sein, entgegenzuwirken.

6.2 Skabies [3–8]

Synonym: Krätze

Die Skabies ist eine für die *Geschichte der Dermatologie* außerordentlich wichtige Erkrankung. Obwohl der Erreger Sarcoptes scabiei hominis bereits 1687 von BONOMO erkannt
wurde, geriet dessen Wissen in Vergessenheit. Erst zwei Jahrhunderte später gelang es dem Wiener Arzt VON HEBRA
(1816–1880), dem Vater der modernen Dermatologie, die
Milbe neuerlich als Erreger der Skabies zu entdecken und
damit nachzuweisen, daß Hautkrankheiten ganz konkrete

Ursachen haben und nicht infolge „Fehlmischungen von Säften" oder anderen Vermutungen, wie sie damals üblich waren, hervorgerufen werden.

Definition

Unter Skabies wird der Befall der Hornschichte der Haut des Menschen durch die Skabiesmilbe, Sarcoptes (Acarus) scabiei hominis, verstanden.

Erreger

Das ca. 0,3–0,4 mm lange Weibchen der Krätzmilbe hat einen runden Körper mit vier stummelförmigen Beinpaaren, mit denen es sich rasch an der Hautoberfläche fortbewegt und in die Hautschichten bis zur Grenze zum Stratum granulosum eingraben kann. Dort verbleibt es lebenslang, nämlich 6 bis 8 Wochen, und legt täglich 2–3 Eier. Aus diesen schlüpft nach wenigen Tagen die Larve, um über das Nymphenstadium nach 14–17 Tagen zu einem geschlechtsreifen Tier heranzuwachsen. Das kleinere Männchen lebt nicht in Gängen, sondern auf der Haut in Mulden und Vertiefungen. Nach der Begattung stirbt es ab. In den Milbengängen liegen neben den Eiern zahlreiche dunkle Skyballa (Kotballen).

Epidemiologie

Die Skabies ist eine weltweit verbreitete, in Epidemien auftretende Infektionskrankheit. Ursachen für ein gehäuftes Auftreten der Skabies stellen reduzierte hygienische Versorgung, sexuelle Promiskuität, verstärkte Reisetätigkeit und Fehldiagnosen dar. Weiters konnte beobachtet werden, daß Skabies-Epidemien in ca. 30jährigen Zyklen mit einer Spitze nach 15 Jahren zwischen dem Ende einer Periode und dem Beginn der nächsten Periode auftreten. Möglicherweise dürften auch immunologische Faktoren eine Rolle spielen, wobei eine seuchenhafte Ausbreitung der Skabies auch von der Immunitätslage der Bevölkerung abhängig sein mag.

Die Übertragung der Skabies erfolgt durch engen, meist über längere Zeit bestehenden Kontakt mit einer infizierten Person. Infektiös sind sowohl erwachsene Milbenweibchen als auch die zahlreichen, auf der Haut lebenden reifen Larven und Nymphen. Mit der steigenden Zahl der Parasiten am Körper nimmt auch die Gefahr der Übertragung zu. Infolge der langen Inkubationszeit bei der Erstinfektion ist die Kontaktperson nicht immer leicht zu eruieren. Häufig sind sämtliche Familienmitglieder infiziert und behandlungsbedürftig. Da die Skabies meist an den Sexualpartner weitergegeben wird, ist diese Erkrankung den sexuell übertragbaren Erkrankungen zugeordnet. Allerdings sind Infektionen in Pflegeheimen, Kindergärten und Spitälern bei engen Kontakten von Patienten und Pflegepersonal nicht selten. Auch bei einer längeren Trennung der Milbe von ihrem Wirt (bis zu 17 Tage) bleibt die Milbe lebensfähig.

Klinik (Abb. 52)

Abhängig von der Immunitätslage der betroffenen Person differieren die klinischen Bilder zwischen Erst- und Reinfektion. Während bei der erstmaligen Skabieserkrankung erst nach einem 4wöchigen symptomfreien Intervall Juckreiz und typische papulo-vesiculöse Erscheinungen auftreten, manifestiert sich eine Reinfektion klinisch durch Juckreiz bereits innerhalb 24–28 Stunden. Während sich somit bei der Erstinfektion in der symptomarmen Initialphase die Milbenpopulation ungestört über längere Zeit vermehren konnte, bleibt die Milbenzahl bei der Reinfektion meist niedrig.

Das klinische Bild ist durch einige typisch pathognomonische Merkmale geprägt:

1. *Juckreiz.* 4–6 Wochen nach der Infektion setzt starker Juckreiz ein, der sich in der Bettwärme steigert.
2. *Prädilektionsstellen der Effloreszenzen:* Die Milbengänge sind an Stellen mit dünner Haut und Faltenbildung symmetrisch lokalisiert. Interdigitalbereich der Finger, perimammillär, genital und perigenital, Beugeseiten der Handgelenke, vordere Achselfalte, periumbilical, Glutealfalten, nur bei Kindern auch an Handflächen und Fußsoh-

len. Frei bleiben immer Hals- und Kopf-Bereich sowie bei Erwachsenen auch Handflächen und Fußsohlen. Die Rükkenregion ist weniger stark oder nicht betroffen.

3. *Skabies-Effloreszenzen:* Milbengänge sind mit dem freien Auge gerade noch sichtbare, „wie mit zittriger Hand geschriebene", etwa 0,5—1 cm lange, im Stratum corneum gelegene Gänge, an deren Ende manchmal die Milbe als dunkler Punkt in einer kleinen Erhebung erkennbar ist. Die durchschnittliche Zahl von Milbenweibchen, die auf der Haut eines Menschen leben, ist 11. Dementsprechend gering ist daher auch die Zahl typischer Milbengänge und Milbenhügel für den diagnostischen Nachweis der Milbe. Neben den typischen Milbengängen finden sich auch polymorphe, kleine, papulöse, papulovesiculöse und urticarielle Effloreszenzen. Milbengänge findet man am leichtesten zwischen Fingern, am Handgelenk, periumbilical und am Penis.

4. *Sekundärinfektionen:* Permanente Kratzeffekte der stark juckenden Effloreszenzen begünstigen Sekundärinfektionen in Form von Pyodermien (Furunkel, Follikulitiden, Impetigo), die eine Skabies maskieren können.

5. *Sonderformen der Skabies:*
   — *ekzematisierte Skabies*
   — *noduläre Skabies*
   Bei dieser Form treten 0,5—2 cm im Durchmesser messende, bläulich-rote bis bräunlich-rote, juckende Papeln an den Prädilektionsstellen der Skabies, oft erst nach erfolgter Therapie, auf, die häufig klinisch (aber auch histologisch!) mit Lymphomen verwechselt werden können. Die noduläre Skabies wird meist als eine allergische Reaktion vom verzögerten Typ auf die Milbe bzw. deren Produkte aufgefaßt. Die Therapie der Knötchen ist schwierig, meist sprechen sie auf Teerapplikation bzw. intraläsional applizierte Corticosteroide an.
   — *Scabies norwegica.* Hochcontagiöse Skabiesform mit psoriasiformen Effloreszenzen und nur geringem Pruritus, tritt vor allem bei Personen mit herabgesetztem Allgemeinzustand auf und ist heute extrem selten.

— *„Scabies incognito":* Unter dieser Bezeichnung versteht
man Skabieserkrankungen, die sich außerordentlich
symptomarm präsentieren und somit nur mit Schwierigkeiten klinisch zu diagnostizieren sind. Am häufigsten tritt Scabies incognito heute bei sehr gepflegten,
sauberen Individuen auf („Stewardessen-Skabies"),
die wahrscheinlich die Männchen durch häufiges
Baden oder Duschen entfernen, wodurch die Vermehrung der Milben nur langsam vorankommt.
Die Verwendung von externen oder systemisch verabreichten Corticosteroiden kann ebenfalls klinische
Symptome der Skabies verschleiern. Scabies incognito
ist nur durch besonders genaue Anamnese und
Inspektion sowie letztlich durch den Milbennachweis
zu diagnostizieren.

6. *Andere sexuell übertragbare Erkrankungen.* Bei infizierten
Personen werden auch häufig andere genitale Kontaktinfektionen nachgewiesen.

Diagnose

Eine genaue Anamneseerhebung sowie die typischen klinischen Symptome sind für die Skabiesdiagnose in den meisten
Fällen ausreichend (Tabelle 1).

Tabelle 1. *Diagnostische Merkmale der Skabies*

1. Klinik
— Verteilung der Effloreszenzen
— nächtlicher Juckreiz
— Nachweis von typischen Milbengängen
2. Milbennachweis
— mikroskopisch
— histologisch (Milbengang)

Eine exakte Abklärung der Skabies erfolgt durch den
Nachweis von Milbengängen, Milben, Vorstufen der Milben
bzw. von Skyballa. Ein Milbennachweis und somit eine

exakte Diagnose empfiehlt sich insbesondere bei Verdacht einer Skabiesepidemie in einer geschlossenen Institution oder zur Abklärung eines Reinfektes nach erfolgter Skabiestherapie. Für den Labornachweis von Skabies stehen heute mehrere Methoden zur Verfügung.

Klassischer Milbennachweis: Mit einer feinen (Injektions-) Nadel versucht man den Milbengang vom offenen Ende her aufzureissen und die Milbe am Milbenhügel zu entfernen und mikroskopisch nativ zu untersuchen.

Excoriationstechniken: Nach Aufbringen eines Tropfens Paraffinöl kann man den Milbenhügel mit verschiedenen Geräten (z. B. Rasierklinge, Skalpellklinge) eröffnen, indem man die Haut oberflächlich excoriiert. Das Geschabsel wird unter dem Mikroskop untersucht.

Epidermale shave-Biopsie: Dabei wird in Lokalanaesthesie ein kleines Stück Haut um den Milbengang tangential zur Hautoberfläche mit dem Skalpell abgetragen, fixiert, eingebettet und im Hämatoxylin-Eosinschnitt untersucht.

Hornhautabrisse mit selbstklebenden Zellophanbändern (z. B. Tixo, Tesa). Nach Reinigung der Haut mit Äther wird 8–10mal je ein Stück Klebeband auf die Hautstelle gebracht, rasch von der Haut weggerissen und unter dem Mikroskop untersucht.

Biopsie.

Therapie

Zur Therapie der Skabies stehen verschiedene Skabizide zur Verfügung, bei deren Applikation einige Punkte zu beachten sind:
— eine gleichzeitige Behandlung sämtlicher, in derselben Wohngemeinschaft lebenden Personen sowie enger Kontaktpersonen ist unerläßlich
— es müssen sämtliche Körperstellen mit Ausnahme des Kopfes mit dem Skabizid behandelt werden
— bei Überdosierung oder zu langer Therapie besteht die Gefahr einer Entwicklung eines toxisch-irritativen Ekzems

– postskabiöses Ekzem: Obwohl eine Transmission der Infektion 24 Stunden nach einer richtig durchgeführten Therapie nicht mehr erfolgen kann, sind die Symptome und Krankheitszeichen an der Haut noch nicht abgeklungen. Diese persistieren aufgrund einer Hypersensibilisierungsreaktion wochenlang in Form eines postskabiösen Ekzems.

– Skabies-Rezidive können als Folge einer insuffizient durchgeführten Therapie sowie infolge mangelnder Behandlung von Kontaktpersonen auftreten. Eine Reinfektion ist nur bei einem neuerlichen Milbennachweis mit Sicherheit zu diagnostizieren.

Bei Selbsttherapie durch den Patienten sind Rezidive infolge falsch oder ungenügend durchgeführter Behandlung nicht selten. Eine stationäre Therapie wird oft nicht zu umgehen sein.

Arten von Skabiziden

1. Gamma-Hexachlorcyclohexan. Das Gamma-Hexachlorcyclohexan ist in 0,3%iger Konzentration in einer Emulsion bzw. in einem Gel enthalten und muß am gesamten Körper durch 3 Tage aufgebracht werden (Kopf ausgenommen). Obwohl exakte Studien über die Gefahr subklinischer ZNS-Störungen bei der richtigen topischen Applikation von Gamma-Hexachlorcyclohexan fehlen, soll dieses Präparat während der Gravidität und bei Kleinkindern mit äußerster Vorsicht verwendet oder durch andere Skabizide ersetzt werden. Bei Kleinkindern von 3–10 Jahren soll das Präparat nur etwa 3 Stunden täglich auf der Haut belassen werden.

2. Schwefel-Präparate. Schwefelhaltige Präparate wurden viele Jahrhunderte lang zur Bekämpfung der Skabies verwendet. Wegen des unangenehmen Geruches werden sie heute kaum mehr verwendet. Ihre Wirkung beruht auf einer Störung der Fermentsystems der Milben und einer Bildung von Eiweißpräcipitaten. Mesulfen wird an drei aufeinanderfolgenden Tagen in Dosen von je 50 g aufgetragen.

3. Crotamiton. Die Wirkung von Crotamiton beruht auf einer Proteinpräcipitation. Es ist ein gut verträgliches Präparat, bei dem auch für Kleinkinder keine Nebenwirkungen zu erwarten sind. Die derzeit durch 2 Tage empfohlene Therapie wird möglicherweise aufgrund besserer Ergebnisse auf 5 Tage ausgedehnt.

Behandlung von Kleinkindern

— Benzylbenzoat 33% + Schmierseife 33% im Abstand von 12 Stunden zwei Tage lang auftragen.
— Gamma-Hexachlorcyclohexan. Säuglinge bis zum 12. Lebensmonat sollten zur Therapie stationär aufgenommen werden. Im Spital werden sie einer portionierten Behandlung des Körpers an drei aufeinanderfolgenden Tagen unterzogen. Ab dem 10. Lebensjahr ist eine ähnliche Therapie wie bei Erwachsenen möglich.

Literatur

[1] Barnes AM, Keh B (1959) The biology and control of lice on men. Calif Vector Views 6: 7
[2] Billstein ST (1984) Human lice. In: Holmes KK et al (eds) Sexually transmitted diseases. McGraw Hill, New York: p 513
[3] Gooch JJ et al (1978) Nosocomial outbreak of scabies. Arch Dermatol 114: 897
[4] Kramer MS et al (1980) Operational criteria for adverse drug reactions in evaluating suspected toxicity of a popular scabicide. Clin Pharmacol Ther 27: 149
[5] Martin WE, Wheeler CE (1979) Diagnosis of human scabies by shave biopsy. J Amer Acad Dermatol 1: 335
[6] Mellanby K (1977) Epidemiology of scabies. In: Orkin M et al (eds) Scabies and pediculoses. Lippincott, Philadelphia: p 60
[7] Muller S et al (1973) Scraping for human scabies. A better method for positive preparations. Arch Dermatol 107: 70
[8] Orkin M, Maibach HI (1984) Scabies. In: Holmes KK et al (eds) Sexually transmitted diseases. Mc Graw Hill, New York, p 517
[9] Rasmussen JE (1981) The problem of lindane. J Amer Acad Dermatol 5: 507

7 Protozoen-Infektionen

7.1 Trichomonas vaginalis-Infektionen

Trichomonas vaginalis-Infektionen und speziell ihre häufigste Manifestationsform — die Trichomonaden-Kolpitis — stellen sexuell übertragene Erkrankungen dar, die einerseits schon vergleichsweise lange bekannt sind und andererseits auch heute noch in großen Zahlen auftreten. Bereits 1836 beschrieb Donné [9] bewegliche Mikroorganismen in dem eitrigen Ausfluß von Patientinnen mit Kolpitis. Die Weltgesundheits-Organisation ging vor einigen Jahren von 180 Millionen Fällen von Trichomonaden-Infektionen im Jahr aus [4]. Allein in den Vereinigten Staaten von Amerika werden 2,5 bis 3 Millionen Erkrankungsfälle jährlich angenommen [25]. Eine gewisse Sonderstellung kommt Trichomonadeninfektionen innerhalb des Gesamts der sexuell übertragenen Erkrankungen insofern zu, als die Übertragung von Trichomonas vaginalis direkt mit der Übertragung weiterer STD-Erreger verknüpft sein zu können scheint und Trichomonaden-Infektionen bis heute nur durch ein einziges Chemotherapeutikum, nämlich Metronidazol (und seine Derivate), erfolgreich bekämpft werden können.

Erreger

Bei *Trichomonas vaginalis* handelt es sich um einen im Durchmesser 10 bis 20 µm großen begeißelten Einzeller. In typischen Fällen erscheint seine Gestalt oval. Insgesamt fünf Flagellen befähigen Trichomonas vaginalis zur eigenständigen Ortsveränderung (Lokomotion). Während vier der Flagellen frei sind, ist ein Flagellum in eine undulierende Membran eingeschlossen, die sich über zwei Drittel des Organismus erstreckt. Bei stärkerer Vergrößerung läßt sich das Schlagen der Flagellen lichtmikroskopisch beobachten (400fache Vergrößerung). Eine Eigentümlichkeit der Trichomonas vaginalis-Zelle besteht in Membran-gebundenen Granula, die sich mit basischen Farbstoffen intensiv anfärben, sogenannten Hydrogenosomen.

Ausgeprägt ist die Befähigung von Trichomonas vaginalis zur *Phagozytose,* etwa von Bakterien. Bakterien lassen sich aber nicht nur in phagozytierter Form im engsten Zusammenhang mit Trichomonas vaginalis entdecken, vielmehr scheinen Glykokalix-Bestandteile in besonderer Weise auch eine oberflächliche Anlagerung zu bedingen; so können möglicherweise Bakterien in ansonsten sterile Körperhöhlen mitgeschleppt werden, die Trichomonas vaginalis aufgrund seiner Eigenbeweglichkeit zu erreichen vermag [16]. In diesem Zusammenhang erscheint die Beobachtung von Mardh und Weström [22] von größter Bedeutung, wonach Trichomonas vaginalis bei Patientinnen mit akuter Salpingitis in der Bauchhöhle nachgewiesen werden kann. Howard [12] hat derartige Bakterien als „bacterial hitch hikers" (Anhalter) bezeichnet. Für die Anheftung von Trichomonas vaginalis an Wirtszellen scheinen wenigstens vier unterschiedliche Proteinliganden mit einer relativen Molekülmasse von 21 bis 65 kD verantwortlich zu sein; derartige Adhäsine fehlen dem nahe verwandten — nicht pathogenen — Einzeller Trichomonas tenax, der sich nicht in entsprechender Weise an HeLa-Zellen zu binden vermag [1]. Ein weiterer Unterschied zwischen Trichomonas vaginalis und Trichomonas tenax besteht in der Eigenschaft des ersteren Mikroorganismus, HeLa-Zellen in Zellkultur merklich zu schädigen [2]. In der Kultur lassen sich regelmäßig auch Isolate von Trichomonas vaginalis entdekken, die anomale Formen ausbilden — mit vielen Kernen und Flagellen.

Während sich Trichomonas vaginalis in der Regel hälftengleich teilt, kommt es manchmal wohl auch zu einer vielfachen Teilung eines einzelnen Organismus [14]. Generell benötigt Trichomonas vaginalis nicht unbedingt eine ganz scharf definierte Atmosphäre, um sich zu vermehren, eine gemäßigt anaerobe Atmosphäre scheint er aber zu bevorzugen.

Das Medikament der Wahl zur Bekämpfung von Trichomonas vaginalis stellt *Metronidazol* dar. Metronidazol scheint unverändert in Trichomonas vaginalis penetrieren zu können, innerhalb der anaeroben Zelle wird dann wohl die Nitrogruppe reduziert. Dabei soll ein hochreaktives Produkt entstehen, möglicherweise ein Hydroxylamin, welches mit der DNA einen Komplex bildet, was letztlich die weitere Nukleinsäure-Synthese unterdrückt [13]. Zum Zeitpunkt seiner Einführung in die Trichomonaden-Therapie erbrachte Metronidazol Heilungsraten von 86–100% — bei einer Dosierung von 3×200 mg peroral über sieben Tage [20]. Schon bald mußte man aber feststellen, daß in Einzelfällen auch die wiederholte Anwendung von Metronidazol und die Anwendung von Metronidazol in hohen Dosen nicht zu dem gewünschten Erfolg führte [28]. Dieses mangelnde Ansprechen bestimmter Fälle von Trichomonaden-Infektionen auf Metronidazol wurde unterschiedlich erklärt, insbesondere wurde an eine unzureichende Bioverfügbarkeit im Einzelfall sowie an mangelnde Erregerempfindlichkeit in vitro gedacht. Erstere Hypothese konnte kürzlich widerlegt werden: Bei erfolglos behandelten Patienten ließen sich normal hohe Konzentrationen von Metronidazol in Plasma und Vaginalexsudat nachweisen [27]. Die letztere Hypothese konnte demgegenüber in den letzten Jahren eindrucksvoll untermauert werden. Einerseits konnten bei vielen Isolaten bei Patienten mit Therapieversagen vergleichsweise *hohe Hemmkonzentrationen* ermittelt werden, andererseits ließ sich bei größeren Untersuchungen ein enger Zusammenhang zwischen In-vitro-Empfindlichkeit und Therapie-Erfolg erkennen [21, 24]. Unlängst wurde ein entsprechender Fall auch in Berlin (West) beobachtet [32]. Gegenüber Metronidazol-empfindlichen Stämmen von Trichomonas vaginalis erweist sich in vitro Tinidazol, Mebendazol, Furazolidon und Anisomycin ebenfalls als wirksam, im Falle der Metronidazol-Resistenz erscheinen Mebendazol, Furazolidon und Anisomycin als vergleichsweise wirksam. Antibiotika vom Typ der Betalactame, Macrolide oder Aminoglycoside, Folsäure-Antagonisten und Antimykotika müssen als unwirksam angesehen werden [29].

Klinik

Kolpitis

Die Trichomonaden-Infektion der Scheide ruft in der Mehrzahl der Fälle Krankheitserscheinungen hervor, latente Infektionen kommen aber prinzipiell vor. Diese Feststellung, die
erstmals bereits 1896 von Dock [8] getroffen wurde, hat sich
seitdem immer wieder bestätigt; je nach Krankengut wird mit
einem Anteil von 10 bis 50% latenten Infektionen gerechnet.
Die Inkubationsdauer der Trichomonaden-Kolpitis schwankt
zwischen wenigen Tagen und etwa vier Wochen [5]. Nach
gängiger Auffassung stellt – anders als bei der bakteriellen
Vaginose eher nicht übelriechender – *Ausfluß* aus der
Scheide ein Hauptsymptom der manifesten Erkrankung dar,
in bis zur Hälfte der Fälle sollen Juckreiz und Beschwerden
beim Geschlechtsverkehr unterschiedlichen Grades hinzu-
kommen, darüberhinaus Dysurie und gelegentlich eine eher
als diskret empfundene Pollakisurie. Gelegentlich angege-
bene Schmerzen im Unterleib werden auf eine Mitbeteiligung regionaler Lymphknoten zurückgeführt. Manche
Patientinnen sehen einen Zusammenhang zwischen dem
Auftreten der Beschwerden und der Menstruation [26]. Eine
neuere umfassende Bewertung der klinischen Symptomatik
wurde vor einigen Jahren in den USA vorgenommen [11].
Danach findet sich bei Frauen in einer STD-Ambulanz-Popu-
lation der allgemein als typisch empfundene bröckelige weißliche Ausfluß bei Anwesenheit von Trichomonas vaginalis in
der Scheide signifikant häufiger, nämlich bei 12 gegenüber 5%
der Patientinnen. Das Symptom ist damit aber weder besonders spezifisch noch gar sensitiv. Viel häufiger fand sich in
beiden Gruppen nicht bröckliger Ausfluß. Insgesamt fand
sich Ausfluß aus der Scheide mit 56 vs. 51% bei Trichomonas
vaginalis-positiven Patientinnen etwa gleich häufig wie beim
Rest der Patientinnen, entsprechendes gilt in etwa für das
wesentlich seltener wahrgenommene Symptom Dysurie (18
vs. 12%). Ein Beginn der Menses in den letzten fünf Tagen vor
Vorstellung war bei den Patientinnen mit Trichomonas vaginalis nicht signifikant häufiger zu verzeichnen, ebensowenig
ein früherer Befall mit Trichomonas vaginalis oder die Ein-

nahme oraler Kontrazeptiva. In den folgenden Parametern unterschieden sich Patientinnen mit Trichomonas vaginalis und ohne diesen Erreger aber signifikant:
— keinerlei Kontrazeptiva (in ersterer Gruppe häufiger)
— Anwesenheit von Hefen in der Scheide (in letzterer Gruppe häufiger)
— Anwesenheit von Gonokokken in der Cervix (in ersterer Gruppe häufiger)
— vaginaler pH $\leq 4,5$ (in letzterer Gruppe häufiger).

Als wenig sensitives, aber hochspezifisches Kriterium für eine Trichomonaden-Infektion des äußeren Genitale konnte das Bild einer granulären, verletzlichen Cervix etabliert werden (sog. „strawberry cervix"). Im Rahmen der bereits angeführten Studie wurde Trichomonas vaginalis häufiger als Neisseria gonorrhoeae gefunden (32 vs. 27%), und zwar signifikant häufiger bei dunkelhäutigen Patientinnen [11].

Urethritis

Während die Trichomonaden-*Kolpitis* in weiten Teilen der Erde ein häufiges Vorkommnis darstellt, spielt Trichomonas vaginalis als Erreger einer nicht-gonorrhoischen *Urethritis* in vielen Ländern keine wesentliche Rolle. Ausnahmen gibt es aber durchaus, so beispielsweise im südlichen Afrika [15]. Der Anteil der Trichomonaden-Urethritis am Gesamt aller Fälle von nicht-gonorrhoischer Urethritis liegt hier bei 5,5%, das Durchschnittsalter der Patienten mit Trichomonaden-bedingter nicht-gonorrhoischer Urethritis liegt mit 30,4 Jahren etwas höher als das der übrigen Patientinnen (26,1 Jahre). Zum Zeitpunkt der Vorstellung bestehen die Beschwerden bei der Trichomonaden-bedingten nicht-gonorrhoischen Urethritis wesentlich länger als bei den übrigen Patienten mit NGU (in 78% der Patienten mehr als vier Wochen). Alle Patienten mit nicht-gonorrhoischer Urethritis und Anwesenheit von Trichomonas vaginalis in der Harnröhre weisen Ausfluß auf, fast alle eine urethrale Reizung (100% respektive 99%). Gelegentlich — in etwa 5% der Fälle — kommen Dysurie und Pollakisurie vor. Das insgesamt seltenere Vorkommen von Trichomonas vaginalis in der männlichen Harnröhre wird mit dem hohen Zinkgehalt im Ejakulat in Verbindung gebracht, Prostata- und Bläschendrüsen-Sekret als wesentliche Bestandteile des Ejakulates wirken aber auch unabhängig von ihrem Zinkgehalt toxisch gegenüber Trichomonas vaginalis [17].

Balanoposthitis

Die Balanoposthitis stellt beim Mann ebenfalls eine wichtige Manifestationsform der Trichomonas vaginalis-Infektion dar. In einer polnischen Serie von Trichomonas vaginalis-infizierten Männern fand sich dieses Krankheitsbild in 34% [23]. Fast immer erscheinen bei der Trichomonas vaginalis-Infektion des Gliedes Glans und Präputium parallel betroffen. Die Effloreszenzen bestehen im wesentlichen in Erosionen und Ulzerationen, letztere können im Einzelfall an ein Ulcus molle erinnern. Eine ausgeprägte eitrige Sekretion ist damit verknüpft. Desgleichen finden sich die regionalen Lymphknoten meist induriert, jedoch beweglich und nicht druckschmerzhaft.

Diagnostik

Lange Zeit hat sich die Diagnostik bei Verdacht auf eine Trichomonaden-Infektion auf das bereits vom Erstbeschreiber Donné eingesetzte Naßpräparat gestützt. Das notwendige Untersuchungsmaterial wird hierfür sinnvollerweise mit einem Watteträger gewonnen, im Falle einer Kolpitis möglichst aus dem hinteren Scheidengewölbe. Das Material wird dann in einem Tropfen Wasser auf einen Glasobjektträger übertragen. Nach Auflegen eines Deckgläschens wird vorsichtig erwärmt und dann bei 100facher sowie anschließend 400facher Vergrößerung mikroskopiert (im Hellfeld). An Zellen des Wirtes lassen sich Epithelzellen und polymorphkernige Granulozyten erkennen, im Falle einer Trichomonaden-Infektion überwiegen letztere nicht selten wesentlich. Die Trichomonaden werden als ovaläre Gebilde von etwas größerem Durchmesser als dem der polymorphkernigen Granulozyten erkannt; das Hauptmerkmal zu ihrer Erkennung stellt die eigentümliche *Beweglichkeit* dar. Im Phasenkontrastmikroskop bzw. im Dunkelfeldmikroskop lassen sich die einzelnen Flagellen respektive die undulierende Membran erkennen. Der Nachweis eines einzigen typischen Erregers gilt als diagnostisch.

Die Spezifität des Untersuchungsverfahrens liegt in der Größenordnung von 100%, die Sensitivität freilich anders als von manchen vermutet wesentlich niedriger. In einer neueren kontrollierten Studie ließ sich nur etwa die Hälfte der kulturell gesicherten Fälle auch mittels des Naßpräparates erfassen [11]. Das Naßpräparat bewährt sich insbesondere dann nicht, wenn geringe Erregerzahlen vorliegen. Zum kulturellen Nachweis von Trichomonas vaginalis eignen sich zwei Flüssigmedien in demselben Maße: Das Feinberg-Whittington-Medium — es kann gleichzeitig zum kulturellen Nachweis von Candida dienen — [10] und das modifizierte Diamond-Medium [7].

Das Feinberg-Whittington-Medium besteht aus proteolytisch alterierter Leber, Glucose, Natriumchlorid und Pferdeserum zuzüglich Penicillin G-Natrium (1000 I.E./ml), Streptomycinsulfat (0,5 mg/ml) und Nystatin (25 µg/ml). Der Leberextrakt kann von der Firma Pabryn Laboratories, Greenford, Middlesex, bezogen werden. Das modifizierte Diamond-Medium nach Fouts und Kraus [11] besteht aus Pferdeserum, Pepton, Hefeextrakt, Maltose, Cystein und Ascorbinsäure sowie Penizillin G-Natrium (1000 I.E./ml), Streptomycinsulfat (0,15 mg/ml) und Amphotericin B (2 µg/ml).

Die Materialgewinnung zur Beimpfung erfolgt wie bereits beschrieben; der getränkte Watteträger wird in das Flüssigmedium verbracht. Eine Scheidenspülung zur Materialgewinnung führt zu keinen höheren kulturellen Nachweisraten. Nach zwei bis drei Tagen und nach sechs bis sieben Tagen der Inkubation bei 36,5° C wird ein wenig sedimentiertes Material vom Boden der Kulturröhrchen gewonnen und ein Naßpräparat angefertigt. Die Betrachtungsdauer eines einzelnen Präparates sollte in negativen Fällen volle drei Minuten nicht unterschreiten.

Wem die an und für sich einfache Kultur von Trichomonas vaginalis zu aufwendig erscheint, der kann auf einen ELISA zurückgreifen, der sich auf den Ansatz von gereinigten Kaninchen-Antikörpern gegenüber Trichomonas vaginalis gründet. Die Spezifität des Verfahrens liegt bei 100%, die Sensitivität freilich nur bei 77% (verglichen mit der Flüssigkultur). Die Sensitivität des ELISA ist immerhin wesentlich höher als die des Naßpräparates (39%) [31].

Ein ELISA existiert darüberhinaus auch zum Nachweis von Trichomonas vaginalis-Antikörpern vom IgG- bzw. IgM-Typ. Mit ihm ließen sich derartige Antikörper in 68% der Frauen mit Trichomonaden-Kolpitis und in 14% von Frauen ohne eine derartige Infektionskrankheit nachweisen [30].

Obwohl die beschriebenen Verfahren zur Ermittlung der In-vitro-Empfindlichkeit von Trichomonas vaginalis gegenüber Metronidazol und anderen Chemotherapeutika sich im Prinzip ähneln, gibt es doch oft große Unterschiede im Detail. So wird das Inokulum manchmal gar nicht, manchmal in durchaus unterschiedlicher Weise standardisiert. Die eingesetzten Medien unterscheiden sich, speziell auch was das Redox-Potential anbetrifft, die Atmosphäre oberhalb der Kulturen wird nicht definiert, weiters wird anaerob oder in nicht hinreichend charakterisierter Weise aerob inkubiert [20]. Einen geeigneten Ansatz scheint das Vorgehen nach Lumsden et al. [20] darzustellen. Das Inokulum wird dabei mittels einer Neubauer-Kammer eingestellt, die Atmosphäre wird durch Spezialkammern gewährleistet, zur Begasung werden Stickstoff bzw. Stickstoff-Sauerstoff-Gemische eingesetzt.

Therapie

Die Centers for Disease Control, Atlanta, Ga., [6] empfehlen zur Behandlung der Trichomoniasis die einmalige perorale Gabe von 2,0 g *Metronidazol*. Als Therapie-Alternative werden 3 × 250 mg Metronidazol peroral über sieben Tage angegeben.

Für den Fall eines Therapieversagens wird eine erneute Behandlung in derselben Weise wie zuvor angeraten. Für Infektionen mit mäßig Metronidazol-empfindlichen Stämmen von Trichomonas vaginalis wird diskutiert, die Einzeldosis von 2 g peroral an drei aufeinanderfolgenden Tagen zu verabfolgen. Bevorzugt man im Rahmen der Behandlung einer Trichomoniasis die *Einmaltherapie,* so stellt die Dosis von 2 g unter den Gesichtspunkten von Wirksamkeit und Verträglichkeit wohl das Optimum dar. In einer vergleichenden Studie hat sich die einmalige Gabe von einem Gramm als nur unzureichend wirksam erwiesen, die Heilungsrate lag bei 55 vs. 84% [3]. Bei einem im Durchschnitt niedrigeren Körpergewicht als es in Nordamerika und Mitteleuropa üblich ist, kann auch eine Dosis von 1,5 g Metronidazol genügen, wie eine vergleichende Untersuchung aus Japan zeigt; die Heilungsrate mit diesem Protokoll lag ebenso bei 100% wie die mit dem chemisch verwandten Alternativ-Präparat Tinidazol – gegeben in einer Dosis von einem Gramm [15]. Erweisen sich die etablierten Einmal- respektive Kurzzeit-Behandlungsprotokolle mit Metronidazol als im Einzelfall nicht hilfreich, so gilt es, Metronidazol in höheren Dosen über längere Zeit zu verabfolgen. 87% derartiger Problemfälle ließen sich mit einer durchschnittlichen Tagesdosis von 2,6 g über durchschnittlich neun Tage heilen [19].

Literatur

[1] Alderete JF, Garza GE (1988) Identification and properties of Trichomonas vaginalis proteins involved in cytadherence. Infect Immun 56: 28

[2] Alderete JF, Pearlman E (1984) Pathogenic Trichomonas vaginalis cytotoxicity to cell culture monolayers. Br J Vener Dis 60: 99

[3] Austin TW et al (1982) Metronidazole in a single dose for treatment of trichomoniasis. Failure of a 1-g single dose. Br J Vener Dis 58: 121

[4] Brown MT (1972) Trichomoniasis. Practitioner 209: 639

[5] Catterall RD (1972) Trichomonal infection of the genital tract. Med Clin N Amer 56: 1203

[6] Centers for Disease Control (1985) STD treatment guidelines (1986) J Amer Acad Dermatol 14: 707

[7] Diamond LS (1957) The establishment of various trichomonads of animals and man in axenic cultures. J Parasitol 43: 488

[8] Dock G (1968) Trichomonas as a parasite of man. Amer J Med Sci 111: 1

[9] Donné MA (1836) Animalcules observés dans les matières purulentes et le produit des sécrétions des organs genitaux de l'homme et de la femme. Comptes Rendus Hebdomadaires des Séances de l'Académie des Sciences 3: 385

[10] Feinberg JG, Whittington MJ (1957) A culture medium for trichomonas vaginalis Donné and species of candida. J Clin Pathol 10: 327

[11] Fouts AC, Kraus SJ (1980) Trichomonas vaginalis: Reevaluation of its clinical presentation and laboratory diagnosis. J Infect Dis 141: 137

[12] Howard TL (1971) Bacterial hitch-hikers. J Urol 106: 94

[13] Ings RMJ et al (1974) The mode of action of metronidazole in Trichomonas vaginalis and other micro-organisms. Biochem Pharmacol 23: 1421

[14] John J, Squires S (1978) Abnormal forms of Trichomonas vaginalis. Br J Vener Dis 54: 84

[15] Kawamura N (1978) Metronidazole and tinidazole in a single large dose for treating urogenital infections with trichomonas vaginalis in men. Br J Vener Dis 54: 81

[16] Keith LG et al (1980) The possible role of trichomonas vaginalis as a "Vector" for the spread of other pathogens. Int J Fertil 31: 272

[17] Langley JG et al (1987) Venereal trichomoniasis: role of men. Genitourin Med 63: 264

[18] Latif AS et al (1987) Urethral trichomoniasis in men. Sex Transm Dis 14: 9

[19] Lossik JG et al (1986) In vitro drug susceptibility and doses of metronidazole required for cure in cases of refractory vaginal trichomoniasis. J Infect Dis 153: 948

[20] Lumsden, WHR et al (1988) Treatment failure in Trichomonas vaginalis vaginitis. Genitourin Med 64: 217

[21] Lumsden, WHR et al (1988) Treatment failure in Trichomonas vaginalis infections in females. II. In-vitro estimation of the sensitivity of the organism to metronidazole. J Antimicrob Chemother 21: 555

[22] Mardh P, Weström L (1970) Tubal and cervical cultures in acute salpingitis with special reference to mycoplasma hominis and T strain mycoplasmas. Brit J Vener Dis 46: 179

[23] Michalowski R (1981) Balano-posthitis a trichomonas. A propos de 16 observations. Ann Dermatol Venereol 108: 731

[24] Müller M et al (1988) In vitro susceptibility of Trichomonas vaginalis to metronidazole and treatment outcome in vaginal trichomoniasis. Sex Transm Dis 15: 17

[25] Rein MF, Chapel TA (1975) Trichomoniasis, candidiasis and the minor venereal diseases. Clin Obstet Gynecol 18: 73

[26] Rein, MR, Müller M (1984) Trichomonas vaginalis. In: Holmes KK et al (eds) Sexually transmitted diseases. McGraw-Hill, New York, p 525

[27] Robertson, DHH et al (1988) Treatment failure in Trichomonas vaginalis infections in females. I. Concentrations of metronidazole in plasma and vaginal content during normal and high dosage. J Antimicrob Chemother 21: 373

[28] Robinson, SC (1962) Trichomonal vaginitis resistant to metronidazole. Can Med Assoc J 86: 665

[29] Sears SD, O'Hare J (1988) In vitro susceptibility of Trichomonas vaginalis to 50 antimicrobial agents. Antimicrob Agents Chemother 32: 144

[30] Street DA et al (1982) Evaluation of enzyme-linked immunosorbent assay for the detection of antibody to Trichomonas vaginalis in sera and vaginal secretions. Br J Vener Dis 58: 330

[31] Watt RM et al (1986) Rapid assay for immunological detection of Trichomonas vaginalis. J Clin Microbiol 24: 551

[32] Weihe J et al (1988) Metronidazol-resistente Trichomoniasis und erfolgreiche Therapie nach hoher Dosierung. Hautarzt 39: 237

7.2 Giardia lamblia- und Entamoeba histolytica-Infektionen: Das Gay-Bowel Syndrome

Infektionen mit anderen Einzellern als Trichomonas vaginalis wurden herkömmlicherweise nicht als sexuell übertragene Erkrankungen aufgefaßt. Noch vor zehn Jahren fanden sich weder in Lehrbüchern der medizinischen Mikrobiologie [19] noch in Lehrbüchern über sexuell übertragene Erkrankungen entsprechende Hinweise [13]. Dies gilt in Sonderheit auch für Giardia lamblia, eine Spezies, die schon von Antonie van Leeuwenhoek in seinem eigenen Stuhl beobachtet worden war [5]. Lange Zeit galt der Genuß von verseuchtem *Trinkwasser* als die wesentliche Ursache von Giardia lamblia-Infektionen, womit sich auch eine spezielle Bindung des Auftretens an bestimmte Gegenden der Erde unschwer vereinbaren ließ (vergleiche 3, 2). Erstmals in eine wesentlich andere ätiopathogenetische Richtung wies eine vielzitierte parasitologische Arbeit von Most [17], in der unter der Überschrift „Manhattan: ‚Eine tropische Insel?'" unter anderem über einen Patienten berichtet wird, der bei homosexueller Orientierung nach durchgemachter Virushepatitis und sekundärer Syphilis eine intestinale Giardiasis entwickelte und später auch eine Amoebenerkrankung des Darmes, die sich einstellte, nachdem sein Partner einen Indien-Aufenthalt hinter sich gebracht hatte. Nachdem diese Mitteilung ursprünglich relativ wenig Aufsehen erregte, wurde sie etwa zehn Jahre später in einem relativ kurzen Zeitraum durch eine Vielzahl von Beobachtungen untermauert, und zwar nicht nur in den USA [15, 16, 21, 11].

Diese Untersuchungen bestätigten zum einen die prinzipielle Möglichkeit der sexuellen Übertragung von Giardia lamblia, zum anderen die Bedeutung der Homosexualität für diesen Übertragungsmodus und die Assoziation mit anderen infektiösen Darmerkrankungen, im besonderen Infektionen mit Entamoeba histolytica und Enterobacteriaceae der Genera Shigella und Salmonella. In einem Zentrum zur venerologischen Betreuung von Homosexuellen fand sich Ende der 70er Jahre bei den untersuchten Personen in 18,3% Giardia lamblia, in 31,7% Entamoebea histolytica, 39,7% wiesen wenigstens einen der beiden Erreger auf [11]. Anfangs der 80er Jahre fand sich ein Fall von enteraler Giardia lamblia-Infektion auch unter den STD-Patienten der Münchner Klinik [12].

Im Jahre 1977 schlugen Sohn und Robilotti für die zahlreichen ungewöhnlichen infektiösen Erkrankungen des Dick- respektive Enddarms bei Homosexuellen den Begriff „Gay-Bowel Syndrome" vor, der bislang in der deutschsprachigen Literatur keine eigentliche Entsprechung gefunden hat [22]. Angesichts des sich wandelnden Sexualverhaltens von Homosexuellen im Zeitalter von AIDS scheint in letzter Zeit ein gewisser Rückgang enteraler sexuell übertragbarer Protozoen-Infektionen zu verzeichnen zu sein. Da eine adäquate Diagnostik und Therapie aber auf diesem Sektor gewisse Kenntnisse seitens des behandelnden Arztes voraussetzt, sei im folgenden wenigstens kurz auf die Giardia lamblia- und die Entamoebea histolytica-Infektion eingegangen.

Erreger

Giardia lamblia

Bei *Giardia lamblia* handelt es sich um ein begeißeltes Protozoon, das als nahezu ubiquitär betrachtet werden kann: Kommt es doch im Darm des Menschen ebenso vor wie im Darm vieler teils frei, teils domestiziert lebender Säugetiere [10]. In ihrer Dauerform, der *Zyste,* kann Giardia lamblia über Monate in stehenden Gewässern überleben. Die dickwandige Zyste weist eine ovale Gestalt auf und mißt 8–12 × 7–10 μm. Nach Aufnahme in den Magen-Darm-Trakt und der damit verbundenen Exposition gegenüber der Magensäure entsteht im Dünndarm aus der Zyste der *Trophozoit.* Diese Form von Giardia lamblia zeichnet sich durch vier Paare von Geißeln aus, zwei ovale Kerne im vorderen Anteil und ein scheibenförmiges Gebilde, das die Adhäsion an die Darmschleimhaut ermöglicht. Unter bestimmten Bedingungen, wie sie in den tiefer gelegenen Darmabschnitten gegeben sind, bilden sich aus den Trophozoiten wieder Zysten [6]. Der eigentliche

Schaden für den Wirt bei Anwesenheit von Giardia lamblia im Darm wird in den Mikrovilli lokalisiert [25]. In einem Maus-Modell ließen sich zwei Wochen nach Inokulation eine Atrophie der Mikrovilli nachweisen und konsekutiv verminderte Spiegel von Disaccharidasen wie etwa Maltase [7]. In späteren Stadien der Darmerkrankung scheint der Wirtsabwehr, speziell T-Lymphozyten, eine wesentliche Bedeutung zuzukommen [1].

Entamoeba histolytica

Entamoeba histolytica stellt ebenfalls einen begeißelten Einzeller dar, der in Form von Zysten wie − beweglichen − Trophozoiten vorkommt. Die Zysten weisen einen äußeren Durchmesser von 10 bis 20 µm auf, die Trophozoiten einen solchen von 12 bis 50 µm [14]. Wie die Giardia lamblia-Infektion des Darmes kann auch die mit Entamoeba histolytica latent oder manifest verlaufen. Für letztere Verlaufsform scheint die zusätzliche Anwesenheit von Bakterien eine Voraussetzung darzustellen. Anders als bei sonstigen Meerschweinchen ließ sich jedenfalls bei Inokulation des Zökums von keimfrei aufgezogenen Meerschweinchen keine Erkrankung induzieren [5].

Lysiert man die Trophozoiten von Entamoeba histolytica-Wildstämmen und unterwirft man das gewonnene Material der Dünnschichtstärkegelelektrophorese, so lassen sich anhand von Glukosephosphatisomerase, Oxalacetatdecarboxylase, Phosphoglucomutase und Hexokinase unterschiedliche Isoenzymmuster aufdecken; Sargeaunt und Mitarbeiter [20] konnten so bislang bei Isolaten von Homosexuellen insgesamt vier verschiedene sogenannte Zymodeme aufdecken.

Angaben zur In-vitro-Empfindlichkeit gegenüber Chemotherapeutika liegen in begrenztem Umfang für Giardia lamblia vor: *Tinidazol* immobilisiert in Konzentrationen zwischen 0,2 und 12,5 µg/ml binnen 24 Stunden 100% der Trophozoiten von Wildstämmen, die entsprechenden Zahlen für Metronidazol lauten 1,6 bis 50,0. In der Zusammenschau erscheint Tinidazol in vitro 4,4mal so wirksam wie Metronidazol [9].

Klinik

Giardia lamblia-Infektion

Die akute Form der Giardia lamblia-Infektion äußert sich in
- wässrigen Durchfällen,
- Übelkeit,
- Bauchschmerzen,
- Krämpfen und
- Gewichtsverlust.

Die Erscheinungen beginnen üblicherweise ein bis zwei
Wochen nach Aufnahme der Zysten, nach zwei bis sechs
Wochen klingen die Beschwerden auch ohne gezielte
Behandlung meist ab, Rückfälle können dann aber über
Monate und Jahre hinweg auftreten.

Als differentialdiagnostisches Kriterium gegenüber anderen, etwa bakteriellen Darminfektionen gelten weiche, blasse,
fettige und faulig riechende Stühle. Oft klagen die Patienten
über Völlegefühl und starke Flatulenz sowie Schleim-, gelegentlich aber auch Blutauflagerungen auf dem Stuhl. Die sub-
akute Form der Erkrankung, die über Monate bestehen kann,
gibt sich durch Blähungen, Flatulenz und Oberbauchschmer-
zen wie bei einem Ulcus zu erkennen [6]. Bei der bereits angeführten Patientenserie von Homosexuellen in New York mit
ihrer hohen Nachweisrate von Giardia lamblia und Entamoebea histolytica – zum Teil in Kombination – wurden von den
Autoren [11] keine Unterschiede im klinischen Bild herausge-
arbeitet: Drei Viertel der untersuchten Patienten wiesen fast
durchwegs milde gastrointestinale Beschwerden auf. Das
Spektrum reichte von Flatulenz, Krämpfen, Durchfällen,
Blut- bzw. Schleim auf dem Stuhl, Schmerz, Verstopfung, zu
Müdigkeit, vermehrter Schweißabsonderung, Blutungen
sowie Übelkeit und Magenverstimmung.

Amoebiasis

Die Amoebiasis kann sich intestinal wie extra-intestinal
manifestieren. Krogstad et al. [14] halten in ihrer Übersicht
eher milde Verläufe für typisch, das Spektrum reicht aber
prinzipiell von milden Durchfällen bis zu fulminanten, mit
Blut untermischten Durchfällen. Unter den extra-intestinalen
Manifestationsformen steht der Leberabszeß im Vorder-

grund. Selten kommen auch Hauterscheinungen perianal bzw. perigenital vor, wobei es gelegentlich differentialdiagnostisch ein Plattenepithelkarzinom abzugrenzen gilt. Der Leberabszeß ruft häufig nur so uncharakteristische Erscheinungen wie Fieber und Abgeschlagenheit hervor, ein hochgestellter rechter Zwerchfellanteil und Druckempfindlichkeit bzw. eine tastbare Resistenz im rechten Oberbauch können im gegebenen Zusammenhang sich als diagnostisch hilfreich erweisen [14].

Diagnostik

Giardia lamblia-Infektion

Der Nachweis von Giardia lamblia im Gastrointestinaltrakt gründet sich auf die mikroskopische Stuhluntersuchung. Sie sollte sich zum einen auf die Analyse eines Direktpräparates gründen, zum anderen auf die eines Präparates nach Formalin-Ether-Anreicherung. In einer Serie von 670 Patienten ließ sich der Erregernachweis bei 76% aus der ersten zu untersuchenden Probe führen, bei 90% in den ersten beiden Proben und bei 97,6% in den ersten drei Proben, wobei der Nachweis eher in den frühen, akuten Erkrankungsstadien gelingt [25]. Neben der Formalin-Ether-Anreicherung wird von mancher Seite auch die Zink-Sulfat-Anreicherung empfohlen [6]. Bei begründetem klinischen Verdacht auf das Vorliegen einer Giardiasis und ausbleibendem Nachweis anhand von Stuhlproben sollte Material aus dem Dünndarm analysiert werden. Manchen Autoren erscheint zur Materialgewinnung der sogenannte Enterotest geeignet (Firma Hedco Comp. Palo Alto, Ca.). Dabei handelt es sich um einen mit einem Gewicht beschwerten Nylonfaden, der vom Patienten geschluckt wird und für drei bis vier Stunden im Gastrointestinaltrakt belassen bleibt. Von dem auf diese Weise am distalen Ende gewonnenen gallegetränkten Schleim läßt sich ein Ausstrichpräparat anfertigen [6]. Anderen erscheint die Gewinnung einer Biopsie aus dem Übergangsbereich von Duodenum und Jejunum sinnvoller. Im Einzelfall wird bei nicht zu führendem Erregernachweis auch eine probatorische Behandlung mit Quinacrin-Hydrochlorid als indiziert angesehen [25].

Amoebiasis

Der Nachweis von Entamoeba histolytica wird im Regelfall ebenfalls aus dem Stuhl gestellt. Er sollte entweder frisch untersucht werden oder aber im Kühlschrank aufbewahrt bzw. in Formalin und Polyvinylalkohol fixiert werden. Die mikroskopische Erkennung läßt sich durch Supravitalfärbungen wie etwa mit gepuffertem Methylenblau erleichtern. Jod eignet sich nur zur Anfärbung von Zysten, nicht aber von Trophozoiten. Unbedingt abgetrennt werden muß durch Größenbestimmung die nicht pathogene Amoebe Entamoeba hartmanni: Die Zysten imponieren hier 5 bis 8 µm, die Trophozoiten 6 bis 10 µm groß. Zur Sicherung der Diagnose sollten unbedingt in geeigneter Weise gefärbte Präparate (z. B. Wheatleys Trichrom-Färbung) von in Polyvinylalkohol konserviertem Untersuchungsmaterial analysiert werden. Dies erlaubt eine sichere Abtrennung von Wirtszellen wie Makrophagen und von andersartigen Amoeben. Bei hinreichendem klinischen Verdacht und mangelndem Erregernachweis im Stuhl kann eine Biopsie im Rektum angezeigt sein oder die Gewinnung von Exsudat mit Hilfe des Sigmoidoskops [14]. Den verfügbaren serologischen Untersuchungsverfahren kommt der größte Stellenwert bei extraintestinalen Manifestationsformen zu [14].

Für die Bestimmung der In-vitro-Empfindlichkeit von Giardia lamblia gegenüber Chemotherapeutika steht ein Mikrokulturverfahren zur Verfügung [9]: Zur Kultur dient ein Flüssigmedium, das sich aus 6,0 g tryptischem Pepton (Becton, Dickinson, Cockeysville, Md.), 3,0 g Hefeextraktpuder (Oxoid, Basingstoke, England), 1,5 g Maltosemonohydrat (E. Merck, Darmstadt, D), 0,3 g L-Zystein-Hydrochlorid-Monohydrat (E. Merck), 0,06 g L-Ascorbinsäure (E. Merck), 0,15 g Bacto-Agar (Difco, Detroit, Mich.), 270 ml destilliertem Wasser, 30 ml Pferdeserum, 300.000 I.E. Penizillin G und 300 mg Streptomycin je 300 ml zusammensetzt (pH 7,2). 0,2 ml dieses Mediums werden mit 1×10^3 bis 5×10^4 Trophozoiten je ml beschickt und zusammen mit 0,2 ml entsprechendem Medium mit in unterschiedlichen Konzentrationen zugesetztem Chemotherapeutikum in Leukozytenmigrationsplatten (Sterilin, Richmond, Surrey) gegeben. Dann wird mit Vakuumfett und Deckgläschen abgedichtet und in umgekehrter Lagerung unter anaeroben Bedingungen über 24 Stunden bebrütet. Danach wird mit einem Invertmikroskop bei 600facher Vergrößerung der Anteil aktiv beweglicher Trophozoiten ermittelt.

Therapie
Giardia lamblia-Infektion

Nach Auffassung der US-amerikanischen Centers for Disease Control [4] besteht die Behandlung der Wahl für symptomatische wie asymptomatische Verlaufsformen in der peroralen Gabe von 3 × 100 mg *Quinacrin* über sieben Tage; als Alternative wird 3 × 250 mg Metronidazol über die gleiche Zeit angegeben. Ältere [8] und jüngere [23] Untersuchungen vergleichenden Charakters zur Wirksamkeit von Imidazolkörpern belegen eine bessere Wirksamkeit von *Tinidazol* gegenüber Metronidazol, speziell bei der Einmalbehandlung. Einer kleineren vergleichenden Untersuchung zufolge lassen sich mit der einmaligen peroralen Gabe von Tinidazol in einer Dosis von 50 mg/kg Körpergewicht – maximal 2 g – 100% der Patienten heilen, der entsprechende Prozentsatz für Metronidazol, in entsprechender Einzeldosis aber an drei aufeinander folgenden Tagen verabfolgt, liegt bei 93% [24]. Diese Ereignisse lassen sich vor dem Hintergrund der bereits angeführten höheren In-vitro-Aktivität von Tinidazol und der insgesamt etwas höheren Tinidazol-Serumspiegel nach Applikation von 2 g [24] gut erklären.

Amoebiasis

Bei symptomatischer Entamoeba histolytica-Darminfektion empfehlen die Centers for Disease Control [22] 3 × 750 mg *Metronidazol* peroral über fünf bis sieben Tage zusammen mit dem örtlich im Darm wirksamen *Dijodohydroxyquin,* das in einer Einzeldosis von 650 mg dreimal täglich über 20 Tage gegeben werden soll. Als Behandlung der zweiten Wahl wird die ausschließliche Gabe von Metronidazol angesehen, im Falle des Mißerfolges soll an sie die Gabe von Dijodohydroxyquin angeschlossen werden. Die Behandlung der Amoebiasis wird heute immer noch als großes Problem aufgefaßt [18].

Literatur

[1] Anonymous (1982) Battles against giardia in gut mucosa. Lancet ii: 527

[2] Brady PG, Wulfe JC (1974) Waterborne giardiasis. Ann Intern Med 81: 498

[3] Brodsky RE et al (1974) Giardiasis in American travellers to the Soviet Union. J Infect Dis 130: 319

[4] Centers for disease control: 1985 STD treatment guidelines (1986) J Amer Acad Dermatol 14: 707

[5] Dobell C (1920) The discovery of the intestinal protozoa of man. Proc Roy Soc Med 13: 1

[6] Felman YM, Nikitas JA (1985) Giardiasis. Cutis 35: 305

[7] Gillon J et al (1982) Features of small intestinal pathology (epithelial cell kinetics, intraepithelial lymphocytes, disaccharidases) in a primary Giardia muris infection. GUT 23: 498

[8] Jokipii L, Jokipii AMM (1979) Single-dose metronidazole and tinidazole as therapy for giardiasis: Success rates, side effects, and drug absorption and elimination. J Infect Dis 140: 184

[9] Jokipii L, Jokipii AMM (1980) In vitro susceptibility of Giardia lamblia trophozoits to metronidazole and tinidazole. J Infect Dis 141: 317

[10] Judson FN (1984) Sexually transmitted viral hepatitis and enteric pathogens. Urol Clin N Amer 11: 177

[11] Kean BH et al (1979) Epidemic of amoebiasis and giardiasis in a biased population. Br J Vener Dis 55: 375

[12] Korting HC, Neubert U (1984) Sexuell übertragene Giardia lamblia-Infektion bei einem Homosexuellen. Akt Dermatol 10: 29

[13] Krause W (1979) Sexuell übertragbare Krankheiten. Enke, Stuttgart

[14] Krogstad DJ (1978) Amebioasis. N Engl J Med 298: 262

[15] Meyers JD et al (1977) Lamblia infection in homosexual men. Br J Vener Dis 53: 54

[16] Mildvan D et al (1977) Venereal transmission of enteric pathogens in male homosexuals. Two case reports. J Amer Med Ass 238: 1387

[17] Most H (1968) Manhattan: "A tropic isle?" Amer J Trop Med Hyg 17: 333

[18] Phillips BP et al (1955) Studies on the Ameba bacteria relationship in amebiasis: Comparative results of the intrafecal inoculation of germ-free monocontaminated, and conventional guinea pigs with Entamoeba histolytica. Amer J Trop Med Hyg 4: 675

[19] Piekarski G, Maier W (1978) Medizinische Parasitologie. In: Otte HJ, Brandes H (Hrsg) Lehrbuch der Medizinischen Mikrobiologie. Fischer, Stuttgart, S 423
[20] Sargeaunt PG et al (1983) Entamoebea histolytica in male homosexuals. Br J Vener Dis 59: 193
[21] Schmerin MJ et al (1978) Giardiasis: Association with homosexuality. Ann Intern Med 88: 801
[22] Sohn N, Robilotti J (1977) The Gay-Bowel Syndrome: A review of colonic and rectal conditions in 200 male homosexuals. Amer J Gastroenterol 67: 478
[23] Speelman, P (1985) Single-dose tinidazole for the treatment of giardiasis. Antimicrob Agents Chemother 27: 227
[24] Wood BA, Munro AM (1975) Pharmacokinetics of tinidazole and metronidazole in woman after single large oral doses. Br J Vener Dis 51: 51
[25] Wulfe MS (1978) Giardiasis. N Engl J Med 298: 319

8 Candidose

Erreger

Bekannt sind etwa vierzig Arten der Gattung Candida, von denen allerdings kaum mehr als 10 pathogen oder fakultativ pathogen sind. Weitaus am häufigsten führt *Candida albicans* zu Hefepilzinfektionen (ca. 90% aller Fälle).

Hefepilze besiedeln auch unter normalen Gegebenheiten in geringer Menge als Saprophyten den Verdauungstrakt, unter Umständen auch die Genitalschleimhaut des Menschen. Unter gewissen Bedingungen (= prädisponierende Faktoren) können sie sich rasch vermehren und rufen dann eine manifeste Erkrankung hervor:

— hoher Glucosespiegel im Serum bei Diabetes mellitus,
— länger dauernde Therapie mit Breitspektrumantibiotica, die zu einer Reduzierung der normalen bakteriellen Vaginalflora führen,
— hormonelle Beeinflussung des vaginalen Milieus (orale Kontrazeptiva mit starker Gestagen-Komponente; Gravidität, vorwiegend erstes Trimenon; Corticosteroide; Morbus Addison; Hyperthyreose),
— reduzierte zelluläre Immunabwehr [14],
— anatomisch bedingtes, feuchtes Milieu (z. B. bei Phimose).

Klinik

Candidose der Frau

Etwa 80% der Frauen mit mikroskopisch nachweisbarer Candida-Infektion des Genitale geben eine Irritation im Vulvabereich sowie abnormen *Fluor vaginalis* als Ausdruck einer *Vulvovaginal-Candidose* an [1]. In etwa 20% der Fälle besteht eine asymptomatische Besiedlung der Genitalschleimhäute, die den Betroffenen zwar keine Beschwerden verursacht, aber zur Kontaktinfektion beim Partner führen kann.

Symptome der Candidose bei der Frau

O vulvovaginaler Juckreiz
O Vulvitis (Rötung, Schwellung, evt. Fissuren am äußeren Genitale), dadurch
O Dysurie
O weißliche, abwischbare Beläge auf der Schleimhaut (Vulva/Vagina)
O geringer weißlich bröckeliger Fluor vaginalis (saurer pH: 4–4,5).

Candidose beim Mann (Abb. 53)

Die genitale Candida-Infektion manifestiert sich beim Mann fast ausschließlich als Entzündung der Eichel (Balanitis) und meist auch des inneren Vorhautblattes *(Balanoposthitis)*. Die Candida-Balanoposthitis tritt bei 10–27% der Sexualpartner infizierter Frauen auf [10, 3]. Bei Bestehen einer Phimose (feuchtes Milieu!) ist die Erkrankungshäufigkeit noch größer und die Symptome sind meist wesentlich stärker ausgeprägt. Selten befallen die Keime von der Glans ausgehend auch die Urethra und führen zur schwer faßbaren „unspezifischen Urethritis" durch Candida albicans mit Brennen in der Harnröhre und geringem, schleimig-milchigen Ausfluß.

Symptome der Candidose beim Mann

O Rötung und Schwellung von Glans und innerem Vorhaut-blatt (Balanitis und Balanoposthitis),
O stecknadelkopfgroße, dichtstehende Pusteln, die bald platzen und zu
O weißlichen, abwischbaren Belägen führen,
O trockene, schuppende Haut (bei länger bestehender, chro-nischer Infektion).

Diagnose

Obwohl für den erfahrenen Arzt die klinischen Symptome leicht zur Diagnose leiten, sollte stets ein Erregernachweis (direkt bzw. mittels Pilzkultur) durchgeführt werden, um eine gezielte Therapie zu ermöglichen.

Direkter Erregernachweis

Vaginalsekret bzw. Schuppen aus den Randpartien der Läsionen werden auf einem Objektträger ausgestrichen, mit einem Tropfen 10–20prozentiger Kalilauge überschichtet und mit einem Deckglas abgedeckt. Unter vorsichtigem Erhitzen über der Gasflamme und durch das Einwirken der Kalilauge kann das Myzel im Präparat mikroskopisch sichtbar gemacht werden.

Kulturnachweis

Das Anlegen einer Pilzkultur ist zumindest dann zu empfehlen, wenn klinische Anzeichen einer Pilzinfektion vorliegen, der direkte Erregernachweis jedoch nicht konklusiv war.

Da Candida-Organismen auch Bestandteil der normalen Vaginalflora [5] sind, stellt ihr Nachweis in der Kultur nicht zwingend ein Indiz für eine behandlungsbedürftige Infektion dar. Für die Kultur geeignet sind Nährböden von Sabouraud oder evtl. auch Nickerson, die eine etwas höhere Trefferquote als der Direkttest aufweisen. Sie ermöglichen außerdem eine *Identifikation* der vorliegenden *Candida-Spezies* über weitere spez. biochemische Unternehmungen („bunte Reihe", vorgefertigt z. B. erhältlich als API 20 °C-Auxanogramm, api Bio Mérieux, Nürtingen).

Der Amintest ist meist negativ, da eine Mischinfektion mit Bakterien selten ist.

Therapie

Die Behandlung der genitalen Candidose ist durch lokal applizierbare und/oder orale Antimykotica möglich. Grundsätzlich sollte der alleinigen Lokaltherapie, wo immer dies möglich ist, wegen der geringeren Nebenwirkungen der Vorzug gegeben werden. Systemische Antimykotica sind nur bei folgenden Gegebenheiten indiziert:

o Versager der Lokaltherapie durch Keimresistenz
o Versager der Lokaltherapie durch fehlende Mitarbeit des Patienten
o rezidivierende Candidose
o begleitende Candidose anderer Organe, z. B. Darm, Oesophagus etc.

Eine Beseitigung oder Behandlung prädisponierender Faktoren ist selbstverständlich vor jede spezifische Therapiemaßnahme zu setzen. Wie bei jeder sexuell übertragbaren Erkrankung ist eine Kontrolle und eventuelle Mitbehandlung des Partners erforderlich.

Die Therapie der vulvovaginalen Candidose ist zwar einfach, kann jedoch bei rezidivierendem Verlauf zu einer Crux für den Therapeuten werden. Nur konsequentes Ausschalten prädisponierender Faktoren, Partnerkontrolle und exakte diagnostische Abklärung mit konsekutiver suffizienter Therapie können in hartnäckigen Fällen zu einem für Patient und Arzt befriedigenden Ergebnis führen. Eine Minderheit von Frauen weist trotz Ausschluß aller prädisponierenden Faktoren eine therapieresistente Candida-Infektion auf. Die Erklärung könnte eine immunologische Studie geben, bei der die Bildung von Candida-spezifischen Suppressor-Lymphocyten, welche die spezifisch gegen diese Erreger gerichtete zelluläre Immunität blockieren, diskutiert wird [15].

Lokaltherapie

In den meisten Fällen wird die lokale Anwendung von Cremen, Salben oder Vaginalglobuli ausreichen. Die erkrankten Hautareale sollen 1–2mal täglich mit Creme oder Salbe bestrichen werden. Vaginalglobuli oder Vaginalcreme sind tief bis in den Fornix posterior einzuführen. Zur Lokaltherapie stehen zahlreiche Präparatgruppen zur Verfügung, von denen Imidazol- und Polyen-(Nystatin-, Amphotericin B-)haltige Präparate am häufigsten eingesetzt werden.

Imidazol-Derivate

Präparate:
Miconazol, Clotrimazol, Econazol, Isoconazolnitrat, Bifonazol, Tioconazol.

Wirkung:
Die antimikrobiell wirksamen Imidazol-Derivate führen zu einer Permeabilitätsstörung der Zytoplasmamembran der Pilzzellen [6]. Es ist auch ein inhibitorischer Effekt auf die DNA-Synthese in der Pilzzelle beschrieben worden [8]. Je nach Dosierung wirken Imidazole fungistatisch oder fungizid.

Kontraindikation:
Gravidität: ein teratogener Effekt kann nicht mit Sicherheit
ausgeschlossen werden. Zahlreiche repräsentative Therapiestudien bestätigen die niedrigere Erfolgsquote der 1–2wöchi-
gen Polyenbehandlung von 32–65% (Tabelle 1).

Rezidive

Die Rezidivgefahr [9], insbesondere bei Vaginalcandidose
resp. Candidacolpitis, nach abgeschlossener Therapie mit
Imidazol- oder Polyenantimykotica ist hoch. Ein neuerlicher
Pilznachweis im Vaginalsekret gelingt in 2–50% der Fälle.

Verhinderung der Rezidive:
- Eliminierung von Risikofaktoren
- zyklusspezifische Therapie:
  eine Behandlung zwischen dem 5. und 11. Tag des Men-
  struationszyklus führt zu einer signifikanten Senkung der
  Rezidivrate [2].
- Einbeziehung des männlichen Sexualpartners. Mindestens 10% der Partner geben ebenfalls eine symptomatische Urethritis oder Balanitis an und sollten einer Therapie zugeführt werden [10]. Bei Drake et al. [3] liegt die
  Koinfektion des Partners sogar bei 27%.
- Sanierung einer Darmmykose zur Verhinderung von
  Reinfekten durch Rectum und Exkrete.
- neuerliche Therapie mit Antimykoticum aus einer anderen Präparatgruppe, um einer möglichen Resistenz und
  damit verbundener allmählicher Verringerung der Wirksamkeit zuvorzukommen [11].
- systemische Therapie mit Ketokonazol (2×200 mg, 5–6
  Tage lang) [4].

Systemische Therapie

Ketokonazol ist ein orales Imidazol-Derivat. Die Wirkung
beruht auf einer Behinderung von Stoffwechselvorgängen in
der Pilzzelle und einer Synthesestörung der Protoplasma-
membran.

Dosierung:

1–2mal (in schweren Fällen) täglich 1 Tbl. zu 200 mg, durchschnittlich 5 Tage lang.

Eine Langzeitprophylaxe mit niedrig dosierter Ketokonazol-Gabe konnte erfolgreich Rezidive einer Candidacolpitis verhindern [13]. Das Risiko einer Dauertherapie ist hier gegen den Vorteil der klinischen Erscheinungsfreiheit abzuwägen (cave: Idiosynkrasie, Hepatopathie).

Miconazol. Nur parenteral bei Therapieversagern von Ketokonazol und schweren Systemmykosen. Wegen der Gefahr von Nebenwirkungen soll die Tagesmenge auf 3 Gaben von jeweils maximal 600 mg. p. inf. (Tagesdosis/max. 10–30 mg/kg KG) verteilt werden.

5-Fluorcytosin ist ein 5-Fluor-Uracil-Prodrug, wird zu 90% resorbiert; Dosierung: 150 mg/kg Körpergewicht/die in 4 Einzeldosen geteilt.

Cave: gastrointestinale Beschwerden.

Tabelle 1. *Übersicht über Therapiestudien*
           mit Candida-wirksamen Antimykotica

Autor	Nystatin	Miconazol Clotrimazol Zahl der geheilten/ behandelten Personen		Therapiedauer
Davis et al.	46/60	51/56		2 Wochen
Culbertson et al.	23/24	37/45		2 Wochen
McNellis et al.	130/244	243/291		2 Wochen
Robertson et al.		15/24		2 Wochen
Masterson et al.			93/103	3 Tage
Brown et al.			73/92	7 Tage
Van Slyke et al.	26/52			2 Wochen
	32–65	63–91	75–95	

Perorale Behandlung zur Darmsanierung

Amphotericin B. Wegen der geringen enteralen Resorption kann das Präparat im Darm seine volle Wirkung entfalten. Dosierung: $4 \times 1\text{-}2$ Tbl. à 100 mg.

Nystatin. Hefespezifisch, wird im Intestinaltrakt nicht resorbiert; keine wesentlichen Nebenwirkungen bekannt. Bei einer intestinalen Candidaüberwucherung ist eine Dosierung von $3 \times 1\text{-}2$ Tbl. à 500 000 I. E. durch Wochen empfehlenswert.

Literatur

[1] Amsel R et al (1983) Nonspecific vaginitis: diagnostic criteria and microbial and epidemiological associations. Am J Med 74: 14

[2] Davidson F, Mould RF (1978) Recurrent genital candidosis in women and the effect of intermittent prophylactic treatment. Br J Vener Dis 54: 176

[3] Drake et al (1980) Vaginal pH and microflora related to yeast infections and treatment. Br J Vener Dis 56: 107

[4] Heel RC (1982) Vaginal candidosis. In: Levine HB (ed) Ketokonazole in the management of fungal disease. Adis, New York, p 98

[5] Houcklet et al. The prevalence of vaginal and anal yeasts in young adult women. Unpublished data

[6] Kern R, Zimmermann FK (1977) Über den Wirkungsmechanismus des Antimyzetikums Econazol, Mykosen 20: 133

[7] Mayhew SR, Suffield WE (1979) A study of the efficacy of seven-day administration of miconazole in candidal vaginitis. In: New Gough D (ed) New advances in the treatment of candidal vaginitis. Academic Press, London, p 9

[8] Müller M, Linömark DG, McLaughin J (1976) Mode of action of metronidazole on anaerobic microorganisms. International Metronidazole Conference, Montreal, Canada, May 26–28, 1976. Proceedings 10.

[9] Odds FC (1977) Cure and relapse with antifungal therapy. Proc R Soc Med 704: 24

[10] Oriel JD, Partridge BM, Denny MJ, Coleman JC (1972) Genital yeast infections. Br Med J 4: 761

[11] Preusser JJ (1975) Die Wirkung von Econazol auf die Fein-
     struktur von Trichophyton rubrum. Mykosen 18: 453—465
[12] Rodin P, Kolator B (1976) Carriage of yeasts on the penis. Br
     Med J I: 1123
[13] Sobel JD (1986) Recurrent vulvovaginal candidiasis. A prospec-
     tive study of the efficacy of maintenance ketoconazole therapy.
     N Engl J Med 315: 1455
[14] Syverson RE, Buckley H, Gibian J, Ryan GM (1979) Cellular
     and humoral immune status in women with chronic candida
     infection. Am J Obstet Gynecol 134: 624
[15] Witkinss YU IR, Ledger WJ (1983) Inhibition of Candida albi-
     cans induced lymphocyte proliferation by lymphocytes and
     sera from women with recurrent vaginitis. Am J Obstet Gyne-
     col 147: 809

9 Praxis häufiger sexuell übertragbarer Erkrankungen

9.1 Urethritis des Mannes

Definition

Das Krankheitsbild Urethritis ist die Folge entzündlicher Vorgänge verschiedenartiger Ursachen im Bereich der Harnröhre. Charakteristisch sind Ausfluß aus der Harnröhre und brennende Schmerzen vor und/oder nach dem Urinieren sowie eine Vermehrung von Leucocyten im Ausstrich aus der Harnröhre bzw. im Sediment des Morgenharnes. Die Urethritis wird für praktisch klinische Zwecke unterteilt in

o   gonorrhoische Urethritis
o   nicht gonorrhoische Urethritis (NGU) mit der Untergruppe
o   postgonorrhoische Urethritis (PGU)

Tabelle 1 gibt einen Überblick über die verschiedenen ätiologischen Faktoren sowie deren Häufigkeit bei der sexuell übertragenen Urethritis.

Tabelle 1. *Ätiologie der sexuell übertragenen Urethritis des Mannes*

Gonorrhoische Urethritis durch Neisseria gonorrhoeae	
Nicht gonorrhoische Urethritis (NGU) durch:	
Chlamydia trachomatis	30–50%
Ureaplasma urealyticum und Mycoplasma hominis	8–40%
Trichomonas vaginalis	
Candida albicans	
Herpes simplex	selten
Andere Bakterien	
Mechanisch	

Klinik der Urethritis

Urethritis jeder Genese bewirkt *Juckreiz* in der Harnröhre,
später *brennende Schmerzen* vor und/oder nach dem Urinieren (zu Beginn der Erkrankung, vor allem in der distalen
Harnröhre) und *Ausfluß*. Seltener ist Hämaturie und Pollakisurie. Die Ausprägung der Symptome ist bei gonorrhoischer Urethritis und NGU meist verschieden, eine Differentialdiagnose zwischen Gonorrhoe und NGU lediglich auf
Grund der klinischen Symptomatik ist nicht möglich, nicht
statthaft und auch aus forensischer Sicht unzweckmäßig.
Ausfluß und Brennen beim Urinieren werden in 71% der
Gonorrhoe-Patienten und in 38% der Fälle von NGU beobachtet [5]. Dies bedeutet, daß etwa 1/3 der Gonorrhoe-Fälle
und 2/3 der NGU asymptomatisch oder derart milde verläuft,
daß der Patient die Symptome übersieht, bzw. toleriert und
den Arzt nicht aufsucht. Bei der Gonorrhoe ist der Ausfluß
meist rahmig-purulent, bei der NGU häufiger schleimig und
wird bisweilen nur am Morgen bemerkt.

Ebenso ist eine Unterscheidung der durch Chlamydia tra-
chomatis hervorgerufenen NGU von anderen Formen der
NGU nicht sicher möglich [1, 7], obwohl manche Autoren
[2–4] angeben, daß der Ausfluß bei Chlamydien-negativer
Urethritis stärker purulent sei. Die Urethritis herpetischer
Genese führt meist zu schwerer Dysurie, zu lokalisierter
Druckschmerzhaftigkeit der Urethra und häufig zu schmerz-
hafter Lymphknotenschwellung.

Komplikationen

Selten entsteht durch Keimaszension im Anschluß an eine
Urethritis eine *Epididymitis* vorwiegend bei jüngeren Männern. Ein Chlamydiennachweis aus dem Aspirat der Epidi-
dymis ist bereits erbracht worden. In 1–2% der NGU-Patien-
ten ist eine Gelenksmitbeteiligung (sexually acquired reactive
arthritis, „SARA") beschrieben. Bei einem Teil dieser Patienten kann sich das Vollbild des Morbus Reiter entwickeln.
Durch Autoinokulation tritt manchmal gemeinsam oder
anschließend an eine Urethritis eine Conjunctivitis auf.

Diagnostisches Management bei Urethritis des Mannes

Tabelle 2 faßt die für die prätherapeutische Diagnostik notwendigen Maßnahmen zusammen.

Tabelle 2. *Maßnahmen zur Diagnose der genital übertragenen Urethritis des Mannes*

1. *Klinischer Befund*	
2. *Nachweis der Leucocyten* in — Abstrich aus Urethra oder — Harnsediment aus Morgenharn	Ergibt den Nachweis für das Vorliegen einer Urethritis
3. Gonorrhoe — Diagnostik durch — Abstrich und Methylenblau- oder Gramfärbung — Gonokokken-Kultur	Ergibt die Diagnose „Gonorrhoe" oder „Nicht-gonorrhoische Urethritis" (NGU)
4. *Diagnostik der NGU* durch — Chlamydiendiagnostik (siehe Kapitel „Chlamydien") — Mykoplasmendiagnostik (siehe Kapitel „Mykoplasmen") — Pilzkultur auf Candida albicans aus der Urethra — Herpesdiagnostik (siehe Kapitel „Herpes simplex") — sonstige Bakteriendiagnostik (aus Abstrich oder Harn mittels Routinekulturen)	Ergibt für die über- wiegende Mehrzahl der Fälle die Diagnose der Genese einer NGU.

Läßt sich durch Ausstreichen der Harnröhre Exsudat (Ausfluß) gewinnen, kann man einen sehr dünnen Stieltupfer in die Fossa navicularis der Urethra einführen, diesen danach auf einen Objektträger abrollen und diesen „Abstrich" nach Hitzefixierung z. B. mit Methylenblau 1 min färben.

Im Mikroskop wird bei geringer Vergrößerung ein Areal ausgesucht, in dem sich möglichst viele Zellen finden. Lassen sich nun bei 1000facher Vergrößerung 4 oder mehr Leukozyten pro Gesichtsfeld feststellen, spricht dieser Befund für das Vorliegen einer Urethritis.

Der Nachweis für das Vorliegen einer Urethritis kann auch aus dem Harnsediment vorgenommen werden: Etwa 10–15 ml des Morgenharnes (der Patient sollte mindestens 4 Stunden nicht uriniert haben) werden bei 400 g 10 min lang zentrifugiert. Danach wird der Überstand bis auf etwa 0,5 ml abgegossen und das Zentrifugat in diesen 0,5 ml aufgerührt (= „Harnsediment"). Sind im Harnsediment bei 400facher Mikroskopvergrößerung zumindest 20 Leukocyten in zumindest zwei von 5 Gesichtsfeldern vorhanden, spricht dieser Befund für das Vorliegen einer Entzündung der Harnröhre [2, 3].

Die in Tab. 2 angeführten diagnostischen Schritte 3 und 4 können grundsätzlich simultan vorgenommen werden, damit die endgültige Diagnose möglichst rasch, d. h. etwa nach 5 Tagen feststeht. Ist eine Gonorrhoe zweifelsfrei nachgewiesen worden, kann man auf die Schritte 4.2 bis 4.5 verzichten; Verfahren zum Nachweis von Chlamydien sollten aber auch bei Vorliegen von Gonorrhoe eingesetzt werden, um eine PGU zeitgerecht behandeln zu können.

Sollte die Diagnostik einer NGU nicht möglich sein, ist ausnahmsweise eine „blinde" (epidemiologische) Therapie nach den Richtlinien der Behandlung von Chlamydien (siehe Kapitel „Chlamydien") gerechtfertigt, weil damit ein relativ großer Prozentsatz aller NGU-Fälle erfaßt wird. Nach der ungezielten Therapie sollten aber jedenfalls die notwendigen bakteriologischen Nachkontrollen erfolgen.

Therapeutisches Management bei Urethritis des Mannes

Die Therapie der Urethritis soll grundsätzlich *gezielt* den oder die Erreger der Entzündung eliminieren und daher erst nach Vorliegen der Befunde, welche sich aus dem oben angeführten Untersuchungsgang ergeben, vorgenommen werden. Bei negativen Ergebnissen empfiehlt es sich, die Diagnoseschritte zu wiederholen; dem Patienten kann in der Zwischenzeit durch die Verordnung von Antiphlogistica vorübergehend

geholfen werden. Läßt sich auch nun ein Erreger nicht nachweisen, sollte man an nicht genital übertragene Formen der
Urethritis denken (Tabelle 3, [6]).

Bei jeder Art von übertragbarer Urethritis sollte grundsätzlich eine Partner-Untersuchung und Partner-Mitbehand-
lung erfolgen. Dadurch wird einerseits die Rezidivgefahr der
Urethritis reduziert. Andererseits soll eine Infektion der Part-
nerin wegen der Gefahr möglicher Komplikationen (Salpingitis) und Spätfolgen (Sterilität, Extrauteringravidität) vermieden werden.

Besonders schwierig ist das therapeutische Management
der rezidivierenden Urethritis. Ursachen eines Rezidives können mangelnde Compliance des Patienten, fehlende Partner-
mitbehandlung, eine Reinfektion durch nicht eingehaltene
sexuelle Karenz oder Therapieresistenz des Erregers sein.
Hier empfiehlt sich eine nochmalige ätiologische Abklärung
der Urethritis und eine genaue Aufklärung des Patienten
bezüglich der therapeutischen Maßnahmen.

Tabelle 3. *Ursachen nicht genital übertragener Urethritis* [6]

Traumatische Urethritis
    Mechanische (z. B. Reizzustände nach Einführen von Kathe-
    tern oder ähnlichem; Steinbildung in Divertikeln; äußere
    Gewaltanwendung; extremer Sexualverkehr)
    Chemische (selten durch Instillation von Desinfektionslösun-
    gen)
    Thermische (z. B. äußere Einwirkung durch Umschläge, Heiz-
    kissen; innere Einwirkung durch Einführen heißer Instru-
    mente)

Urethritis durch lokale Erkrankungen der Urethra (z. B. bei Lichen
    ruber, Tumoren, Condylomata acuminata, chronische Prostati-
    tis)

Urethritis bei Allgemeinerkrankungen (z. B. Tuberkulose, Stevens-
    Johnson-Syndrom, Infektionskrankheiten wie Mumps, Grippe,
    Sepsis; Reiter-Syndrom, Behcet-Syndrom; Diabetes, Gicht;
    Pellagra)

Literatur

[1] Alani MD et al (1987) Isolation of Chlamydia trachomatis from
     the male urethra. Br J Vener Dis 53: 88
[2] Bowie WR et al (1977) Etiology of non gonococcal urethritis.
     Evidence for Chlamydia trachomatis und Ureaplasma urealyti-
     cum. J Clin Invest 59: 735
[3] Bowie WR (1984) Urethritis in males. In: Holmes KK et al (eds)
     Sexually transmitted diseases. McGraw Hill, New York, p 638
[4] Holmes KK Etiology of non gonococcal urethritis. N Engl J
     Med 292: 1199
[5] Jakobs NF, Kraus SJ (1975) Gonococcal and non-gonococcal
     urethritis in men. Clinical and laboratory differentiation. Ann
     Intern Med 82: 7
[6] Meyer-Rohn J (1981) Sexually transmitted diseases. Nicht-
     gonorrhoische Urethritis. In: Korting GW (Hrsg) Dermatolo-
     gie in Praxis und Klinik, Bd 4. Thieme, Stuttgart, S 49
[7] Terho, P (1978) Chlamydia trachomatis in non specific urethri-
     tis. Br J Vener Dis 54: 251

9.2 Fluor vaginalis

Fluor vaginalis ist eine der am häufigsten gestellten „Diagnosen" im Bereich des weiblichen Genitaltraktes, stellt aber dennoch nichts weiter als ein Symptom dar, dem zahlreiche ätiologisch völlig verschiedene Krankheiten zugrunde liegen können, die jede für sich wiederum gänzlich unterschiedliche therapeutische Maßnahmen erfordern. Die Anatomie des äußeren und inneren Genitaltraktes der Frau bringt es mit sich, daß Infektionen dieser Organe durch Symptomarmut bzw. durch das gänzliche Fehlen von Symptomen oft nicht erkannt und somit nicht behandelt werden. Sie führen aber oft zu schweren und schwersten Komplikationen, die nicht nur für die Betroffene selbst deletär sind, sondern auch für die Gemeinschaft beträchtliche ökonomische Folgen haben (siehe Kapitel 3). Darüber hinaus bringen die anatomischen Gegebenheiten bei der Frau bei Infektionen im Genitalbereich Ähnlichkeit, ja Gleichheit von Symptomen mit sich („Fluor vaginalis" z. B. kann durch Infektionen der Vulva, Vagina, Cervix, von Corpus und Adnexen bedingt sein). Man kann aber heute auch in der Praxis mit klinischen und einfachen Labormethoden die wichtigsten sexuell übertragbaren Erkrankungen erkennen und damit einer Behandlung zuführen.

Fluor vaginalis ist grundsätzlich meist auf Entzündungen der Vagina (Vaginitis) bzw. Cervix (Cervicitis) zurückzuführen. Es empfiehlt sich, zuerst die folgenschwere Erkrankung, das ist die *Cervicitis,* abzuklären, wonach aber auch die Vagina zu untersuchen ist, weil Vaginitis und Cervicitis vielfach kombiniert vorkommen und auch verschiedene Erreger als Ursache haben, die wiederum jeder für sich geeignete therapeutische Maßnahmen benötigen [3, 9]. Die häufigsten sexuell übertragbaren Erkrankungen, welche Fluor vaginalis hervorrufen, sind im Bereich der Cervix Gonorrhoe, Chlamydien-Cervicitis und Herpes simplex-Infektionen; im Bereich der Vagina Trichomoniasis, Candidose und bakterielle Vaginose. Diese Zustände gilt es daher vorerst abzuklären, und in einem hohen Prozentsatz der Fälle können bei Anwendung auch einfacher Untersuchungsmethoden eindeutige Diagnosen gestellt werden.

Komplett negative Untersuchungsergebnisse erfordern stets eine Wiederholung der Teste! Bleiben die entsprechenden Teste auch ein zweites Mal ohne positive Ergebnisse, soll die Patientin an den Gynäkologen überwiesen werden, um andere Ursachen von Fluor, die nicht in den Bereich sexuell übertragbarer Erkrankungen gehören, auszuschließen. Der Frauenarzt sollte stets auch dann zugezogen werden, wenn das Vorliegen sexuell übertragbarer Erkrankungen zwar entdeckt wurde, die Symptome aber trotz spezifischer und ausreichender Behandlung nicht verschwinden.

Cervicitis

Die Cervix wird zuerst mit Spekula eingestellt und einer genauen *Inspektion* unterzogen, wobei besonderes Augenmerk auf Erosionen oder flache Ulcera im Bereich der Portio gelegt wird, die für das Vorliegen einer frischen, primären Syphilis bzw. Herpes simplex sprechen. Die genannten Erkrankungen können nur mit mehreren
o Spirochaetenbefunden (Dunkelfeld) sowie
o Abstrichen zum fluoreszenzoptischen Nachweis von Herpes simplex
bewiesen bzw. ausgeschlossen werden.

Cave

Erosionen bzw. Ulcera im Bereich der Cervix, die nicht auf Syphilis bzw. Herpes simplex zurückzuführen sind und nach der entsprechenden Therapie nicht völlig abheilen, sollen vom Gynäkologen untersucht und histopathologisch abgeklärt werden!

Im Anschluß an die Inspektion werden (unter Anwendung der entsprechenden Technik, wie sie im Rahmen der Besprechung der einzelnen Krankheitsbilder beschrieben ist) *2 Abstriche aus der Cervix und ein Abstrich aus der Urethra* auf

Objektträger übertragen. Von besonderer, ja entscheidender Bedeutung für eine suffiziente Diagnostik ist es, die Portio vorerst sehr exakt von Schleim und anderen Sekreten zu reinigen. In den Abstrichpräparaten sollen praktisch keine (vaginalen) Epithelzellen gefunden werden! Einer der cervicalen Abstriche wird nun für die direkte Untersuchung auf Chlamydien verwendet (das hierfür verwendete Präparat muß besonders sorgfältig gewonnen werden, um falsch negative Befunde tunlichst zu vermeiden!). Die anderen beiden Abstriche aus Urethra bzw. Cervix werden Gram-gefärbt und zur direkten mikroskopischen Diagnostik der Gonorrhoe herangezogen. In jedem Fall sollten auch (nicht zuletzt aus forensischen Gründen) Kulturen zum Nachweis von Gonokokken angelegt werden.

Aus dem Gram-gefärbten Cervicalabstrich kann gleichzeitig auch die Diagnose einer *mucopurulenten Cervicitis* gestellt werden, wenn sich mehr als 10 Leucocyten pro mikroskopischem Gesichtsfeld bei 1000facher Vergrößerung finden. Die mucopurulente Cervicitis gilt auch dann als bewiesen, wenn sich makroskopisch sichtbar Eiter aus der Cervix entleert bzw. ein in die Cervix eingeführter Stieltupfer gelb verfärbt (Swab-Test).

Das erwähnte Vorgehen stellt die Minimalvariante moderner Diagnostik der sexuell übertragbaren Cervicitis dar. Im Rahmen der Besprechung der Gonorrhoe, der Chlamydien-Erkrankungen und des Herpes simplex sind weiterführende diagnostische Maßnahmen angeführt.

Cytopathologische Untersuchungen aus Cervixabstrichen werden meist vom Gynäkologen vorgenommen. An dieser Stelle soll nur erwähnt werden, daß bestimmte Merkmale im „Papanicolaou-Abstrich" (PAP) auf Infektionen mit C.trachomatis hinweisen. Da der PAP im Rahmen der routinemäßigen gynäkologischen Untersuchung weit verbreitet ist, könnte hier bereits der Verdacht auf eine Infektion mit C.trachomatis ausgesprochen und die Patientin einer weiterführenden Diagnostik und Therapie zugeführt werden. Für eine Infektion mit C.trachomatis spricht im PAP das Vorhandensein von entzündlich-reaktiven epithelialen Metaplasien sowie eine Vermehrung von Entzündungszellen — Lymphocyten, Leucocyten, Plasmazellen und Histiocyten.

Vaginitis

Vaginitis ist häufig mit Cervicitis kombiniert [2], wobei auch verschiedene Erreger für die Entzündungen der Scheide und des Gebärmutterhalses verantwortlich sein können. Der Un-

Tabelle 1. *Diagnostische Verfahren bei Vaginitis geschlechtsreifer Frauen (nach 3)*

	Normal-befund	Vaginitis durch Pilze	Vaginitis durch Trichomo-naden	bakt. Vaginose
Ätiologie	–	meist Candida albicans	Trichomonas vaginalis	G.vaginalis und versch. Anaerobier
Symptome	–	Juckreiz an Vulva, Ausfluß	profuser, oft übel-riechender Ausfluß	mäßiger, oft übel-riechender Ausfluß
Ausfluß Farbe Konsistenz	klar, weiß nicht homogen	weiß Klumpen oder Plaques	gelblich homogen, schaumig	weiß-grau homogen, kleidet Vaginal-wände aus
Inflamma-tion der Vagina	–	+	+	–
pH	4,5	meist 4,5	meist 5,0	ober-halb 4,5
Geruch von Sekret mit 10% KOH	–	–	meist übel-riechend	fischig
Mikroskopie	Epithel-zellen und Döderlein-Stäbchen	Leucocyten, Epithelien, meist reichlich Mycelien	Leucocyten, bewegliche Trichomo-naden	„Clue cells" (Schlüssel-zellen), starke Mischflora

tersuchung der Vagina sollte sich daher in jedem Fall eine Cervixdiagnostik anschließen.

Für eine praxisgerechte Diagnostik der Vaginitis genügt es, mit einem Instrument (z. B. sterile Platinöse) Vaginalsekret für eine pH-Bestimmung am Indikatorpapier sowie für 3 verschiedene Abstriche auf Objektträgern zu entnehmen.

Objektträger 1 wird zur Durchführung einer einfachen Methylenblau-Färbung nach Hitzefixierung verwendet, um Aufschluß über die zelluläre Zusammensetzung des Vaginalsekretes sowie über die Bakterienbesiedelung zu erhalten. Objektträger 2 wird mit einem Tropfen NaCl-Lösung versetzt, um nach Trichomonaden zu suchen. Auf den Objektträger 3 wird ein Tropfen 10%ige KOH beigegeben, der Geruch festgestellt und anschließend (nach leichtem Erhitzen über der Flamme) ein „Pilzbefund" erhoben. Tabelle 1 gibt Aufschluß über die wichtigsten Befunde.

Literatur

[1] Brown W (1982) Variations in the vaginal flora. Ann Intern Med 96: 931

[2] Chen, KCS et al (1979) Amine content of vaginal fluid from untreated and treated patients with nonspecific vaginitis. J Clin Invest 63: 828

[3] Holmes KK (1984) Lower genital tract infections in women: Cystitis, urethritis, vulvovaginitis and cervicitis. In: Holmes KK et al (eds) Sexually transmitted diseases. McGraw Hill, New York, p 557

[4] McLellan N et al (1982) The clinical diagnosis of trichomoniasis. Obstet Gynecol 60: 30

[5] Morton RS, Rashid S (1977) Candidal vaginitis. Natural history, predisposing factors and prevention. Proc R Soc Med 70: 3

[6] Odds FC (1979) Candida and Candidosis. Leicester University Press, Leicester

[7] Oriel JD (1977) Clinical overview of candidal vaginitis. Proc R Soc Med 70: 7

[8] Persson K et al (1979) Prevalence of nine different microorganisms in the female genital tract. Br J Vener Dis 55: 429

[9] Rein MF, Holmes KK (1983) „Nonspecific vaginitis", microvaginal candidiasis and trichomoniasis: clinical features, diagnosis and management. In: Remington JS, Swartz MN (eds) Current clinical topics in infections diseases, vol 4, McGraw Hill, New York, p 281

[10] Rothenberg RB et al (1976) Efficacy of selected diagnostic tests for sexually transmitted diseases. JAMA 235: 49

[11] Spence MR et al (1980) The clinical and laboratory diagnosis of Trichomonas vaginalis infection. Sex Transm Dis 7: 168

[12] Spiegel CA et al (1980) Anaerobic bacteria in nonspecific vaginitis. N Engl J Med 303: 601

9.3 Genitale Ulcera

Das Management genitaler ulceröser Läsionen erfordert eine genaue Diagnose und Differentialdiagnose, die nicht nur sexuell übertragbare Erkrankungen umfassen muß, sondern auch dermatologische Erkrankungen. In der Folge werden in erster Linie genitale Kontaktinfektionen besprochen, die zu Geschwüren führen können. Es ist aber auch stets an das Vorliegen nicht-infektiöser genitaler Läsionen, wie z. B. Malignome, incipiente Fournier'sche Gangraen, mechanische, chemische oder thermische Schäden, Artefakte, etc. zu denken. Wie bei allen sexuell übertragbaren Erkrankungen sollte nicht nur aus medizinischen, sondern auch aus forensischen Gründen auf eine eindeutige Diagnostik großer Wert gelegt werden. „Blinde" Therapie ohne genaue Kenntnis der Diagnose kann zu beträchtlicher Verwirrung bei Kontaktpersonen des Patienten (auch zum Nachteil des behandelnden Arztes) führen. Stets sollte auch eine genaue *Infektionsquellenforschung* und evt. *Partneruntersuchung und -behandlung* vorgenommen werden.

Die relative Häufigkeit genitaler Ulcera verschiedener Ätiologie ist von Land zu Land außerordentlich verschieden. In den westlichen Industriestaaten sind Geschwüre im Genitalbereich am häufigsten auf Herpes simplex, in zweiter Linie auf Syphilis zurückzuführen. In Entwicklungsländern sind Ulcera mollia *und* Lymphogranuloma inguinale wesentlich häufiger. Die *Inkubationszeit* (siehe Tabelle 1) genitaler ulcerierender Kontaktinfektionen unterscheidet sich erheblich, sodaß eine sorgfältig erhobene Anamnese diagnostisch hilfreich sein kann. Die Kenntnis der Inkubationszeit ist außerdem für die Beratung des Patienten, für die Untersuchung von Kontaktpersonen und für eine eventuelle „epidemiologische Therapie" wichtig.

Die *klinischen Erscheinungen* der ulcerierenden sexuell übertragbaren Erkrankungen sind in den einschlägigen Kapiteln abgehandelt. Die Tabelle 2 gibt einen Überblick über die wichtigsten Symptome der ulcerösen Läsionen. Die Klinik ist allerdings meist außerordentlich variabel und auch Doppelinfektionen, die zu uncharakteristischen Erscheinungsbildern

Tabelle 1. *Inkubationszeiten ulcerierender genitaler Kontaktinfektionen*

	Extremwerte	Durchschnitt
Herpes simplex	abhängig von Immunitätslage	2– 7 Tage
Syphilis	10–90 Tage	14–21 Tage
Ulcera mollia	1–14 Tage	3– 5 Tage
Lymphogranuloma inguinale	3 Tage–3 Wochen	7 Tage–Wochen
Granuloma venereum	3 Tage–6 Monate	1–4 Wochen

führen, kommen relativ häufig vor: insbesondere sind herpetische Läsionen Eintrittspforte für andere virale oder bakterielle Erreger.

„Diagnosestraße" bei genitalen Ulcera

1. Klinische Inspektion

Die klinische Inspektion dient vorerst der Entscheidung, ob mit gewisser Wahrscheinlichkeit eine sexuell übertragbare Erkrankung oder eine sonstige Dermatose vorliegt. Grundsätzlich sind *infektiöse Erkrankungen eher streng auf die Genitalregion beschränkt,* während andere Hauterkrankungen meist zusätzlich auch an der perigenitalen Haut oder auch an sonstigen Hautstellen lokalisiert sind (z. B. Pemphigus, fixes Arzneiexanthem, thermische Schäden etc.).

Bei Vorliegen von intakten gruppierten Bläschen ist die Diagnose *Herpes genitalis* außerordentlich wahrscheinlich, allerdings nicht völlig sicher; daher sollte die „Diagnosestraße" in jedem Fall beschritten werden.

2. Ausschluß einer frischen syphilitischen Infektion

Bei jedem genitalen Substanzdefekt muß eine syphilitische Infektion ausgeschlossen werden. Daher sind mehrere *Spiro-*

chaetenbefunde im Dunkelfeld zu erheben und Blut für eine *serologische Diagnostik* zu entnehmen. Negative Spirochaetenbefunde sollten am nächsten Tag, die syphilisserologische Untersuchung nach 4–6 Wochen wiederholt werden.

Häufig hat der Patient vor Konsultation des Arztes antibiotische oder antiseptische Externa verwendet. In diesem Fall wird der Erregernachweis aus dem Geschwür nicht gelingen, und es ist eine Lymphknotenpunktion (wenn bereits eine Lymphadenopathie vorliegt) anzuschließen. Zu diesem Zweck sticht man mit einer möglichst großkalibrigen Injektionsnadel tangential in den regionären Lymphknoten ein und untersucht (die meist geringe Menge) Aspirat im Dunkelfeld.

3. Ausschluß einer Infektion mit Hämophilus ducreyi (Ulcera mollia)

Zu diesem Zweck wird mit einer Metallöse oder einer Meisselsonde vom Grund des Ulcus, vor allem aber von den Randpartien nekrotisches Material (nicht nur Eiter!) gewonnen und dieses in einer (!) Richtung auf den Objektträger ausgestrichen. Im positiven Fall zeigt die Gram-Färbung die Gram-negativen in „Fischzügen" angeordneten Stäbchen.

In jedem Fall sollte auch eine Kultur zum Nachweis des Hämophilus ducreyi angelegt werden. Bei hochgradigem klinischen Verdacht auf das Vorliegen von Ulcera mollia und negativem Erregernachweis könnte der Beginn einer antibiotischen Therapie angezeigt sein (siehe Kapitel 4.3.), um Sekundärkomplikationen zu verhindern.

4. Herpes simplex-Infektion

Sind die bisherigen Diagnoseschritte ohne Ergebnisse geblieben und die klinische Symptomatik spricht für das Vorliegen eines genitalen Herpes simplex, kann grundsätzlich mit einer lokalen (eventuell auch systemischen) antiviralen Therapie begonnen werden. Im Zweifelsfall sollte ein Herpes-Erregernachweis (siehe Kapitel 5.2.) versucht werden.

Tabelle 2: *Klinische Charakteristika sexuell übertragener ulceröser Prozesse*

	meist solitär/ multipel	Primär-effloreszenz	Rand des Ulcus	Indu-ration	Tiefe des Ulcus	Lymph-knoten	Schmerzen
Syphilis	solitär	Knötchen	scharf	derb	meist ober-flächlich	derb, indolent	keine
Herpes simplex	solitär	Bläschen	erythe-matös	keine	ober-flächlich	weich, dolent	schmerzhaft
Ulcera mollia	multipel	Knötchen od. Pustel	erythe-matös, meist untermi-niert	sehr weich	mäßig tief, untermi-nierte Ränder	weich, dolent	schmerzhaft
Lymphogranuloma inguinale	multipel	Knötchen od. Pustel	meist scharf	keine	ober-flächlich	derb, dolent	selten
Granuloma venereum	solitär od. multipel	Knötchen	aufge-worfen	derb	erhaben	Pseudo-lymphade-nopathie	selten

Die Durchführung einer Biopsie und nachfolgende histologische Untersuchung empfiehlt sich, wenn mit klinischen Mitteln und durch die Labordiagnostik ein eindeutiges Resultat nicht zu erreichen war. Ebenso sollten stets trotz Behandlung persistierende Geschwüre histologisch untersucht werden, um nicht Sekundärinfektionen primärer Hauptprozesse (z. B. Carcinome) zu übersehen.

10 Beratung und Behandlung von Sexualpartnern

Zahlreiche sexuell übertragbare Krankheiten können epidemisch, endemisch, ja sogar pandemisch auftreten und die Kontrolle solcher Erkrankungen erfordert besondere Maßnahmen, wie sie in der Vergangenheit und auch in der Gegenwart (z. B. bei der Bekämpfung der Syphilis und des AIDS) immer wieder mit Erfolg angewendet wurden. Dazu gehören unter anderem Gesundheitserziehung, Screening, Einrichtung geeigneter Untersuchungs- und Therapieeinheiten sowie die weitest mögliche Mituntersuchung von Sexualpartnern. Die zuletzt genannte Maßnahme ist natürlich nicht nur aus epidemiologischen Gründen von großer Bedeutung, sondern dient in erster Linie auch dem Schutz des unmittelbar betroffenen Sexualpartners vor Erkrankung sowie der Verhinderung von Reinfektionen. Sie ist somit ein wichtiger Teil jeder ärztlichen Maßnahme im Rahmen der Behandlung sexuell übertragbarer Erkrankungen [1, 4, 5, 6].

Die *Infektionsquellenforschung* erfordert eine besonders gute Arzt-Patienten-Beziehung, gilt es doch, einen fremden Menschen über seine intime Sphäre zu befragen: Wer ist (sind) sein(e) Sexualpartner? Wie oft und wann hatte er Sex? Wann mit wem? Auf welche Art und Weise? usw. Meist ist es hilfreich, vor der eigentlichen Befragung durch ein länger dauerndes Gespräch ein Gefühl für das soziale Milieu des Patienten zu entwickeln, und ihn möglichst genau über die entsprechende Erkrankung und ihre Folgezustände aufzuklären. Der Patient muß verstehen lernen, daß die Nichtinformation seiner Sexualpartner nicht nur ihm selbst bei neuerlichen sexuellen Kontakten schaden kann, sondern vor allem seinen Sexualpartnern selbst, wenn diese unbehandelt bleiben und somit Gefahr laufen, die Erkrankungskomplikationen zu entwickeln. Besonderes Augenmerk sollte auf die Information über symptomlose, aber dennoch ansteckende Infektionen gelegt werden, um dem Patienten bewußt zu machen, daß „man sich nicht krank fühlen muß, um krank und ansteckend zu sein".

Immer wieder wurde die Frage aufgeworfen, ob die ärztliche Schweigepflicht auch dann zum Tragen kommen soll (darf), wenn Träger eines lebensbedrohlichen Krankheitserregers ihren Sexualpartner nicht darüber informieren. In den letzten Jahren ist diese Problematik besonders im Rahmen der AIDS-Erkrankung aktuell geworden, weil diese in den meisten Ländern nicht. den entsprechenden Gesetzen über Infektionskrankheiten bzw. Geschlechtskrankheiten unterliegt. In der Praxis wird man manchmal auf den Fall stoßen, einen HIV-Infizierten zu behandeln, von dem man annehmen kann, daß er seine (ihre) Sexualpartner nicht über die von ihm ausgehende Infektionsgefahr informiert. Bevor in solchen Fällen die ärztliche Schweigepflicht verletzt und der hochgradig gefährdete Sexualpartner vom Arzt informiert wird, sollte die jeweils rechtlich gültige Situation genau bei den Gesundheitsbehörden überprüft werden. Letztlich geht es um das Abwägen zweier Rechtsgüter: ärztliche Schweigepflicht auf der einen Seite und Schutz des Individuums vor lebensbedrohlicher Infektion auf der anderen.

Epidemiologische Therapie. Unter der Bezeichnung „Epidemiologische Therapie" versteht man die Durchführung einer spezifischen Behandlung bei Kontaktpersonen, bevor eine eindeutige Diagnose vorliegt. Grundsätzlich sollte man zwischen 4 verschiedenen Formen epidemiologischer Therapie unterscheiden:

Präventive Therapie. Therapie vor Diagnose bei einer asymptomatischen Kontaktperson, die sich später als infiziert erweist.

Prophylaktische Therapie. Therapie vor Diagnose bei einer asymptomatischen Kontaktperson, die sich später als nicht infiziert erweist.

Abortive Therapie. Therapie einer infizierten, aber noch nicht symptomatischen Kontaktperson.

Präsumptive Therapie. Therapie bei Vorliegen von klinischen Zeichen ohne Bestätigung durch Laboruntersuchungen.

Es ist in der Vergangenheit sehr viel über das Für und Wider epidemiologischer Therapie [2, 3, 7] geschrieben worden, und derartige Diskussionen dauern noch immer an. Grundsätzlich kann es niemals starre Regeln für epidemiologische Therapie geben, wie sie in den USA zu erarbeiten versucht wurden. Die Indikationen für eine Behandlung ohne Diagnose hängen nämlich hauptsächlich von einem wesentlichen Faktor ab, der naturgemäß eine enorme Variabilität aufweist: dem individuellen Patienten. Bei 100%iger Compliance der Kontaktperson wird man sich kaum zu einer epidemiologischen Therapie ohne Diagnose entschließen. *Der Trend zur epidemiologischen Therapie wird mit Absinken der Compliance steigen.*

Die nachfolgende Tabelle 1 gibt einen Überblick über Entscheidungshilfen für die Frage, ob eine epidemiologische Therapie durchgeführt werden soll oder nicht.

Tabelle 1. *Für und Wider epidemiologischer Therapie [nach 7]*

	eher für epidemiologische Therapie	eher gegen epidemiologische Therapie
hohe Compliance des Patienten		✕
niedrige Compliance des Patienten	✕	
hohes Infektions- risiko	✕	
gefährliche Erkrankung	✕	
starke Neben- wirkungen der Therapie		✕
leicht zu stellende Diagnose		✕
hoch effiziente Therapie	✕	

Literatur

[1] Burgess JA (1963) A contact tracing procedure. Br J Vener Dis 31: 113

[2] Johnson RE (1979) Epidemiologic and prophylactic treatment of gonorrhoea: a decision analysis review. Sex Transm Dis 2 [Suppl]: 159

[3] King AJ (1954) For and against treatment before diagnosis. Br J Vener Dis 30: 13

[4] Rothenberg RB, Potterat JJ (1984) Strategies for management of sex partners. In: Holmes KK et al (eds) Sexually transmitted diseases. McGraw Hill, New York, p 965

[5] Satin A (1977) A record system for contact tracing. Br J Vener Dis 53: 84

[6] Wigfield AS (1972) 27 years of uninterrupted contact tracing. The "Tyneside Scheme". Br J Vener Dis 48: 37

[7] Willcox RR (1973) Epidemiologic treatment in venereal disease other than syphilis. Br J Vener Dis 49: 116

11 Prävention sexuell übertragbarer Erkrankungen

"But since, both in importance and time, health precedes disease, so we ought to consider first how health may be preserved, and then how one may best cure disease" [1].

Sexuell übertragbare Erkrankungen (sexually transmitted diseases = STD) stellen auf der ganzen Welt ein großes gesundheitspolitisches Problem dar. In den USA schätzt man, daß jährlich 2 Millionen Krankheitsfälle an Gonorrhoe und ebenso viele an der nicht-gonorrhoischer Urethritis (NGU) vorkommen. Komplikationen und irreversible Spätfolgen, wie etwa Sterilität oder Extrauteringravidität, sind oft ein spätes Indiz für eine abgelaufene sexuell übertragbare Infektion. Die hohen Krankheitsziffern einerseits und ihre Spätfolgen andererseits sind für die Volksgesundheit daher von wesentlicher Bedeutung. Es sollte daher die *Erhaltung* der *Gesundheit* der Behandlung einer Erkrankung vorangereiht werden, wie bereits Galen 1951 feststellte [1].

Drei verschiedene Stufen der Prävention sexuell übertragbarer Erkrankungen sind zu unterscheiden:

1. Primäre Prävention
Ziel ist die Verhinderung der Infektion gesunder Personen sowie die Reduzierung der Infektionsraten bei sogenannten „high risk persons" durch Aufklärungsprogramme über Übertragungsmöglichkeiten und entsprechende Schutzmaßnahmen.

2. Sekundäre Präventivmaßnahmen
Darunter werden rasche diagnostische und therapeutische Möglichkeiten verstanden, die bei bereits infizierten Personen eine schnelle Heilung, Verhinderung von Spätfolgen und auch eine Hemmung der weiteren Ausbreitung einer Erkrankung ermöglichen.

3. Tertiäre Prävention

Ziel der tertiären Prävention ist die Verhinderung einer neuerlichen Infektion bei bereits behandelten Patienten durch intensive Aufklärung und Verhaltensempfehlungen.

Bei der Prävention von STD sind gewisse Prioritäten für die einzelnen sexuell übertragbaren Erkrankungen zu setzen und in diesem Zusammenhang die Inzidenz der Erkrankung, der Schweregrad und das Ausmaß von Komplikationen sowie diagnostische und therapeutische Möglichkeiten zu berücksichtigen. Aus diesen verschiedenen Überlegungen läßt sich für jede einzelne genitale Kontaktinfektion ein Kosten-Nutzen-Verhältnis bestimmen, aus dem sich die Bedeutung der Prävention ergibt. Auf folgende Maßnahmen zur Bekämpfung sexuell übertragbarer Infektionen soll in weiterer Folge kurz eingegangen werden:

1. gesundheitspolitische Maßnahmen

2. Beratung und Betreuung infizierter Personen und deren Kontaktpersonen (contact tracing)

3. persönlicher Schutz durch Anwendung von Sicherheitsvorkehrungen („safer sex")

4. Entwicklung rascher und einfacher Testverfahren sowie effektive Therapiemaßnahmen.

1. Gesundheitspolitische Maßnahmen

Zunächst ist es notwendig, die gesundheitspolitische Bedeutung der einzelnen sexuell übertragbaren Erkrankung für die Bevölkerung zu definieren. Dies kann durch epidemiologische und klinische Studien auf nationaler Basis erfolgen. Aufklärungs- und Fortbildungsprogramme für medizinisches Personal und betroffene Bevölkerungsgruppen sollen Informationen über Klinik und Prävention sexuell übertragbarer Erkrankungen vermitteln. Massenmedien kommt die Aufgabe der Aufklärung der allgemeinen Bevölkerung hinsichtlich der Übertragbarkeit und Verhütung von sexuell übertragbaren Erkrankungen zu. Im Weiteren hat die Gesundheitspolitik natürlich für die in der Folge genannten Maßnahmen Sorge zu tragen, diese zu initiieren, zu finanzieren, zu steuern und eventuell auch zu beenden.

2. Beratung und Betreuung infizierter Personen und deren Partner ("contact tracing")

Die Bereitschaft zur Aufklärung und das Interesse an STD ist bei jenen Personen, die selbst betroffen sind, am größten. Eine ausführliche Information und Beratung hat daher durch den Arzt oder Sozialhelfer zu diesem Zeitpunkt zu erfolgen. Diese soll folgende Punkte umfassen:

— Aufklärung bezüglich Art der Erkrankung, Übertragbarkeit, Folgen und Ansteckungsgefahr für den Partner
— Aufforderung zur Kontrolluntersuchung und zur
— sexuellen Abstinenz bis zum negativen Kontrolltest
— genaue Unterweisung über das Therapieschema

3. Persönliche Schutzmaßnahmen zur Verhinderung von STD

Wenngleich die sexuelle Abstinenz die einzig sichere, jedoch unrealistische Schutzmaßnahme vor einer sexuell übertragbaren Erkrankung bedeutet, stellen die Beschränkung der sexuellen Beziehung auf einen ständigen Sexualpartner, das Meiden von direkten Kontakten mit Risikopersonen oder Partnern mit Krankheitszeichen eine wichtige und realistisch durchführbare Protektion vor der Erkrankung an einer genitalen Kontaktinfektion dar. Eine vollständige Untersagung der *Promiskuität,* wie etwa der Prostitution, ist in den meisten Gesellschaftsstrukturen unmöglich. Nicht immer wird es gelingen, das sexuelle Verhalten der Patienten völlig zu ändern, sodaß im weiteren eine genaue Aufklärung bezüglich persönlicher und mechanischer Schutzmaßnahmen, wie etwa das *Kondom,* erforderlich wird. Es konnte zweifelsfrei die geringere Infektionsrate genitaler Kontaktinfektionen bei Benützern von richtig angewandten Kondomen (9,5%) im Vergleich zu einer Kontrollgruppe mit inadäquater (22%) oder keiner (68,5%) Benützung festgestellt werden [6]. Als weitere vielleicht mögliche mechanische Schutzmaßnahme wäre die Anwendung lokaler vaginaler Prophylaktika zu erwähnen, diese enthalten meist nichtionische Detergentien mit spermicider, antiseptischer resp. antibiotischer Wirkung. Ihr Einfluß auf Mikroorganismen wie Bakterien, Trichomonaden und Herpes simplex-Viren wurden mehrmals untersucht, wobei kontroversielle Resultate erzielt wurden [3, 4, 5].

Die systemische Chemoprophylaxe, das heißt die Applikation eines Chemotherapeutikums vor einem risikoreichen Sexualkontakt, ist außerordentlich problematisch. Die gewichtigsten Nachteile dieser Methode sind die Nebenwirkungen aller Arzneimittel sowie die Resistenzentwicklung und Selektion resistenter Mikroorganismen. Insgesamt wird die systemische Chemoprophylaxe heute meist abgelehnt und ist bei manchen Erkrankungen (z. B. AIDS) gar nicht möglich.

4. Screening-Untersuchungen

Das Ziel von Screening-Untersuchungen ist es, die Inzidenz von STD zu reduzieren (primäre Prävention) und bereits erkrankte Personen vor dem Auftreten von Komplikationen (sekundäre Prävention) zu erfassen.

Screening-Untersuchungen sind stets dann sinnvoll, wenn die Erkennung einer Erkrankung dem betroffenen Individuum selbst oder der Gesellschaft gesundheitliche Vorteile bringt. So sind z. B. Screening-Untersuchungen auf Syphilis außerordentlich sinnvoll, weil der Erkrankte durch die heute einfache antisyphilitische Therapie vor schweren und auch äußerst kostenintensiven Komplikationen bewahrt werden kann. Aus den gleichen Gründen wären Screening-Programme auch für Chlamydien-Infektionen zu empfehlen. Zahlreiche Emotionen wurden durch die heute zur Verfügung stehenden Tests auf das Vorliegen von HIV-Antikörpern ausgelöst. Die AIDS-Risikogruppen befürchten eine Diskriminierung HIV-Positiver; die Befürworter eines HIV-Screenings führen die prophylaktischen und heute in beschränktem Rahmen auch bereits therapeutischen Möglichkeiten für den HIV-Positiven sowie den Schutz der Gesunden vor der tödlichen Ansteckung an. Die Komplikationen und Spätfolgen fast aller genitalen Kontaktinfektionen, besonders aber der Syphilis und des AIDS, sind so exorbitant hoch [2], daß bei der Kosten-Nutzen-Rechnung die Kosten für den Screening-Test nicht wesentlich ins Gewicht fallen.

5. Nachweisverfahren

Die Entwicklung neuer diagnostischer Verfahren auf immunologischer und molekularbiologischer Basis haben die Erfassung von STD wesentlich vereinfacht und verbessert. Durch die Umstellung auf halbautomatisch ablaufende Labortests ist die Kapazität der Nachweisverfahren beträchtlich erhöht, und damit die Durchführung von Screening-Untersuchungen ermöglicht worden.

Folgende Anforderungen sind an Testverfahren zu stellen: sie sollen einfach, rasch und billig durchführbar sein. Eine hohe Sensitivität (Reduzierung falsch negativer Befunde) ist für Screening-Untersuchungen von besonderer Wichtigkeit, da übersehene Fälle den Wert der Tests reduzieren und infizierte Personen sowohl einer erhöhten Gefahr eigener Komplikationen ausgesetzt sind, als auch eine weitere Ausbreitung der sexuell übertragbaren Erkrankungen ermöglicht wird. Die Spezifität von Testverfahren ist für Screening-Untersuchungen weniger wichtig, da die Behandlung nicht-infizierter Personen mit geringen Kosten verbunden ist. Allerdings sind die psychische Belastung und eventuelle rechtliche Folgen für die Partnerschaft nicht zu übersehen.

6. Therapie

Ausreichende Behandlungsmöglichkeiten von STD stellen bei der Prävention einen wesentlichen Faktor dar. Günstige therapeutische Modalitäten sollten folgende Voraussetzungen erfüllen:
— hohe klinische und mikrobiologische Heilungsrate
— breites Wirkungsspektrum
— günstiges Therapieschema
— gute Verträglichkeit
— keine Resistenzentwicklung

Die Compliance des Patienten wird unter anderem auch von der guten Verträglichkeit und einem günstigen Verabreichungsschema der einzelnen Medikamente beeinflußt. Meist wird die Therapie erst entsprechend dem Ergebnis der Laboruntersuchung durchgeführt; unter der „epidemiologischen Behandlung" versteht man die Therapie selektiver Personengruppen mit hohem Infektionsrisiko zum Zeitpunkt der Untersuchung unter ärztlicher Kontrolle. Empfehlenswert ist sie bei entsprechender klinischer Symptomatik und nach Kontakt mit einem infizierten Partner oder mit Personen aus einer Risikogruppe. Sie soll sowohl aus medizinischen als auch rechtlichen Gründen nur unter Laborkontrolle durchgeführt werden.

Literatur

[1] Galen (1951) Hygiene, RM Green (trans). Charles C Thomas, Springfield, Ill

[2] Luger A, Gschnait F, Niebauer G (1987) Ökonomische Aspekte der serologischen Syphilisteste im Routinebetrieb der Wiener Krankenanstalten. Wien Klin Wochenschr 23: 808

[3] Postic B et al (1978) Inactivation of clinical isolates of herpesvirus hominis, types 1 and 2 by chemical contraceptives. Sex Transm Dis 5: 22

[4] Singh B et al (1972) Studies on development of a vaginal preparation providing both prophylaxis against venereal disease, other genital infections and contraception. II: in vitro effect of vaginal contraceptive and noncontraceptive preparations on Treponema pallidum and Neisseria gonorrhoeae. Br J Vener Dis 48: 57

[5] Singh B et al (1972) Studies on development of a vaginal preparation providing both prophylaxis against venereal disease, other genital infections and contraception. III: in vitro effect of vaginal contraceptive and selected vaginal preparations on Candida albicans and Trichomonas vaginalis. Contraception 5: 401

[6] Wittkower ED, Cowan J (1944) Some psychological aspects of sexual promiscuity. Psychosom Med 6: 287

12 Sexuell übertragbare Erkrankungen und Gravidität

Sexuell übertragbare Erkrankungen können zu schweren Störungen der Gravidität und des Neugeborenen führen. Die connatale Syphilis ist hiefür das älteste und eindrucksvollste Beispiel, eine Erkrankung, die heute durch das routinemäßige Screening Schwangerer in den westlichen Industriestaaten sehr selten geworden ist. Viel weniger bekannt, aber für mütterliche, foetale und neonatale Morbidität umso bedeutungsvoller sind Infektionen z. B. mit dem Cytomegalie-Virus, mit Herpes simplex-Virus und mit C.trachomatis.

Die Tabelle 1 gibt einen Überblick, welche grundsätzlichen Folgen für Mutter und Kind in Abhängigkeit vom Infektionszeitpunkt zu erwarten sind. Komplikationen durch sexuell übertragbare Erkrankungen während der Gravidität treten meist bei jüngeren Schwangeren häufiger auf, weil sexuell übertragbare Erkrankungen, vor allem aber die für den Ausgang der Gravidität bedeutungsvollen Erstinfektionen bei jüngeren Frauen, vermehrt vorkommen, im Vergleich zu reiferen Frauen mit eher stabilen sexuellen Beziehungen.

Aus In-Vivo-Untersuchungen an Versuchstieren [16, 34] und am Menschen [13] ist eine physiologische Immunsup-

Tabelle 1. *Zeitpunkt der Infektionen und Auswirkungen auf die Gravidität, den Foetus und das Neugeborene*

Vor Gravidität: Störung der Implantation des Eies; ektope Schwangerschaft

Während Gravidität: Spontanaborte; Chorioamnionitis; Frühgeburten; congenitale Infektionen

Zum Zeitpunkt der Geburt: Kindbettfieber; neonatale Infektionen

pression bekannt, die möglicherweise eine Abstoßung des genetisch dem mütterlichen Organismus fremden Foetus verhindert [3]. Diese natürliche Immunschwäche ist wahrscheinlich auch für gewisse Änderungen im pathophysiologischen Ablauf sexuell übertragbarer Erkrankungen bei Schwangeren verantwortlich [3, 7]. Darüber hinaus ändert sich im Laufe der Gravidität der Glycogengehalt der Epidermalzellen und der intravaginale pH-Wert verschiebt sich ins alkalische, die Cervix uteri hypertrophiert und bildet ein physiologisches Ektropium. Diese Veränderungen prädisponieren die Schwangere sexuell übertragbare Erkrankungen zu acquirieren bzw. aus latenten Infektionen manifeste Erkrankungen zu entwickeln [3].

Intrauterine Infektionen durch Erreger sexuell übertragbarer Erkrankungen sind auf hämatogene Ausbreitung oder Ascension der Keime über die Cervix uteri zurückzuführen. *Hämatogene Infektionen* entstehen durch Mirkoorganismen, die auch im mütterlichen Blut vorkommen, wie z. B. Cytomegalie-Virus (CMV) oder Treponema (T.) pallidum. Die Placenta wird hiebei stets früher als der Foetus infiziert, der den Erreger je nach dem Reifungsgrad, insbesondere in Abhängigkeit der Entwicklung des Immunsystems, abwehren, oder doch zumindest auf gewisse Organe limitieren kann [10]. Die Manifestationen foetaler Störungen nach hämatogenen Infektionen hängen somit vor allem vom Gestationsalter ab, in dem die Ansteckung erfolgt: Spontanabort, Totgeburt, Frühgeburt, congenitale Erkrankungen, Entwicklungsstörungen oder spätere Erkrankungen im frühen Kindesalter (z. B. Syphilis connata tarda) kommen vor.

Aszendierende Infektionen durch Erreger sexuell übertragbarer Erkrankungen sind weit weniger bekannt und können über akute Entzündungen des Chorions und Amnions vor allem zur Frühgeburt führen [27]. Wahrscheinlich sind Erreger wie *Ureaplasma urealyticum* und *Chlamydia trachomatis* weit häufiger Ursachen akuter Chorioamnionitis als andere Faktoren wie Meconium, Anorexie der Graviden, etc. [15]. In diesem Zusammenhang ist es interessant, daß verschiedene Studien auf einen Zusammenhang zwischen ascendierenden Infektionen und *Coitus im letzten Monat der Schwangerschaft* hinweisen [18, 19]. Die Ursachen hiefür könnten in direkten

Infektionen der Eihäute, in mechanischen Störungen der Cervix und der Eihäute sowie in einer Störung des „abdichtenden" cervicalen Schleimpropfes bzw. einer Reaktivierung von antimikrobiellen Abwehrsystemen in Vagina, Cervix oder Amnion selbst gelegen sein [18, 19].

12.1 Syphilis in der Schwangerschaft

Im deutschsprachigen Raum wird connatale Syphilis dank des fast lückenlosen serologischen Screenings Schwangerer vor der 16. Schwangerschaftswoche nur mehr ausnahmsweise beobachtet. In manchen afrikanischen Staaten ist congenitale Syphilis weiterhin unter den häufigsten perinatalen Todesursachen [20, 24].

Unbehandelte primäre oder sekundäre Syphilis der Mutter führt in jedem Fall zur Erkrankung des Foetus und in über 50% der Fälle zur Totgeburt oder zum perinatalen Tod. Je älter die syphilitische Infektion der Mutter ist, desto günstiger ist die Prognose für den Foetus bzw. das Neugeborene. Zu bedenken ist, daß Syphilis nach dem 2. Jahr der Infektion kaum mehr sexuell übertragbar ist, für den Foetus jedoch wesentlich länger ansteckend bleibt! Das klinische Spektrum der connatalen Syphilis soll hier nicht näher erörtert werden und ist in extenso in alten Handbüchern der Dermato-Venerologie beschrieben (für einen Überblick siehe auch Kap. 3.1).

Prävention

Die connatale Syphilis kann durch serologische Untersuchung der Mutter und geeignete antisyphilitische Therapie vor der 16.–18. Schwangerschaftswoche mit Sicherheit vermieden werden, weil T. pallidum bis zu diesem Zeitpunkt nicht in der Lage ist, die Placenta zu passieren bzw. Schäden im foetalen Organismus hervorzurufen. Das serologische Screening soll unbedingt mittels spezifischer antitreponemaler Tests (z. B. TPHA) durchgeführt werden, um auch ältere, unbehandelte Infektionen zu erfassen (siehe auch Kap. 3.1).

Therapie

Die antisyphilitische Therapie während der Schwangerschaft wird nach den Richtlinien des Kap. 3.1 durchgeführt.

12.2 Gonorrhoe in der Schwangerschaft

Nur wenige Daten existieren weltweit über die *Häufigkeit* gonorrhoischer Infektionen in der Schwangerschaft. 1979 wurden von den Centers for Disease Control (CDC, Atlanta, USA) 3% positive Befunde im Rahmen der Untersuchung von 1,7 Millionen Schwangeren angegeben [31]. Die Diagnose und Therapie der Gonorrhoe in der Schwangerschaft ist von großer Bedeutung, weil der Foetus häufig durch die mit der mütterlichen Infektion kombinierte *Chorioamnionitis und den vorzeitigen Blasensprung* geschädigt wird. Eine gonorrhoische Erkrankung in der Frühschwangerschaft kann zum *septischen Abort* führen.

Die Gonorrhoe in der Schwangerschaft weist einige klinische Besonderheiten auf: i) 15–30% aller gonorrhoischen Infektionen bei Schwangeren werden ausschließlich im *Pharynx* entdeckt [4, 33]. Der Grund hiefür könnte einerseits in einem selektionierten Patientengut liegen (gonorrhoische Infektionen bei Graviden kommen meist bei jungen Frauen aus niedrigen sozialen Schichten vor), oder wahrscheinlich im gehäuften oro-genitalen Verkehr während der Gravidität. ii) *Disseminierte gonorrhoische Infektionen* scheinen in der Schwangerschaft abnorm häufig aufzutreten [12]. iii) Gonorrhoische Salpingitis ist in der Gravidität selten.

Die neonatale Gonorrhoe

30–50% aller Neugeborenen, deren Mütter während der Geburt Gonokokken beherbergen, entwickeln *Gonoblenorrhoe,* deren Prognose für die Sehkraft im unbehandelten Fall ungünstig ist. Daneben kommen aber auch nasopharyngeale, anale und Infektionen des äußeren Gehörganges vor.

Prävention

Die schwerwiegenden Folgen einer gonorrhoischen Infektion für die Gravidität und das Neugeborene rechtfertigen die *rou-*

tinemäßige Durchführung von Abstrichen bzw. Kulturen für den Nachweis von Gonokokken (auch aus dem Pharynx) zum Zeitpunkt der ersten Untersuchung einer Schwangeren. Frauen aus Hochrisikogruppen (junge, evtl. unverheiratete Frauen aus niedrigem sozialen Milieu und mit einer Anamnese früherer Episoden sexuell übertragbarer Krankheiten) sollten zwischen der 36. und 38. Woche nochmals untersucht werden [3].

Abstriche bzw. Kulturen zum Nachweis von N.gonorrhoeae sollten auch bei Patientinnen mit *vorzeitigem Blasensprung, Fieber intra partum* bzw. *septischem Abort* erfolgen [3].

Eine genaue Erhebung der Kontaktpersonen und deren Behandlung ist natürlich während der Gravidität besonders wichtig, um Reinfektionen und damit eine neuerliche Gefährdung der Gravidität zu vermeiden.

Therapie

Die antigonorrhoische Therapie der Schwangeren unterscheidet sich grundsätzlich nicht von jener für andere Patienten. Medikamente mit negativen Auswirkungen auf den Foetus (z. B. Tetracycline) sind zu meiden (siehe Kapitel 3.2).

12.3 Infektionen mit Chlamydia (C.) trachomatis in der Schwangerschaft

C.trachomatis-Infektionen während der Schwangerschaft sind vor allem aus 2 Gründen von großer Bedeutung:
  i) *Mütterliche Implikationen:* Postpartale Endometritis und Adnexitis
  ii) *Foetale Implikationen:* Frühgeburt und perinatale Morbidität und Mortalität (siehe auch Kap. 3.6)
  Mütterliche Implikationen: Humane Amnion-Zellen sind ein hervorragender Nährboden für das Wachstum von C.trachomatis [14]. Obwohl keine einheitlichen Berichte über die Auswirkungen von C.trachomatis auf die Frühgeburtenrate und die Geburtsgewichte vorliegen [6, 11, 25, 26], zeigen neuere prospektive Untersuchungen ein erhöhtes Risiko für schwangere Frauen im Falle serologisch positiver, frischer

Infektionen [8]. Zweifellos sind aber auf diesem Gebiet weitere, möglichst breit angelegte prospektive Studien notwendig. Die Komplikationen einer Infektion des Neugeborenen mit C.trachomatis im Rahmen des Geburtsaktes und die damit verbundene erhöhte perinatale Morbidität und Mortalität sind heute eindeutig definiert (siehe Kap. 3.6).

Foetale Implikationen: C.trachomatis führt bei mehr als einem Drittel infizierter Schwangerer zu Amnionitis und zu postpartaler Endometritis, und der Keim spielt wahrscheinlich auch bei der Entstehung der Salpingitis nach therapeutischem Abort eine große Rolle [17, 23]. Postabortale Salpingitis wurde in 20–30% Chlamydien-infizierter Frauen gefunden, und damit ist der Keim für etwa 60% aller postabortalen Salpingitiden verantwortlich [3].

Prävention

Grundsätzlich wäre ein Screening Schwangerer während der Gravidität etwa zwischen der 28. und 32. Woche anzustreben, um die Frühgeburtenrate und die mütterliche und neonatale Morbidität zu senken. Aus mehreren Gründen ist es allerdings noch nicht möglich, allgemein gültige Richtlinien auszusprechen:

o Eine eindeutige mikrobiologische Diagnostik muß den direkten Erregernachweis aus der Cervix und den serologischen Nachweis von Antikörpern umfassen. Der Arbeitsaufwand und damit die Kosten für ein Screening aller Schwangeren sind erheblich, obwohl die Chlamydienkultur heute in den meisten Fällen zugunsten des direkten Erregernachweises aus dem Abstrich mittels Immunfluoreszenz (evt. auch mittels ELISA) entbehrlich wurde.

o Der direkte Erregernachweis kann nur aus einwandfreien Abstrichen, die mit großer Sorgfalt entsprechend der Technik, wie sie in Kap. 3.6 beschrieben wurde, eindeutig geführt werden. Eine intensive Schulung der mit einem evtl. Schwangeren-Screening befaßten Ärzte wäre unumgänglich notwendig.

Zum gegenwärtigen Zeitpunkt sollte ein Screening für Chlamydien-Infektionen in definierten Risikogruppen (junge, unverheiratete Schwangere) durchgeführt werden [3].

Die Prävention der Chlamydien-Konjunctivitis, nicht jedoch der Chlamydienpneumonie beim Neugeborenen, kann grundsätzlich mit Erythromycin-Augensalbe, evtl. mit Tetracyclin-Augentropfen durchgeführt werden. 1% Silbernitrat (Credésche Prophylaxe) ist für diesen Zweck unwirksam. Aus diesem Grunde haben viele Länder die klassische Credésche Prophylaxe mit Silbernitrat verlassen und sind auf die erwähnten extern verabreichten Antibiotica übergegangen. Die Chlamydien-Konjunctivitis verläuft allerdings in der Regel milde und ist ein hervorragender Indikator schwerwiegender Erkrankungen durch C.trachomatis beim Neugeborenen, z. B. Chlamydien-Pneumonie. Es ist daher fraglich, ob eine Prävention der Chlamydien-Konjunctivitis beim Neugeborenen überhaupt durchgeführt werden sollte.

Therapie

Siehe Kap. 3.6

12.4 Infektionen durch Streptokokken der Gruppe B in der Schwangerschaft

Streptokokken der Gruppe B *(Streptococcus agalactiae)* können sexuell übertragen werden, sind bei 5—25% der Graviden in der vaginalen Flora nachweisbar und führen relativ selten zu Chorioamnionitis, vorzeitigem Blasensprung, Frühgeburt, Postpartum-Endometritis, Puerperal-Fieber und neonataler Sepsis. Neonatale Sepsis durch Gruppe B-Streptokokken wird in den USA in 1—5% aller Geburten beobachtet [1, 3] und weist eine Letalitätsrate von etwa 50% auf. Generelle präventive Maßnahmen gegen Infektionen mit Gruppe B-Streptokokken werden noch nicht einheitlich durchgeführt. Screening-Untersuchungen Schwangerer zwischen der 26. und 32. Schwangerschaftswoche bzw. intra partum sowie die prophylaktische Penicillintherapie exponierter Neugeborener wurden diskutiert [3].

12.5 Mykoplasmen-Infektionen
in der Schwangerschaft

Die Rolle von *Mycoplasma hominis* und *Ureaplasma urealyti-cum* in der Schwangerschaft ist nicht völlig geklärt. Verschiedene Studien deuten auf einen Zusammenhang dieser Keime mit Chorioamnionitis, Frühgeburt und perinataler Mortalität hin [2, 3, 5, 9]. Routineuntersuchungen bzw. -therapie werden derzeit aber kaum durchgeführt.

12.6 Virale Infektionen
in der Schwangerschaft

12.6.1 Cytomegalie-Virus (CMV)-Infektionen

CMV-Infektionen sind während der Schwangerschaft wesentlich häufiger als Röteln [3]. 50–90% aller Graviden sind CMV-seropositiv [30], wobei Angehörige niedriger sozialer Schichten vermehrt durchseucht — und damit in der Schwangerschaft häufiger bedroht sind, die gefährliche primäre Infektion zu entwickeln. Etwa 0,6%–4,3% seronegativer Frauen werden während der Schwangerschaft mit CMV infiziert.

Die CMV-Infektion verläuft bei der Schwangeren fast immer asymptomatisch. Selten sind Mononucleose-ähnliche Symptome.

Congenitale CMV-Infektionen entstehen durch diaplacentare Übertragung, evt. ascendieren Keime auch per vaginam über die Cervix und bleiben glücklicherweise häufig ohne klinische Folgen, wobei Foeten, die durch bereits vorhandene mütterliche Antikörper geschützt sind, eine etwas bessere Prognose aufweisen. Klinisch asymptomatische congenitale CMV-Infektionen führen aber in 10–20% der Fälle später zu sensorischen oder anderen Entwicklungsstörungen. Symptomatische congenitale CMV-Infektionen sind mit Hepatosplenomegalie, Ikterus, Mikrocephalie, mentaler Retardation und motorischen Störungen kombiniert. Frühgeburten weisen häufig ein besonders niedriges Geburtsgewicht als Folge intrauteriner Entwicklungshemmung auf.

Perinatale CMV-Infektionen sind nur selten auf intrauterine Übertragung zurückzuführen, sie dürften häufiger durch infizierte Muttermilch, Stuhl, evt. auch Blut entstehen. Am Ende des ersten Lebensjahres sind 5–50% der Kinder infiziert [29]. Die klinischen Auswirkungen perinataler Infekte dürften eher gering sein, sie sind allerdings noch nicht gänzlich durchforscht.

12.6.2 Herpes simplex-Infektionen in der Schwangerschaft

Herpes simplex-Infektionen sind im letzten Jahrzehnt in den meisten Industriestaaten häufiger geworden und damit haben auch die congenitalen, vor allem aber perinatalen Komplikationen zugenommen [3].

Herpes simplex während der Gravidität

Frauen mit rezidivierendem Herpes simplex während der Schwangerschaft, aber klinischer Erscheinungsfreiheit zur Geburt haben praktisch keinerlei Komplikationen für ihr Kind zu erwarten.

Primäre Herpes simplex-Infektionen während der Schwangerschaft führen trotz Virämie nur selten zu congenitalen Infektionen [25]; *Spontanabort* tritt aber in über 50% bei Schwangerschaften vor der 20. Woche ein, *niedriges Geburtsgewicht* (intrauterine Entwicklungshemmung) wird in 35% bei Infektionen jenseits der 20. Woche beobachtet.

Herpes simplex während der Geburt

Die intrapartale Infektion durch Herpes simplex-Virus Typ 2 ist die häufigste Ursache der für das Neugeborene äußerst gefährlichen perinatalen Herpes simplex-Infektion. *Primärer, genitaler Herpes simplex* bei der Gebärenden ist für das Neugeborene besonders gefährlich, weil sowohl die Virusmenge als auch die erkrankte Mucosafläche groß ist. Etwa die Hälfte aller neonatalen Infektionen ist allerdings durch rezidivierenden Herpes genitalis der Mutter mit Exacerbation zum Geburtstermin zu erwarten. Im Unterschied zu anderen viralen, perinatal übertragenen Erkrankungen entwickeln 98% aller mit Herpes simplex-Virus infizierten Neugeborenen klinische Symptome.

Klinische Symptome des neonatalen Herpes simplex

○ *disseminierte viscerale Infektionen* mit oder ohne Beteiligung des Zentralnervensystems. Die Symptome treten im Schnitt etwa 1 Woche post partum, in Extremfällen bis zur 3. Lebenswoche auf.
○ *lokalisierte Infektionen* der Haut, der Schleimhäute und des Auges ohne viscerale Beteiligung. Diese Symptome sind erstmals nach 12–14 Tagen, eventuell bis zur 6. Lebenswoche zu bemerken. Neonatale Herpes-Infektionen werden wahrscheinlich öfters übersehen und als uncharakteristische Erkrankungen eingestuft.

Hauterscheinungen: mehr oder weniger ausgedehnte Bläscheneruptionen bis zu größeren erodierten Hautarealen. Keine Prädilektionsstellen.

Schleimhaut-Symptome: Erosionen oder tiefer reichende Ulcera. Prädilektionsstellen: Mundschleimhaut.

Augenveränderungen: Keratitis, Conjunctivitis, Chorioretinitis.

Zentralnervensystem: Krämpfe; Liquorveränderungen (Pleocytose); Protein-Erhöhung; normale oder subnormale Zuckerwerte; rasche Verschlechterung; schlechte Prognose!

Leber-Milz: Hepatosplenomegalie; erhöhte Leberenzyme und erhöhtes Bilirubin.

An *Allgemeinsymptomen* tritt (abhängig vom Lebensalter) Sepsis-artiges Fieber und disseminierte intravasale Gerinnung mit nachfolgender Verbrauchskoagulopathie auf.

Prävention und Therapie des neonatalen Herpes simplex

Genitaler Herpes simplex der Mutter zum Geburtstermin erfordert nach wie vor die Entbindung durch Sectio caesarea, solange keine eindeutigen Ergebnisse über die Anwendung und den therapeutischen Erfolg von Acyclovir in der Perinatalperiode vorliegen.

Literatur

[1] Baker CJ (1980) Group B streptococcal infections. Adv Intern Med 25: 475
[2] Braun P et al (1971) Birth weight and genital mycoplasms in pregnancy. N Eng J Med 284: 167
[3] Brunham RC, Holmes KK, Eschenbach D (1984) Sexually transmitted diseases in pregnancy. In: Holmes KK et al (eds) Sexually transmitted diseases. McGraw Hill, New York, p 782
[4] Corman LC et al (1974) The high frequency of pharyngeal gonococcal infection in a prenatal clinic population. JAMA 230: 568
[5] Dorman HB, Sawyun PF (1937) Identification and significance of spirochaetes in the placenta. A report of 105 cases with positive findings. Am J Obstet Gynecol 33: 954
[6] Frommel GT, et al (1979) Chlamydial infections of mothers and their infants J Pediatr 95: 28
[7] Gehrz RC et al (1981) A longitudinal analysis of lymphocyte proliferative responses to mitogens and antigens during human pregnancy. Am J Obstet Gynecol 140: 665
[8] Harrison MR et al (1983) The epidemiology and effects of genital C. trachomatis and mycoplasmal infections in pregnancy. JAMA 250: 1751
[9] Harwick HJ et al (1970) Mycoplasma hominis and abortion. J Infect Dis 121: 260
[10] Gayes K, Gibas H (1971) Placental cytomegalovirus infection without fetal involvement following primary infection in infants. J Pediatr 79: 401
[11] Heggie AD et al (1981) Chlamydia trachomatis infections of mothers and infants. Am J Dis Child 135: 507
[12] Holmes KK et al (1971) Disseminated gonococcal infection. Ann Intern Med 74: 979
[13] Knox GG et al (1978) Alteration of the growth of cytomegalovirus and herpes simplex virus type I by epidermal growth factor, a contaminant of crude human chorionic gonadotropin preparation. J Clin Invest 61: 1635
[14] Kordova N, Wilt JC (1980) Primary human amnion cells for studies on Chlamydia trachomatis. Curr Microbiol 3: 259
[15] Lauweryns J et al (1973) Intrauterine pneumonia. An experimental study. Bio Neonate 22: 301
[16] McCane DJ, Mims CA (1979) Reactivation of polyoma virus in kidneys of persistently infected mice during pregnancy. Infect Immunol 25: 998

[17] Moller BR et al (1982) Pelvic infection after elective abortion associated with Chlamydia trachomatis. Obstet Gynecol 59: 210

[18] Naeye RL (1979) Coitus and associated amniotic fluid infection. N Engl J Med 301: 1198

[19] Naeye RL (1980) Common environmental influences on the fetus. In: Naeye R et al (eds) Perinatal Diseases. International Academy of Pathology, monograph. Williams & Wilkins, Baltimore, p 52

[20] Naeye R, Kissane JM (1980) Perinatal diseases, a neglected area of the medical sciences. In: Naeye R et al (eds) Perinatal diseases. International Academy of Pathology, monograph. Williams & Wilkins, Baltimore, p 1

[21] Nahmias AJ, Visitine AM (1976) Herpes simplex. In: Remington JS, Klein JO (eds) Infectious diseases of the fetus and newborn infant. Saunders, Philadelphia, p 186

[22] Naib ZM (1970) Cytology of TRIC agent infection of the eye of newborn infants and their mother's genital tract. Acta Cytol 14: 390

[23] Qvigstat E et al (1982) Therapeutic abortion and Chlamydia trachomatis infection. Br J Vener Dis 58: 182

[24] Ratnam AV et al (1981) Syphilis in pregnant women in Zambia. First Sexually Transmitted Diseases Congress, San Juan, Puerto Rico

[24] Rees E et al (1977) Neonatal conjunctivitis caused by Neisseria gonorrhoeae and Chlamydia trachomatis. Br J Vener Dis 53: 173

[26] Rowe DS et al (1979) Purulent ocular discharge in neonates. Significance of Chlamydia trachomatis. Pediatr 63: 628

[27] Russel P (1979) Inflammatory lesions of the human placenta. I. Clinical significance of acute chorioamnionitis. Am J Diagn Gynecol Obstet 1: 127

[28] Sieber OF et al (1966) In utero infection of the fetus by Herpes simplex virus. J Pediatr 69: 30

[29] Starr JG et al (1970) Inapparent congenital cytomegalovirus infection. Clinical and epidermiological characteristics in early infancy. N Engl J Med 282: 1075

[30] Stagno S et al (1982) Congenital cytomegalovirus infection: the relative importance of primary and recurrent maternal infection. N Engl J Med 306: 945

[31] STD-Fact Sheet Edition 35. US Department of Health and Human Services. Centers for Disease Control, Atlanta

[32] Stokes JH et al (1944) Modern clinical syphilology. Saunders, Philadelphia, p 1068

[33] Stutz DR et al (1976) Oropharyngeal gonorrhea during pregnancy. J Amer Vener Dis Assoc 3: 65
[34] Suzuki R, Tomasi TB (1979) Immune responses during pregnancy. Evidence of suppressor cells for splenic antibody responses. J Exp Med 150: 898
[35] Vontver L et al (1982) Recurrent genital Herpes simplex virus infections in pregnancy: infant outcome and frequency of asymptomatic recurrencies. Am J Obstet Gynecol 143: 75

Syphilis (Abb. 1–14)

Gonorrhoe (Abb. 15–20)

Ulcus molle (Abb. 21, 22)

Lymphogranuloma inguinale (Abb. 23, 24)

Chlamydien-Infektionen (Abb. 25–28)

Mykoplasmen-Infektionen (Abb. 29)

Morbus Reiter (Abb. 30–33)

*Infektionen durch
humane Papillomviren (Abb. 34–36)*

Herpes genitalis (Abb. 37–39)

*Acquired Immunodeficiency
Syndrome (AIDS) (Abb. 40–49)*

Ektoparasitosen (Abb. 50–52)

Candidose (Abb. 53)

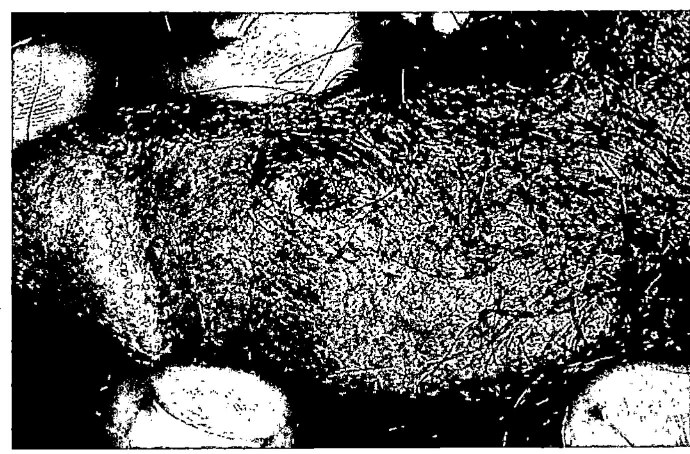

Abb. 1. Syphilis. Stadium I. Ulcus durum am Penisschaft. (Dermatologische Universitäts-Klinik München)

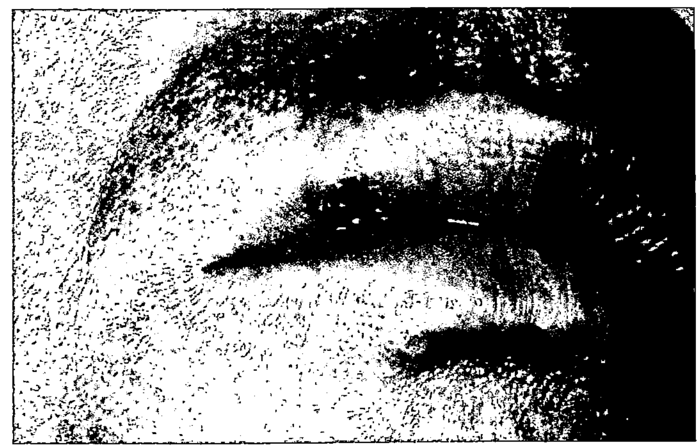

Abb. 2. Syphilis. Stadium I. Ulcus durum an der Oberlippe. (Dermatologische Universitäts-Klinik München)

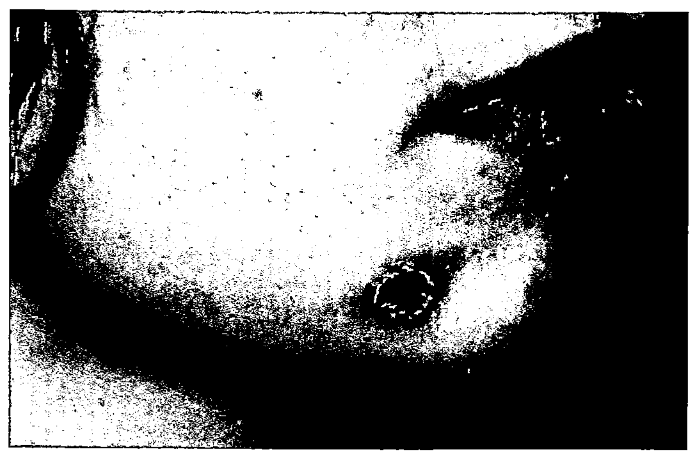

Abb. 3. Syphilis. Stadium I. Ulcus durum am Kinn. (Dermatologische Abteilung, Krankenhaus Wien-Lainz)

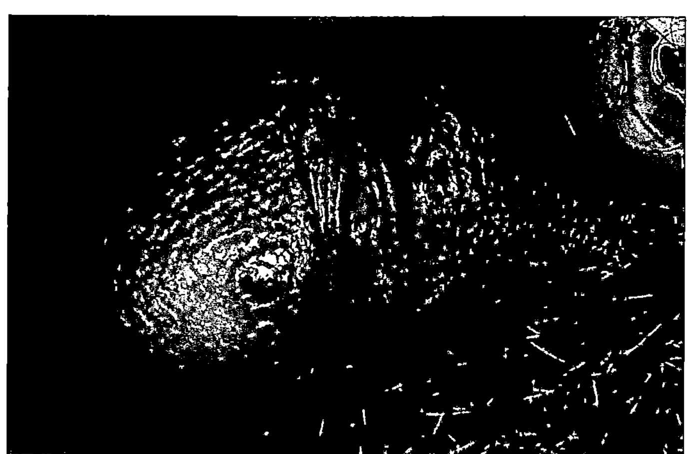

Abb. 4. Syphilis. Stadium I. Ulceration an Glans penis und Praeputium („Abklatschgeschwüre"). (Dermatologische Universitäts-Klinik München)

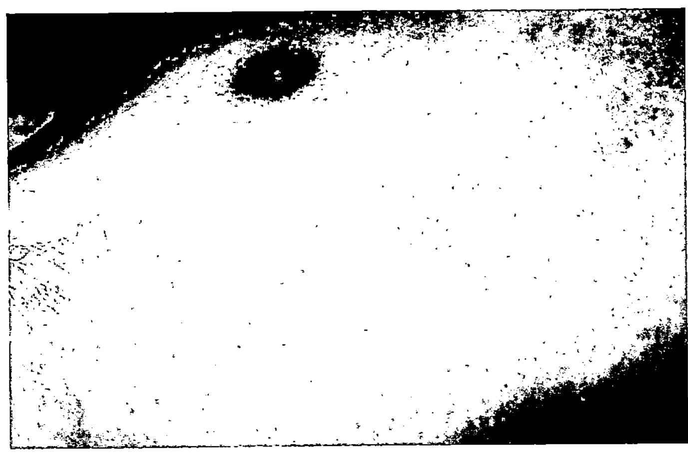

Abb. 5. Syphilis. Stadium II. Maculöses Exanthem am Stamm. (Dermatologische Universitäts-Klinik München)

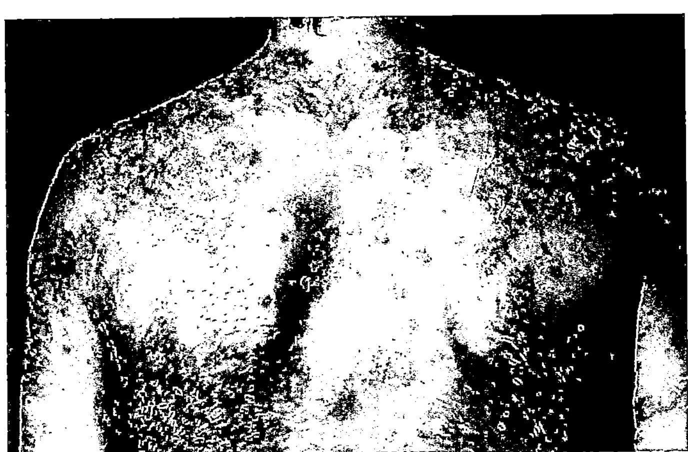

Abb. 6. Syphilis. Stadium II. Psoriasiformes Exanthem. (Dermatologische Abteilung, Krankenhaus Wien-Lainz)

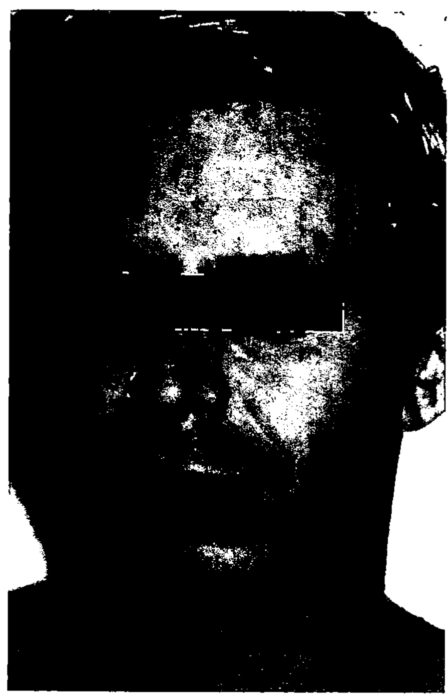

Abb. 7. Syphilis. Stadium II. Lokalisierte Papeln an der Stirne (Corona veneris). (Dermatologische Abteilung, Krankenhaus Wien-Lainz)

Abb. 8. Syphilis. Stadium II. Multiple Papeln an der Handinnenfläche („Palmarsyphilid"). (Dermatologische Universitäts-Klinik München)

Abb. 9. Syphilis. Stadium II. Condylomata lata anogenital. (Dermatologische Universitäts-Klinik München)

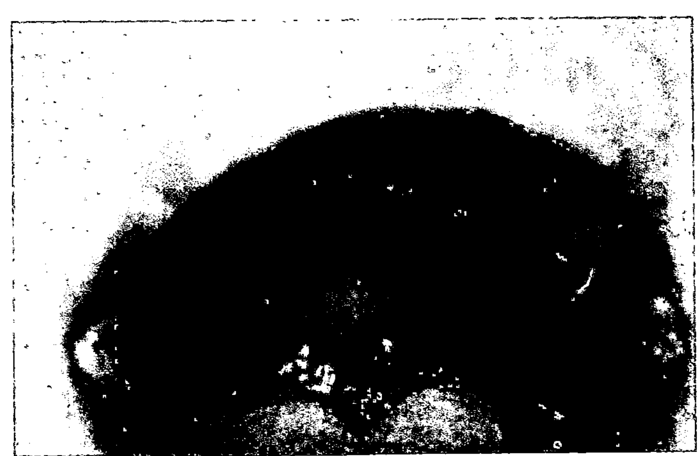

Abb. 10. Syphilis. Stadium II. Plaques muqueuses. (Dermatologische Universitäts-Klinik München)

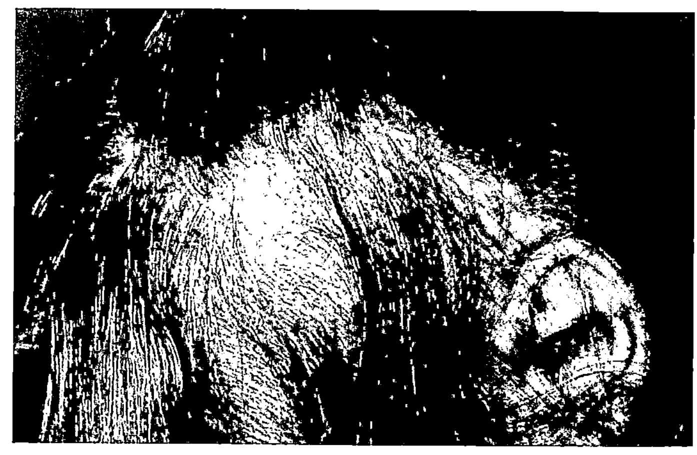

Abb. 11. Syphilis. Stadium II. „Alopecia specifica". (Dermatologische Abteilung, Krankenhaus Wien-Lainz)

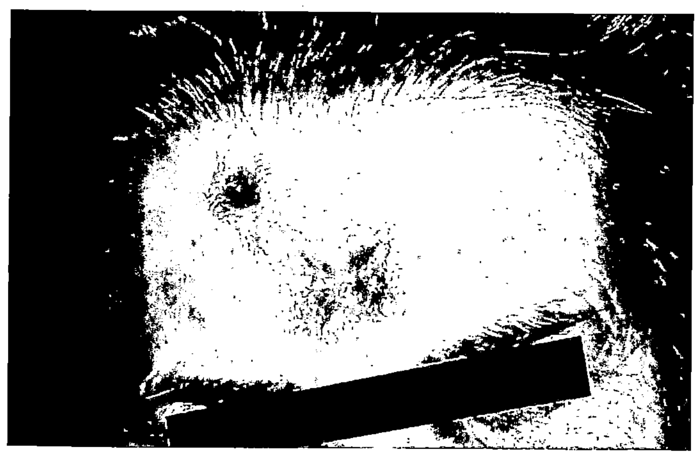

Abb. 12. Syphilis. Stadium III. Gumma im Stirnbereich. (Dermatologische Universitäts-Klinik München)

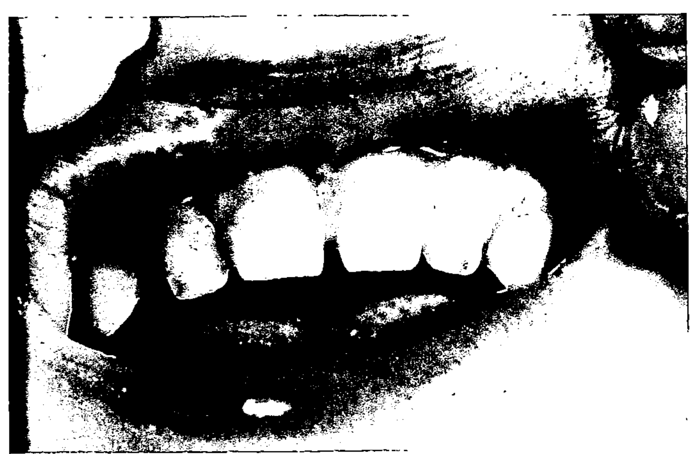

Abb. 13. Syphilis connata. Tonnenzähne. (Dermatologische Universitäts-Klinik München)

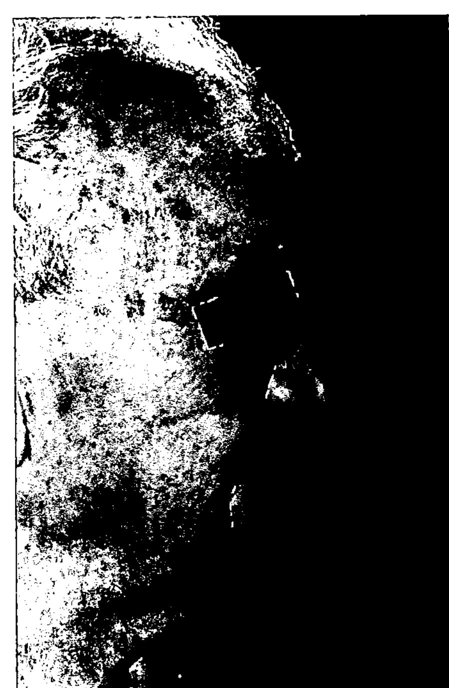

Abb. 14. Syphilis connata. Sattelnase. (Dermatologische Abteilung, Krankenhaus Wien-Lainz)

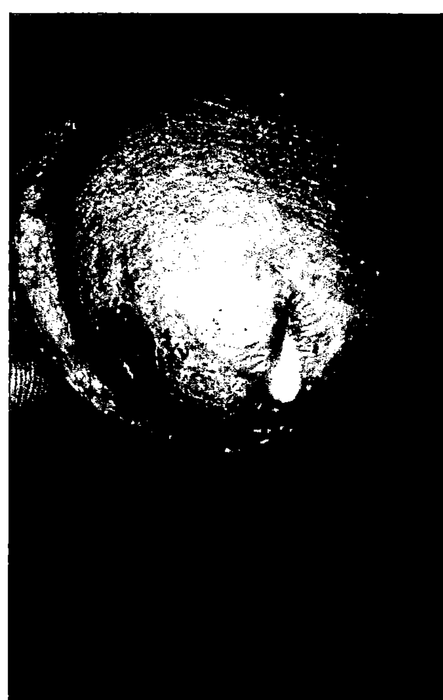

Abb. 15. Gonorrhoe.
Urethritis. Rahmig-gelb-
licher Ausfluß. (Derma-
tologische Universitäts-
Klinik München)

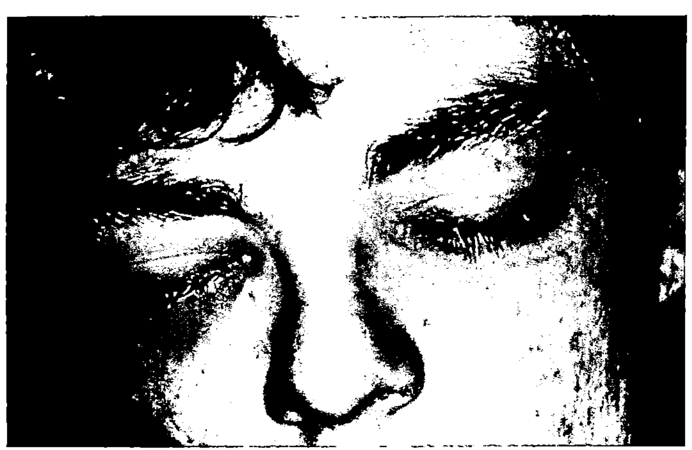

Abb. 17. Gonorrhoe. Conjunctivitis. (Dermatologische Universitäts-Klinik München)

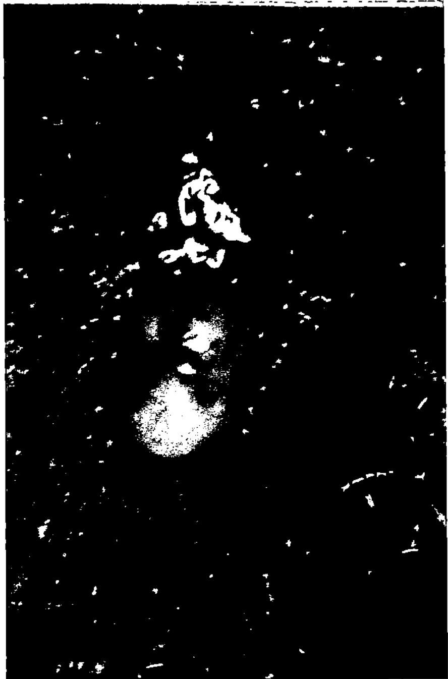

Abb. 16. Gonorrhoe. Rectalgonorrhoe. Rahmig-gelblicher Ausfluß aus dem Anus. (Dermatologische Abteilung, Krankenhaus Wien-Lainz)

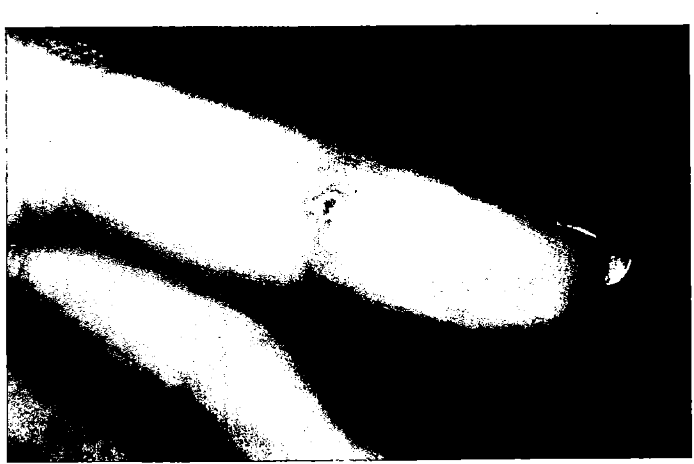

Abb. 18. Gonorrhoe. Septische Form („disseminierte Gonokokken-infektion") mit akraler Beteiligung. (Dermatologische Universitäts-Klinik München)

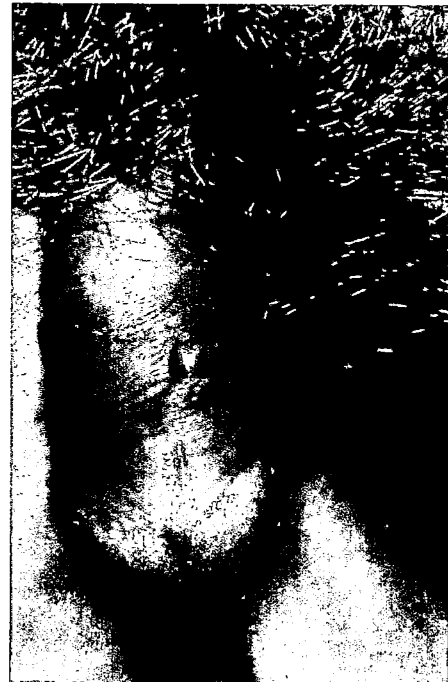

Abb. 19. Gonorrhoe. Abszeß am Penisschaft. (Dermatologische Universitäts-Klinik München)

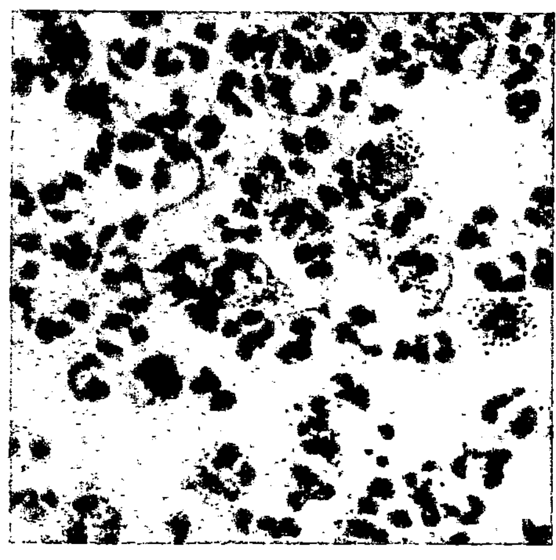

Abb. 20. Gonorrhoe. Vorwiegend intrazellulär gelagerte, semmelförmige Diplokokken im Methylenblau-Präparat. (Dermatologische Universitäts-Klinik München)

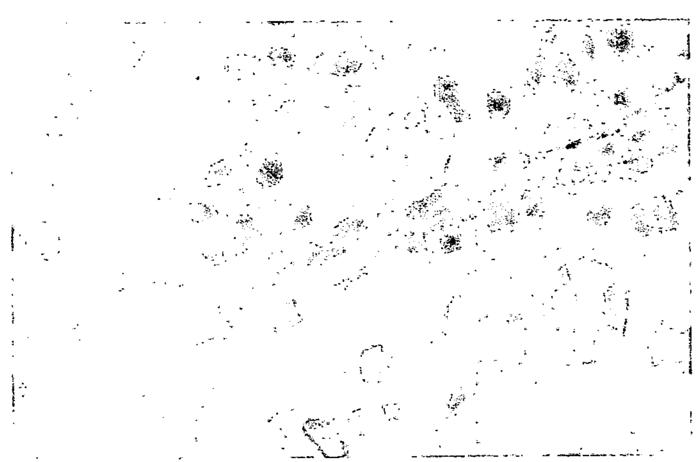

Abb. 21. Ulcus molle. Fischzugartige Anordnung der kokkoiden Stäbchen im Gram-Präparat vom Ulcusgrund. (Dermatologische Universitäts-Klinik München)

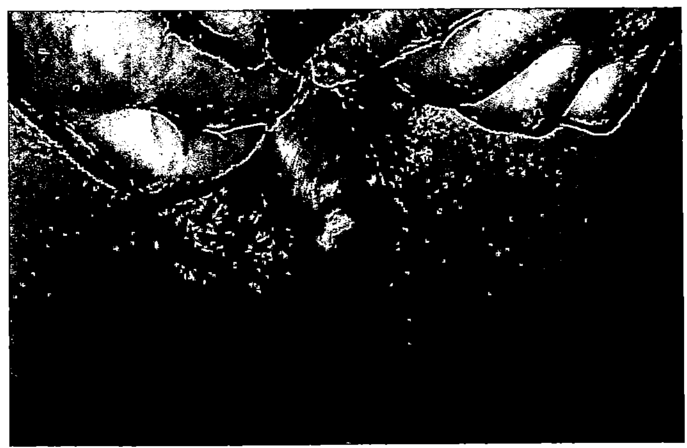

Abb. 22. Ulcus molle. Weicher Schanker an der Glans. (Dermatologische Abteilung, Krankenhaus Wien-Lainz)

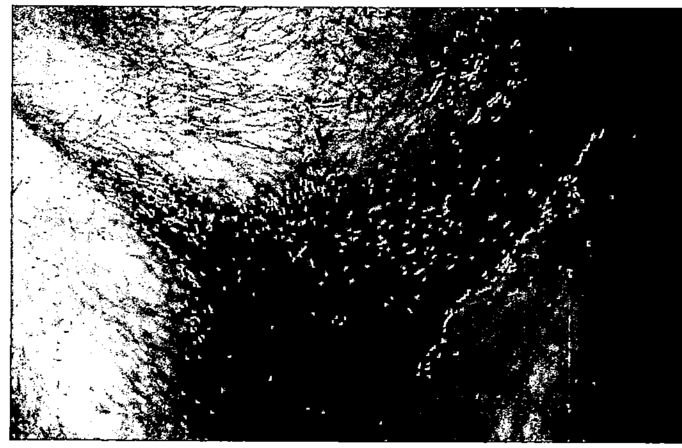

Abb. 23. Lymphogranuloma inguinale. Bubo links. (Dermatologische Universitäts-Klinik München)

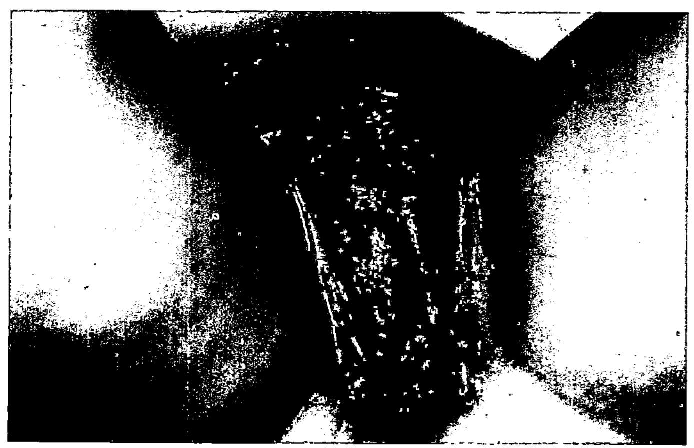

Abb. 24. Lymphogranuloma inguinale. Tertiärstadium: mächtiges Infiltrat im Bereich der großen Labien. (Dermatologische Abteilung, Krankenhaus Wien-Lainz)

Abb. 25. Chlamydia trachomatis. Direkter Erregernachweis mittels monoklonaler Antikörper und Immunfluoreszenz im Ausstrichpräparat: Chlamydien stellen sich als hell aufleuchtende Pünktchen dar. (Dermatologische Abteilung, Krankenhaus Wien-Lainz)

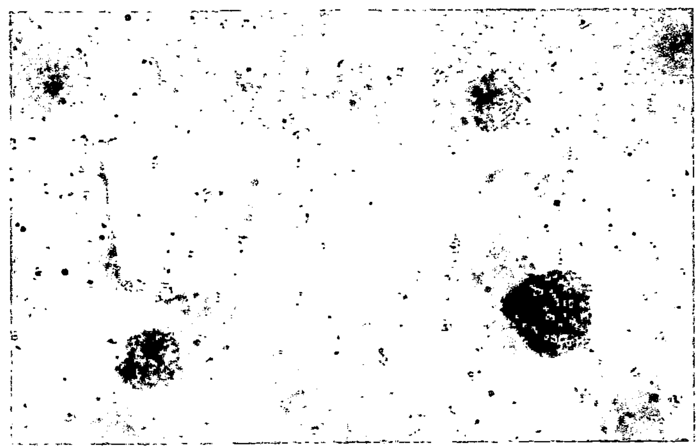

Abb. 26. Chlamydia trachomatis. Erregernachweis aus der Zellkultur. Jodfärbung: Chlamydien finden sich intrazellulär in Haufen sowie disseminiert extrazellulär. (Dermatologische Abteilung, Krankenhaus Wien-Lainz)

Abb. 27. Chlamydia trachomatis. Erregernachweis aus der Zellkultur. Immunfluoreszenz: Chlamydien stellen sich als intrazellulär gelegene, hell aufleuchtende, kokkoide Elemente dar. (Dermatologische Abteilung, Krankenhaus Wien-Lainz)

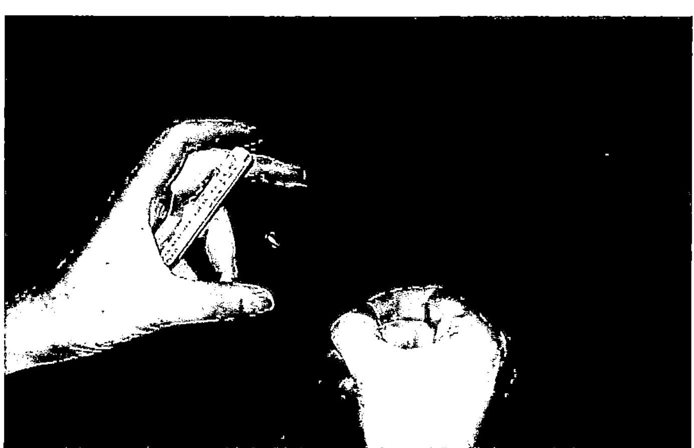

Abb. 28. Chlamydia trachomatis. Material zum Erregernachweis wird mittels dünner Stieltupfer nach sorgfältiger Reinigung von Urethra bzw. Cervix unter rotierenden Bewegungen entnommen. (Dermatologische Abteilung, Krankenhaus Wien-Lainz)

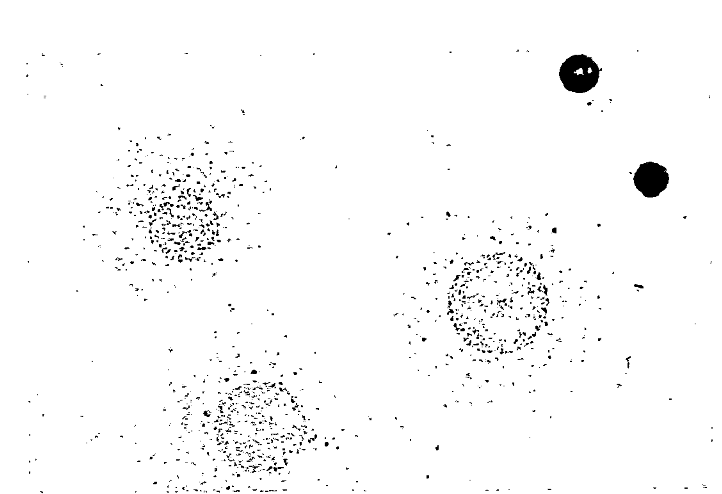

Abb. 29. Genitale Mykoplasmeninfektion. Kolonien von Mycoplasma hominis auf Mykoplasmenagar (große Kolonien, „Spiegeleiform"). (Dermatologische Abteilung, Krankenhaus Wien-Lainz)

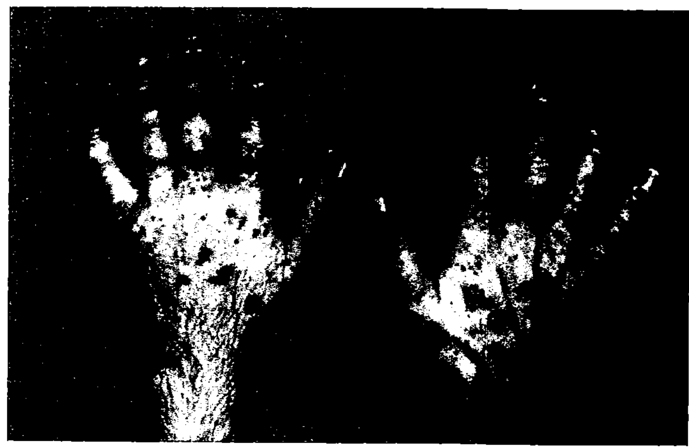

Abb. 30. Morbus Reiter. Psoriasiforme Veränderungen an den Handrücken. (Dermatologische Abteilung, Krankenhaus Wien-Lainz)

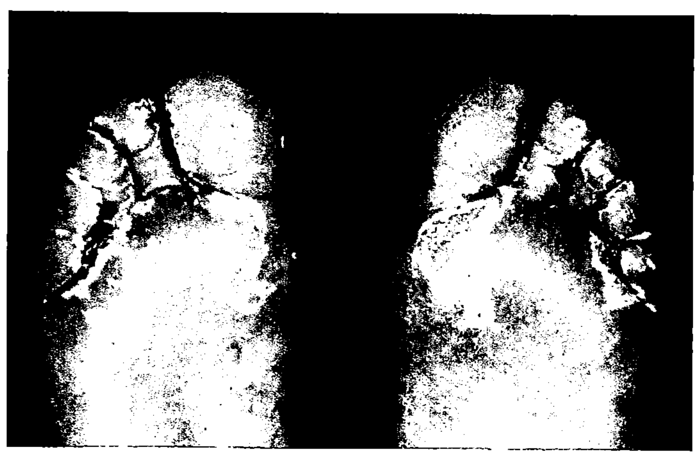

Abb. 31. Morbus Reiter. Psoriasiforme Veränderungen an den Fußsohlen. (Dermatologische Universitäts-Klinik München)

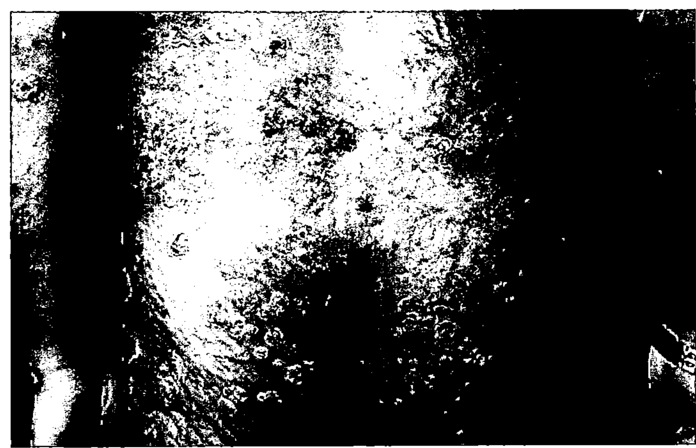

Abb. 32. Morbus Reiter. Psoriasiforme Veränderungen am Stamm. (Dermatologische Abteilung, Krankenhaus Wien-Lainz)

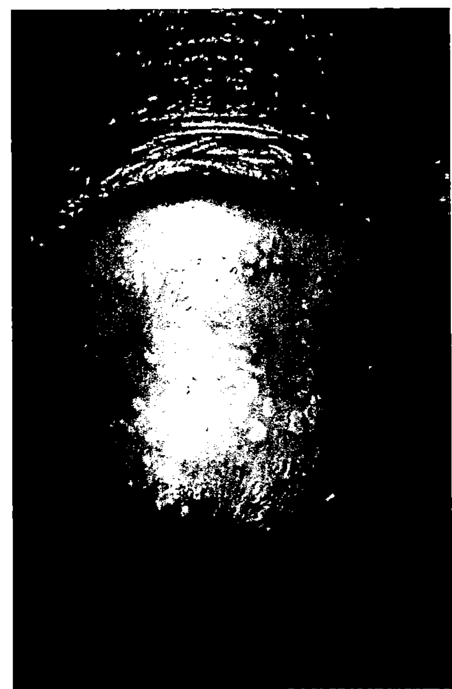

Abb. 33. Morbus Reiter. Balanitis erosiva circinata. (Dermatologische Universitäts-Klinik München)

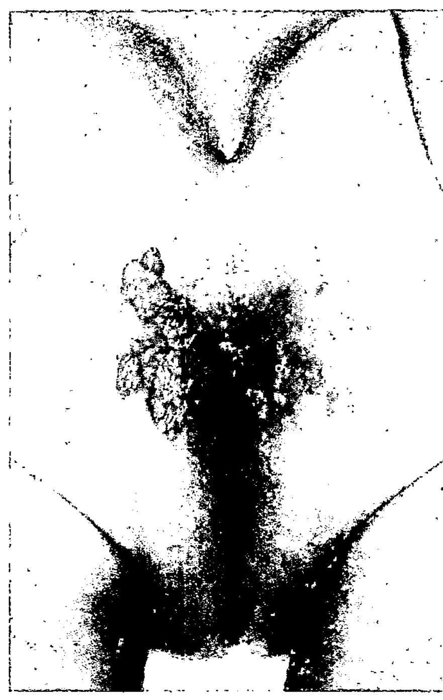

Abb. 34. Humane Papillomvirusinfektion. Condylomata acuminata anogenital. (Dermatologische Universitäts-Klinik München)

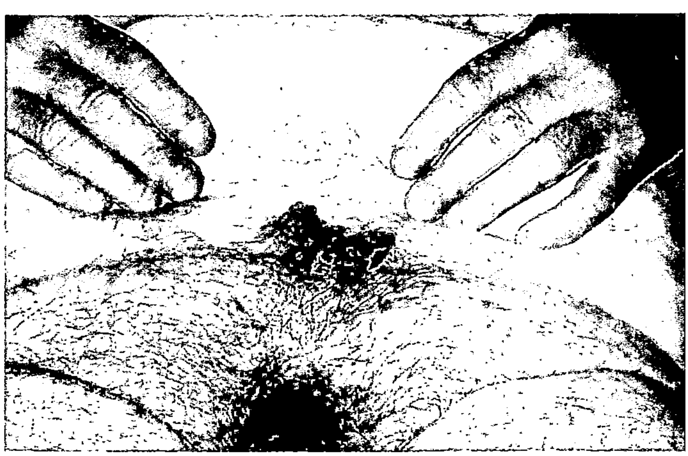

Abb. 35. Humane Papillomvirusinfektion. Condylomata acuminata an der Bauchhaut. (Dermatologische Abteilung, Krankenhaus Wien-Lainz)

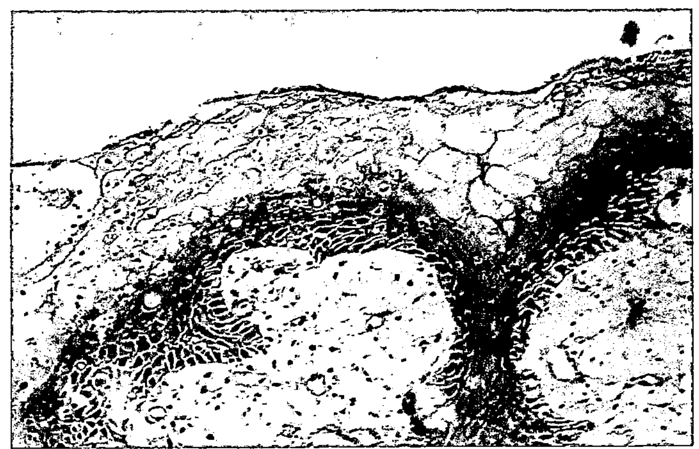

Abb. 36. Humane Papillomvirusinfektion. Condylomata acuminata. Histologie, HE-Färbung: Papillomatose und Akanthose der Epidermis. Die infizierten Epidermalzellen im Stratum corneum sind vakuolosiert. (Dermatologische Abteilung, Krankenhaus Wien-Lainz)

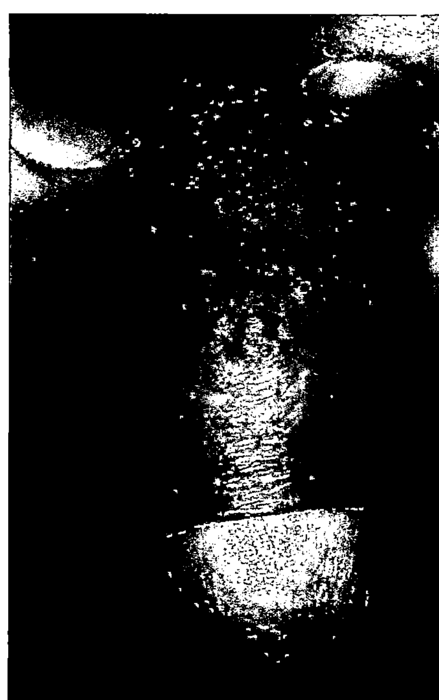

Abb. 37. Herpes simplex. Gruppierte Bläschen am Penisschaft. (Dermatologische Universitäts-Klinik München)

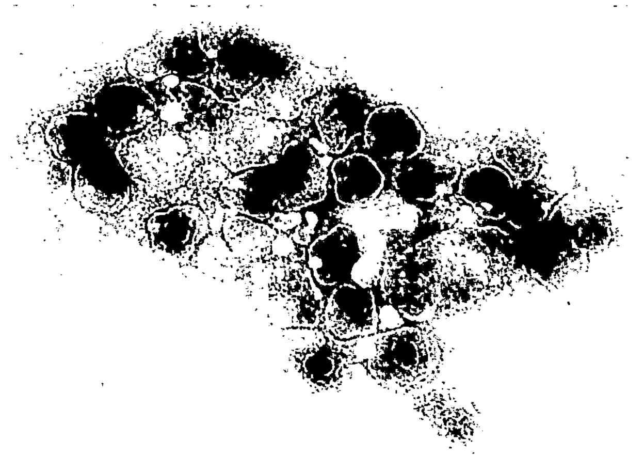

Abb. 38. Herpes simplex. Herpes simplex-Virus im elektronenmikroskopischen Negativ-Kontrastbild. (Dermatologische Universitäts-Klinik München)

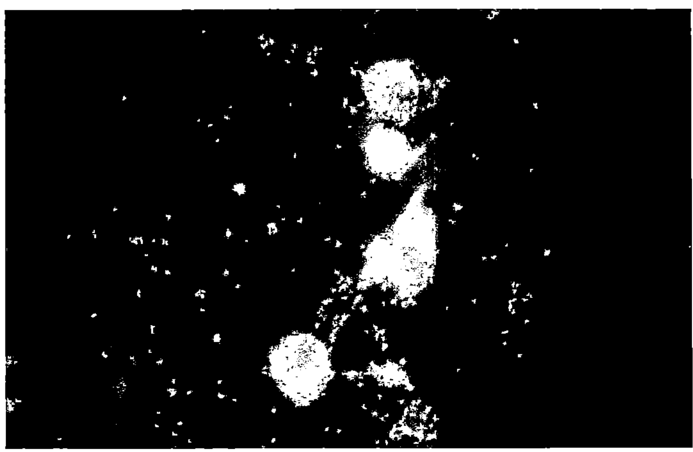

Abb. 39. Herpes simplex. Nachweis von Herpes simplex-Virus Typ II im Direktausstrichpräparat mit fluoreszenzmarkierten monoklonalen Antikörpern (Grünfluoreszenz vor dem Hintergrund rot erscheinender Wirtszellanteile). (Dermatologische Universitäts-Klinik München)

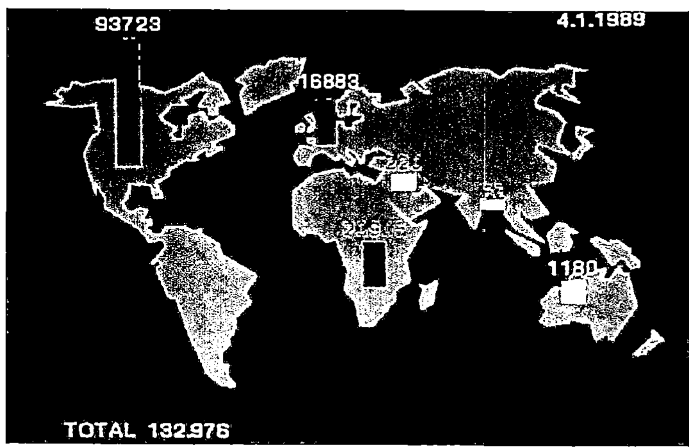

Abb. 40. AIDS. Derzeit (Jänner 1989) sind weltweit 132.976 AIDS-Kranke der Weltgesundheitsorganisation gemeldet, die überwiegende Anzahl aus den amerikanischen und europäischen Staaten. Die Dunkelziffer in afrikanischen Ländern ist unbekannt. (Dermatologische Abteilung, Krankenhaus Wien-Lainz)

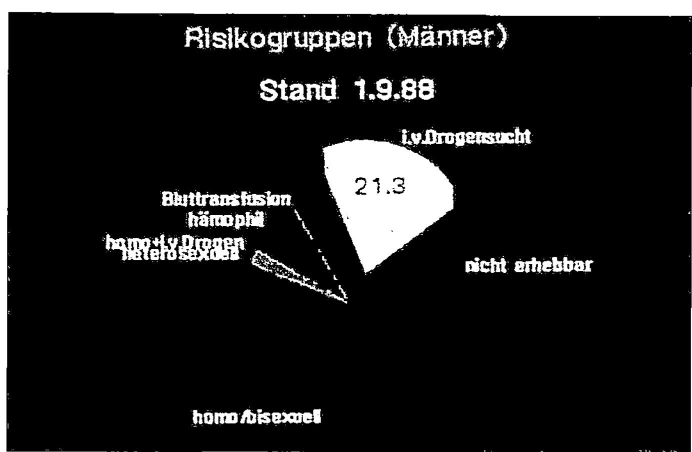

Abb. 41. AIDS. Die Verteilung der Risikogruppen bei den in Österreich gemeldeten AIDS-Fällen. Bedenklich ist der immer größer werdende Teil i.v.Drogenabhängiger. (Dermatologische Abteilung, Krankenhaus Wien-Lainz)

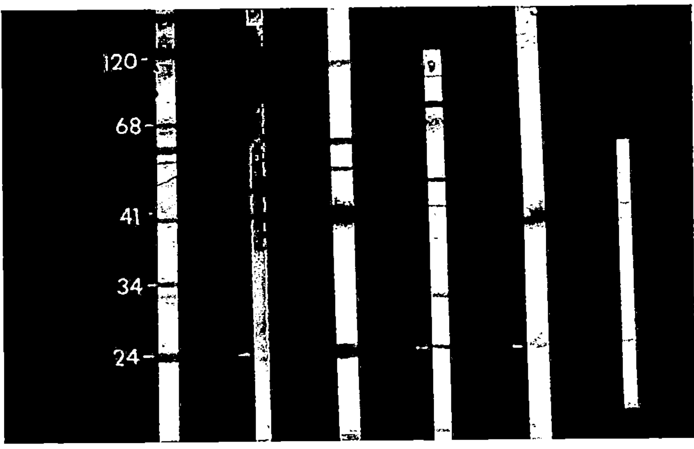

Abb. 42. Positive Western Blot-Streifen verschiedener Hersteller. (Dermatologische Abteilung, Krankenhaus Wien-Lainz)

Abb. 43. AIDS. Serologischer Nachweis von Antikörpern mittels Immunfluoreszenz. HIV-infizierte Reagenzzelle leuchtet hell auf. (Dermatologische Abteilung, Krankenhaus Wien-Lainz)

Abb. 44. AIDS. Diskrete Follikulitis am Rücken. (Dermatologische Abteilung, Krankenhaus Wien-Lainz)

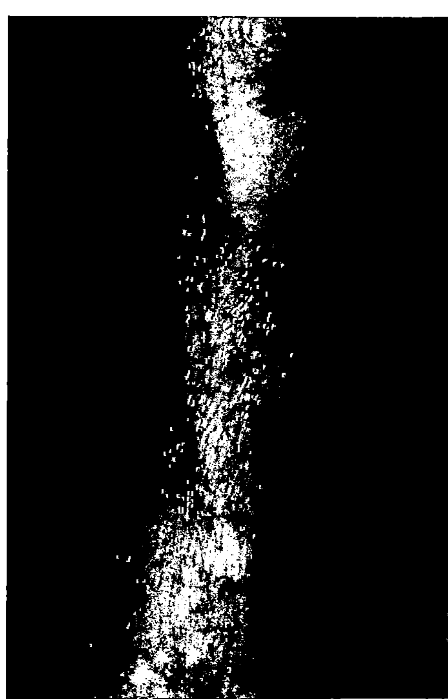

Abb. 46. AIDS. Läsionen von Morbus Kaposi an den Unterschenkeln. (Dermatologische Abteilung, Krankenhaus Wien-Lainz)

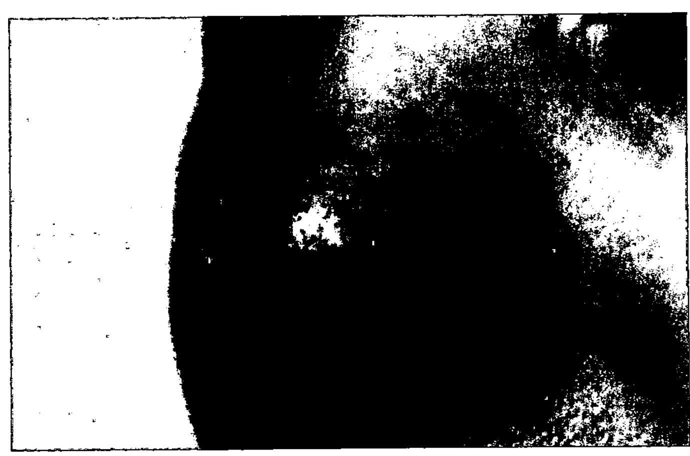

Abb. 45. AIDS. Diskret ausgebildeter Morbus Kaposi an der Nase.
(Dermatologische Abteilung, Krankenhaus Wien-Lainz)

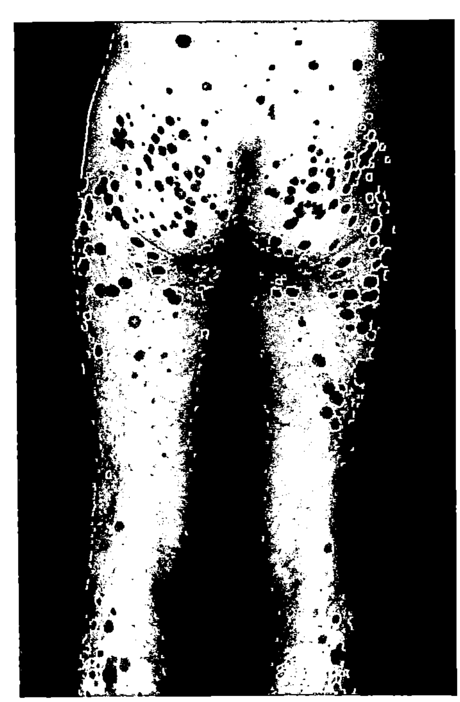

Abb. 47. AIDS. Schwere
Verlaufsform eines dis-
seminierten Morbus
Kaposi. (Dermatologi-
sche Abteilung, Kran-
kenhaus Wien-Lainz)

Abb. 48. AIDS. Ausgedehnte Herpes simplex-Infektion bei Immun-
defizienz durch AIDS. (Dermatologische Abteilung, Krankenhaus
Wien-Lainz)

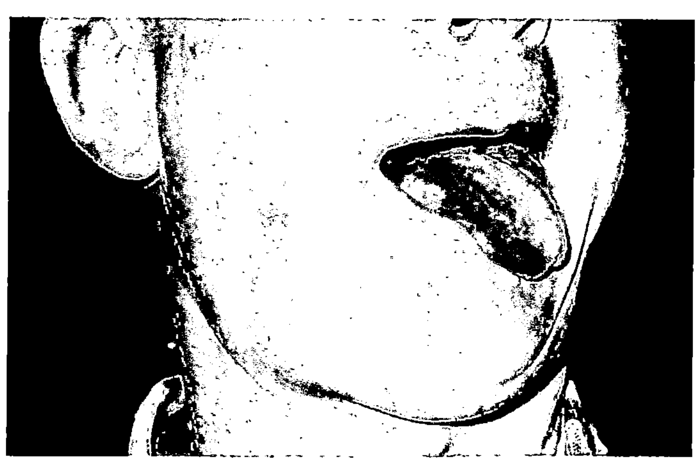

Abb. 49. AIDS. Haarleukoplakie. (Dermatologische Abteilung,
Krankenhaus Wien-Lainz)

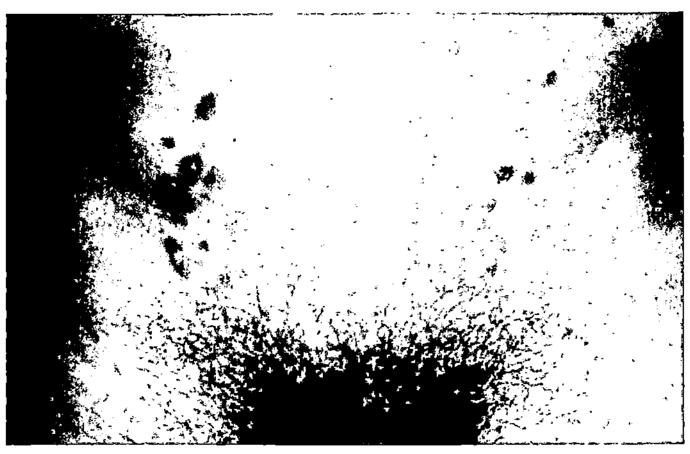

Abb. 50. Pediculosis pubis. Taches bleues am Unterbauch. (Dermatologische Universitäts-Klinik München)

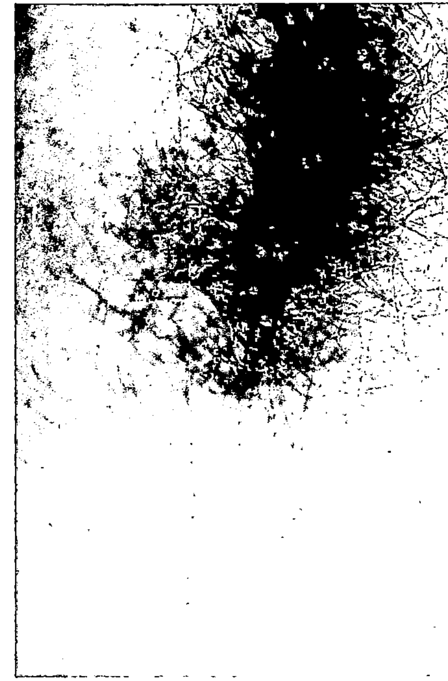

Abb. 51. Pediculosis pubis. Läuse im Bereich der Axillen. (Dermatologische Abteilung, Krankenhaus Wien-Lainz)

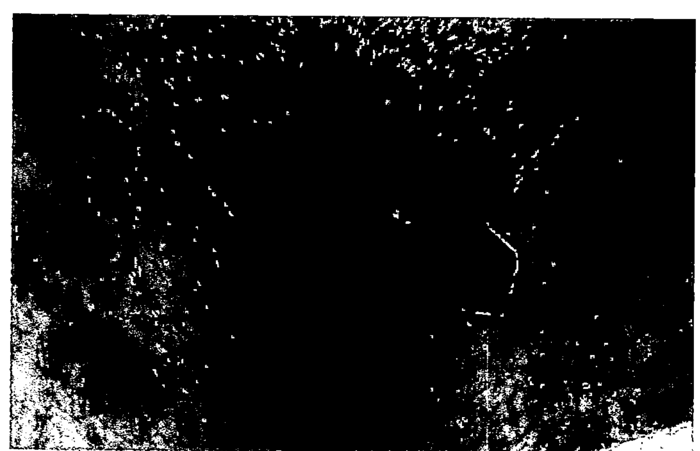

Abb. 52. Skabies. Typische Läsionen genital und perigenital. (Dermatologische Abteilung, Krankenhaus Wien-Lainz)

Abb. 53. Candida-Balanitis. (Dermatologische Universitäts-Klinik München)

Sachverzeichnis